全国高校园林与风景园林专业规划推荐教材

GARDENS MEASUREMENT

园林测量

LANDSCAPE

张培冀 ◎ 主编

中国建筑工业出版社

图书在版编目(CIP)数据

园林测量/张培冀主编. —北京：中国建筑工业出版社，2007（2023.3 重印）
全国高校园林与风景园林专业规划推荐教材
ISBN 978-7-112-09402-8

Ⅰ.园… Ⅱ.张… Ⅲ.园林—测量—高等学校—教材 Ⅳ.TU986.2

中国版本图书馆 CIP 数据核字(2007)第 178924 号

责任编辑：陈 桦
责任设计：董建平
责任校对：王雪竹 刘 钰

全国高校园林与风景园林专业规划推荐教材
园 林 测 量
张培冀 主编
*
中国建筑工业出版社出版、发行(北京西郊百万庄)
各地新华书店、建筑书店经销
北京天成排版公司制版
北京圣夫亚美印刷有限公司印刷
*
开本：787×1092 毫米 1/16 印张：12½ 字数：298 千字
2008 年 1 月第一版 2023 年 3 月第八次印刷
定价：**22.00** 元
ISBN 978-7-112-09402-8
(16066)

《园林测量》教材编委会

（按姓氏笔画排序）

主　编： 张培冀（天津农学院）

副主编： 李　刚（天津城市建设学院）

编　委： 王　乾（中国冶金地质总局保定物勘院）

张宝利（西北农林科技大学）

张培冀（天津农学院）

李　刚（天津城市建设学院）

杨志强（长安大学）

杨建华（长安大学）

徐喜平（中铁二十局）

主　审： 杨志强（长安大学）

前言

本书是全国高校园林与风景园林专业规划推荐教材之一。园林测量是园林专业学生必须掌握的一门专业基础课，直接为园林规划设计和园林工程施工等专业课程服务。

在编写过程中，我们既立足于园林生产实际的需要，又体现本学科体系的完整性和现代测绘科技的发展状况。在内容上以测绘技术与应用为中心，力求理论与实践相结合。全书共分10章。第1～5章详细阐述了测量学的基本知识、基本理论以及常规测量仪器的构造、使用和检校方法；第6章讲述了小地区控制测量的方法，并且简要介绍了GPS测量的原理和应用；第7章介绍了地理信息系统的概念以及地形图在园林中的主要应用；第8章主要讲述了大比例尺地形图的传统测绘方法和数字测(成)图方法；第9、10章为测设的基本工作以及园林工程测量的内容。另外本书对现代测量的新仪器、新方法等也有侧重地进行了介绍。

本书由天津农学院张培冀主编，天津城市建设学院李刚为副主编。参加教材编写的还有：长安大学杨建华，西北农林科技大学张宝利，成都理工大学别小娟，中国冶金地质总局保定物勘院王乾。具体分工为：第1章由张培冀、李刚编写；第2、5章由李刚编写；第3章由张宝利编写；第4章由张宝利、别小娟编写；第6章由杨建华编写；第7章由杨建华、别小娟编写；第8章由王乾、李刚、张培冀编写；第9、10章由张培冀编写。最后全书由张培冀和李刚进行统稿和校对。另外中铁二十局的徐喜平参加了部分章节的校对工作，在此表示感谢。

长安大学博士生导师杨志强教授对教材进行了细致、认真地审阅，并提出了许多宝贵意见；本书在编写过程中，得到了中国建筑工业出版社陈桦编辑的热情指导和帮助。在此一并致谢。

此外，在编写过程中，较广泛地参阅了有关文献及近年新出版的书刊等，在此也向文献的作者表示感谢。限于编者水平，书中难免存在缺点和错误，敬请读者批评指正。

编　者

2007年10月

目录 >01 contents

目录>02 contents

目录>03 contents

第1章 绪　　论

1.1 测绘学科与园林测量学的任务

1.1.1 测绘学科

测绘学，又称测量学，是研究地球形状、大小以及其表面(包括地下及地上空间)的各种自然物体、人造物体与位置相关的信息，并对这些地理空间信息进行采集、处理、分析和应用的一门科学。它主要是解决三个方面的问题。一是研究地球的形状和大小；二是收集和采集地球表面的形态及其他相关的信息并缩绘成图；三是进行经济建设和国防建设所需要的测绘工作，满足各类工程项目设计、施工、管理的需要。

测绘学主要研究对象是地球及其表面形态。在发展过程中形成大地测量学、普通测量学、摄影测量学、工程测量学、海洋测绘学和地图制图学等分支学科。

1.1.1.1 大地测量学

凡研究的对象是地表上一个较大的区域甚至整个地球时，必须考虑地球的曲率。这种以研究广大地区为对象的测绘科学是大地测量学的范畴。这门学科的基本任务是建立国家大地控制网，测定地球的形状、大小和研究地球重力场的理论、技术和方法。

1.1.1.2 普通测量学

普通测量学也叫地形测量学，研究地球表面局部区域内测绘工作的基本理论、仪器和方法的学科。假如要研究的只是地球自然表面上一个小区域，则由于地球半径很大，就可以把这块球面当作平面看待而不考虑其曲率，也不顾及地球重力场的微小影响。普通测量学研究的内容可以用文字和数字记录下来，也可用图表示。

1.1.1.3 摄影测量学

研究利用摄影或遥感的手段获取被测物体的信息(影像的或数字式的)，进行分析和处理，以确定被测物体的形状、大小和位置，并判断其性质的一门学科。依据信息采集时传感器所处位置不同，摄影测量学分为地面摄影测量、航空摄影测量、航天摄影测量、近景摄影测量等。

1.1.1.4 工程测量学

研究工程建设在设计、施工和管理各阶段中进行测量工作的理论、技术和方法的学科。按工程种类分为建筑工程测量、线路测量、桥梁测量、隧道测量、矿山测量、城市测量、水利工程测量等。按工程建设进行的程度分为规划设计阶段的测量、施工阶段的测量、运营管理阶段的测量，各阶段的重点和要求不同。

1.1.1.5 海洋测绘学

以海洋水体和海底为对象所进行的测量和海图编制工作。主要包括海道测量、海洋大地测量、海底地形测量、海洋专题测量，以及航海图、海底地形图、各种海洋专题图和海洋图集等的编制。海洋测绘是海洋事业的一项基础性工作，其成果广泛应用于经济建设、国防建设和科学研究的各个领域。

1.1.1.6 地图制图学

利用测量所获得的资料，研究如何投影编绘成地图等形式，反映自然界和人类社会各种现象的空间分布、相互联系及其动态变化，以及地图制作的理论、工艺技术和应用等方面的测绘科学。

1.1.2 测绘发展简史

测绘学有着悠久的历史。古代的测绘技术起源于水利和农业。古埃及尼罗河每年洪水泛滥后，需要重新划定土地界线，开始有测量工作。公元前21世纪，中国夏禹治水就使用简单测量工具测量距离和高低。公元前3世纪，亚历山大的埃拉托斯特尼采用在两地观测日影的办法，首次推算出地球子午圈的周长，也是测量地球大小的弧度测量方法的初始形式。724年，中国唐代的南宫说等人在张遂(一行)的指导下，在今河南滑县至上蔡实测了约300km的子午弧长，并在滑县、开封、扶沟、上蔡测量同一时刻的日影长度，推算纬度1°的子午弧长，这是世界上第一次弧度实测。1617年，荷兰的W.斯涅耳首创三角测量法进行弧度测量，克服了在地面上直接量测弧长的困难。1687年，英国I.牛顿根据力学理论，提出地球是两极略扁的椭球体。1690年，荷兰C.惠更斯也提出地球是两极略扁的扁球体，后被法国在南美洲和北欧进行的弧度测量所证明。结束了历时半个世纪的有关地球形状的争论。1743年，法国A.C.克莱罗发表《地球形状理论》，奠定了用物理方法研究地球形状的理论基础。1849年，英国Sir G.G.斯托克斯提出利用地面重力的测量结果研究大地水准面形状的理论。1945年，前苏联M.S.英洛坚斯基创立了研究地球自然表面形状的理论，并提出“似大地水准面”的概念。

测绘学是技术性学科，它的形成和发展在很大程度上依赖测量方法和仪器工具的创造和改革。17世纪以前，人们使用简单的工具，如绳尺、木杆尺等进行测量，以量测距离为主。17世纪初发明了望远镜。1617年创立的三角测量法，开始了角度测量。1730年英国的西森制成第一架经纬仪，促进了三角测量的发展。1794年德国的C.F.高斯发明了最小二乘法，直到1809年才发表。1806年法国的A.M.勒让德也提出了同样的观测数据处理方法。1859年法国的A.洛斯达首创摄影测量方法。20世纪初，由于航空技术发展，出现了自动连续航空摄影机，可以将航摄像片在立体测图仪上加工成地形图，促进了航空摄影测量的发展。

20世纪50年代起，测绘技术朝着电子化和自动化发展。1948年起各种电磁波测距仪出现，克服了量距的困难，使导线测量得到重视和应用。与此同时，电子计算机问世，加快了测量计算速度，改变了测绘仪器和方法，出现了解析测图仪，促进了解析测图技术的发展。1957年第一颗人造地球卫星发射成功后，在测绘学中开辟了卫星大地测量和航天摄影测量新领域。随后发展起来的甚长干涉测量技术、惯性测量技术，使测绘学增添了新的测量手段。

随着电子计算机、微电子技术、激光技术、空间技术等新技术的发展与应用，特别是GPS、RS、GIS为代表的测绘科学与技术的不断发展完善，将呈现测量数据采集和处理的自动化、实时化、数字化；测量数据管理的科学化、标准化；测量数据的传播与应用的网络化、多样化、社会化。

1.1.3 测量在园林建设中的作用

园林测量学属于工程测量学的范畴，主要包括普通测量学和部分工程测量学的内容。它是园林专业的一门必修的技术基础课，是从事园林专业的技术人员必备的基本知识和技能。

在园林绿化的各项建设中，测绘工作发挥着重要作用。在其整体规划、设计之前，需要了解拟建地区的地形信息，而地形信息的基本要素是一系列的点位的空间位置及其属性。如地物的构成、地貌的变化、植被分布以及土壤、水文、地质等状况。采集拟建地区的地形信息以及将这些地形信息绘制成地形图这一过程称为测定，也叫测绘。只有在熟练掌握地形图的制作和应用的基础上才能做出合理的规划或设计方案。

当设计完成之后，施工前和施工中也要借助于各类测绘仪器，应用测量的原理和方法将规划和设计的意图准确地在现场反映出来。这项工作就是测设(也称为放样、放线)。工程结束后，根据需要有时还须测绘竣工图，作为以后维修、扩建的依据。

综上所述，就园林建设的过程来讲，可将其分为规划、设计前的测绘工作和设计完成后施工中的测设工作两类。

1.2 地面点位置的确定

1.2.1 地球的形状和大小

地球自然表面是一个起伏不平、十分不规则的表面，有高山、丘陵和平原，又有江河湖海。地球表面约有71%的面积为海洋所占用，29%的面积是大陆与岛屿。陆地上最高点珠穆朗玛峰高达8844.43m，与海洋中最深处马里亚纳海沟(11022m)相差近20km。这个高低不平的表面无法用数学公式表达，也无法进行运算。所以在测量与制图时，必须找一个规则的曲面来代替地球的自然表面。当海洋静止时，它的自由水面必定与该面上各点的重力方向(铅垂线方向)成正交。设想这个静止的海水面穿过大陆和岛屿形成一个闭合的曲面，我们把这个面叫做水准面。但水准面有无数多个，其中有一个与静止的平均海水面相重合，这就是大地水准面(图1-1)。

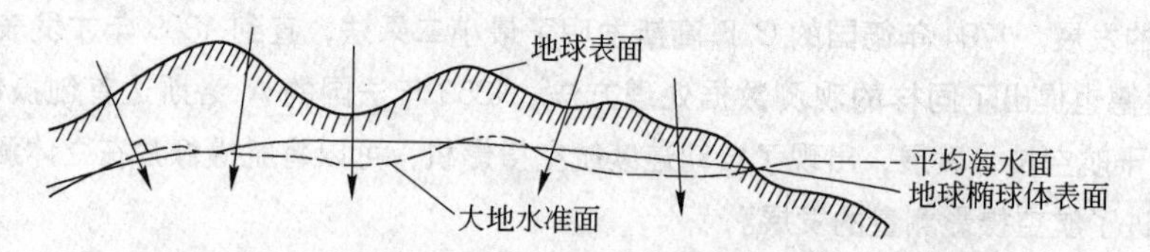

图1-1 地球表面、大地水准面和地球椭球体之间的关系

大地水准面所包围的形体，叫大地体。由于地球体内部质量分布的不均匀，引起重力方向的变化，导致处处和重力方向成正交的大地水准面成为一个不规则的曲面，仍然是不能用数学公式表达。这样的曲面难以在其上面进行测量数据的处理。大地水准面形状虽然十分复杂，但从整体来看，起伏是微小的。它是一个很接近于绕自转轴(短轴)旋转的椭球体。所以在测量和制图中就用旋转椭球来代替大地体，这个旋转椭球体称为地球椭球体，也称参考椭球体。地球椭球体表面(图1-1)是一个规则的数学表面。可以用数学公式表示为：

$$\frac{X^2}{a^2}+\frac{Y^2}{a^2}+\frac{Z^2}{b^2}=1 \tag{1-1}$$

式中 a——地球椭球体的长半径；

b——短半径。

地球椭球体的扁率 α 表示椭球的扁平程度。扁率的计算公式为：

$$\alpha=(a-b)/a \tag{1-2}$$

地球椭球体的参数值有很多种，主要是由于推求它的年代、使用的方法以及测定的地区不同，导致其结果不一致。中国在1952年以前采用海福特(Hayford)椭球体，从1953～1980年采用克拉索夫斯基椭球体。自1980年开始采用1975年第16届国际大地测量及地球物理联合会上公布的GRS(1975年)地球椭球体。即：长半轴 $a=6378140\text{m}$，短半轴 $b=6356755.3\text{m}$，$\alpha=1:298.257$。

确定地球椭球体的大小后，还要进行椭球定位，即把旋转椭球面套在地球的一个适当的位置，使得大地水准面和椭球面最贴合。这一位置就是该地理坐标系的“坐标原点”，俗称“大地原点”。我国的大地原点位于陕西省泾阳县永乐镇石际寺村，由此建立起来的全国统一坐标系，这就是现在使用的“1980年国家大地坐标系”，简称“西安坐标”。

由于地球椭球长半径与短半径的差值很小，所以在普通测量中测量精度要求不高时，可以近似地把地球当作圆球体看待，这个球体的半径为 $R=1/3(a+a+b)=6371\text{km}$。

1.2.2 地面点位的表示方法

地球表面高低起伏，并分布着许多物体，我们将地球表面高低起伏的形态称为地貌，将地球表面上人工建造或自然形成的固定物体称为地物。它们的外形和轮廓是由一系列连续的点所组成。点的空间位置须用三维坐标来表示。为了确定和表示这些点的位置，需要设定一个基准面来作为点位的投影面。投影的基准线可以是铅垂线，或是法线。基准面是大地水准面、水平面或地球椭球面。

地面点投影到基准面之后，其位置用坐标和高程来表示。在测量上常用的有大地坐标系、高斯平面直角坐标系、独立平面直角坐标系等。

1.2.2.1 大地坐标系

大地坐标系是地理坐标系的一种，是以法线为投影基准线，以地球椭球体面为基准面建立的球面坐标。常用大地经度 L、大地纬度 B、大地高 H 表示地面点的空间位置。

如图1-2所示地球椭球体，N、S 分别为地球的南极和北极，NS 为短轴。通过地球旋转轴的平面均称为子午面。各子午面与地球表面的交线叫做经线或子午线。过球心且与地球旋转轴正交的平面即为赤道面，此平面与地球表面的交线即为赤道，赤道面作为纬度的起算面。

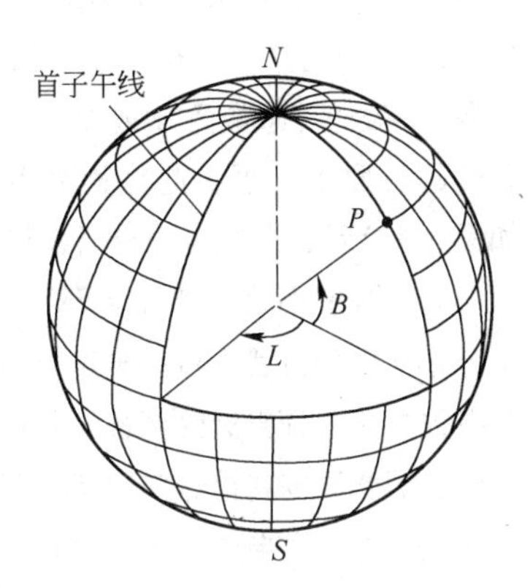

图1-2 大地坐标系示意

如图1-2所示，P 点的经度，是指过 P 点的子午面与首子午面(起始子午面，通过英国Greenwich天文台)所夹的二面角，以 L 表示。自首子午线向东0°～180°为东经，向西0°～180°为西经。P 点的纬度，是指该点的法线与赤道面之间的夹角，以 B 表示。自赤道向北0°～90°为北纬。向南0°～90°为南纬 。大地经纬度是地面点在地球椭球面上的二维坐标，另外用“大地高 H”表示第三维。大地高是沿地面点的椭球面法线量至椭球面的距离。

地面点的经纬度如果用天文测量的方法测量，分别称为“天文经度(λ)”和天文纬度(φ)。这种地理坐标是以铅垂线为投影基准线，以大地水准面为基准面建立的球面坐标。

目前我国常见的大地坐标系有：1954年北京坐标系、1980国家大地坐标系、1954年新北京坐标系、WGS-84坐标等。

1.2.2.2 独立平面直角坐标系

在较小的范围(数平方千米)内进行测绘工作时，使用大地坐标系就显得很不方便。一般都将测区球面作平面处理，以铅垂线作为投影基线，将点位投影到水平面上建立平面直角坐标系。点的平面位置用一组有序实数对表示。如图 1-3 所示，A 点的坐标为(x_a，y_a)。但测量的平面直角坐标与数学中的笛卡尔平面直角坐标有些区别。测量工作中以 x 轴为纵轴表示南北方向，以 y 轴为横轴表示东西方向，象限按照顺时针划分为Ⅰ、Ⅱ、Ⅲ、Ⅳ(图1-3)。这是由于在测量工作中以极坐标表示点位时，其角度值是以北方向为基准按顺时针方向计算的夹角，而数学中则是从横轴按逆时针计的缘故。把 x 轴与 y 轴纵横互换后，全部三角公式都同样能在测量计算中应用。

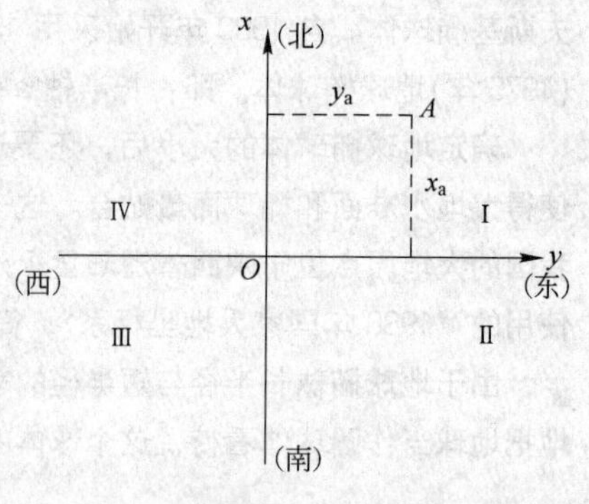

图 1-3 平面直角坐标系

为了实用方便，测量上使用的平面直角坐标的原点有时是假设的。假设的原点一般选在测区的西南角的位置，应使测区内的各点坐标均为正值。

1.2.2.3 高斯平面直角坐标系

当测区范围很大时，就不能把地球很大一块地表面当作平面看待，必须采用地图投影的方法，将球面坐标变换为平面坐标。地图投影的方法很多，测量工作中通常采用高斯—克吕格投影。

1）高斯投影的概念

高斯—克吕格投影简称高斯投影，采用等角横轴切椭圆柱投影。假想有一个椭圆柱面横套在地球椭球体外面，并与某一条子午线(此子午线称为中央子午线或轴子午线)相切，椭圆柱的中心轴通过椭球体中心，在椭球面图形与柱面图形保持等角的条件下(称为“正形投影”)，将中央子午线两侧各一定经差(通常为 6°或 3°)范围内的地区投影到椭圆柱面上，再将此柱面展开即成为投影面，如图 1-4 所示，此投影为高斯投影。

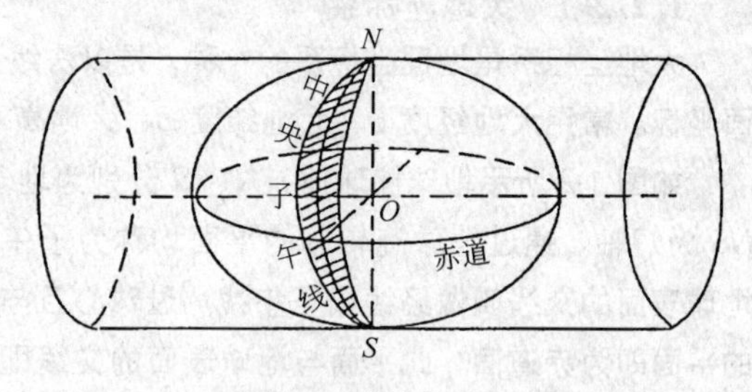

图 1-4 高斯投影

高斯投影不是将整个地球一次投影，而是采用分带投影的方式，按一定经差将地球椭球面划分成若干投影带，这是高斯投影中限制长度变形的最有效方法。分带时既要控制长度变形使其不大于测图误差，又要使带数不致过多以减少换带计算工作，据此原则将地球椭球面沿子午线划分成经差相等的瓜瓣形地带，以便分带投影。通常按经差 6°或 3°分为六度带或三度带(图 1-5)。六度带可用于中小比例尺(如 1∶250000)测图。六度带自首子午线起每隔经差 6°自西向东分带，带号依次编为第 1、2、……、60 带。第一个六度带的中央子午线的经度为 3°，任意带的中央子午线经度 L_0^6，可按式(1-3)计算：

$$L_0^6 = 6N - 3 \tag{1-3}$$

式中 N——6°投影带的带号。

三度带是在六度带的基础上分成的，它的中央子午线与六度带的中央子午线和分带子午线重合，即自 1.5°子午线起每隔经差 3°自西向东分带，带号依次编为三度带第 1、2、……、120 带。第一个三度带的中央子午线的经度为 1.5°，任意带的中央子午线经度 L_0^3，可按式(1-4)计算：

$$L_0^3 = 3n \tag{1-4}$$

式中 n——三度投影带的带号。

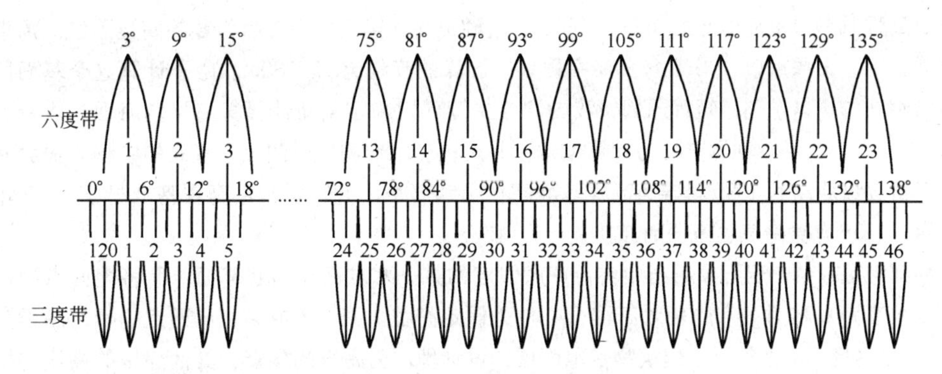

图 1-5 六度带和三度带投影

我国的经度范围西起 73°东至 135°，六度带从 13～23 带，各带中央经线依次为 75°、81°、87°、……、117°、123°、129°、135°，或三度带从 24～45 带。

2）高斯平面直角坐标系

地球椭球分带投影后，在投影面上每条中央子午线和赤道都投影成为相互垂直相交的直线。以中央子午线和赤道的交点 O 作为坐标原点，以中央子午线的投影为纵坐标 x 轴，以赤道的投影为横坐标 y 轴。象限按照顺时针Ⅰ、Ⅱ、Ⅲ、Ⅳ排列，如图 1-6(*a*)所示。在我国 x 坐标值都是正的，y 坐标值有正有负。为了避免横坐标出现负值，在横坐标上加上 500000m，即纵坐标轴向西平移 500000m。此外还应在横坐标前面冠以带号以示区别。例如，有一点 $Y_B = 19356456.789$m，该点位在 19 带内，其相对于中央子午线而言的横坐标则是：首先去掉带号，再减去 500000m，最后得 $y = -143543.211$m。

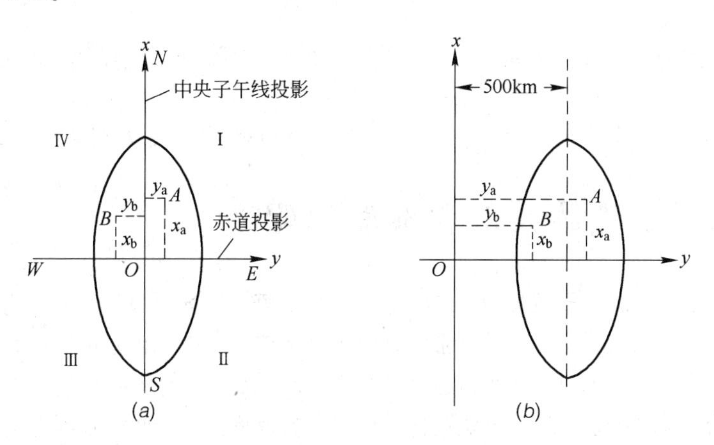

图 1-6 高斯平面直角坐标系

1.2.2.4 高程系

地面点的高程可分为绝对高程和相对高程两类。绝对高程是指地面点到大地水准面的铅垂距离，也就是大家常说的海拔。图 1-7 中 A、B 两点的绝对高程分别是 H_A、H_B。一般地，一个国家只采用一个平均海水面作为统一的高程基准面，由此高程基准面建立的高程系统称为国家高程系，否则称为地方高程系。我国规定以黄海平均海水面作为我国的大地水准面，先后建立了 1956 年黄海高程系和 1985 年国家高程基准。

黄海高程系是以青岛验潮站 1950～1956 年验潮资料算得的平均海面为零的高程系统。原点设在青岛市观象山。该原点以“1956 年黄海高程系”计算的高程为 72.289m。由于计算这个基面所依据的青岛验潮站的资料系列较短等原因，我国测绘主管部门决定重新计算黄海平均海面，以青岛验潮站 1952～1979 年的潮汐观测资料为计算依据，并用精密水准测量联测位于青岛的中华人民共和国水准原点，得出该原点的 1985 年国家高程基准高程 72.260m。1985 年国家高程基准已于 1987 年 5 月开始启用，1956 年黄海高程系同时废止。

在局部地区或某一工程项目当中自行任意假定的某一水准面作为起算面，而将地面点到该任意水准面的垂直距离称为该点的相对高程，或称为假定高程。图 1-7 中 A、B 两点的相对高程分别是 H'_A、H'_B。在建筑工地上常以主建筑物首地面层的设计地坪为高度的零点，其他部位的高度均相对地坪而言，称为“标高”。标高也属于相对高程。

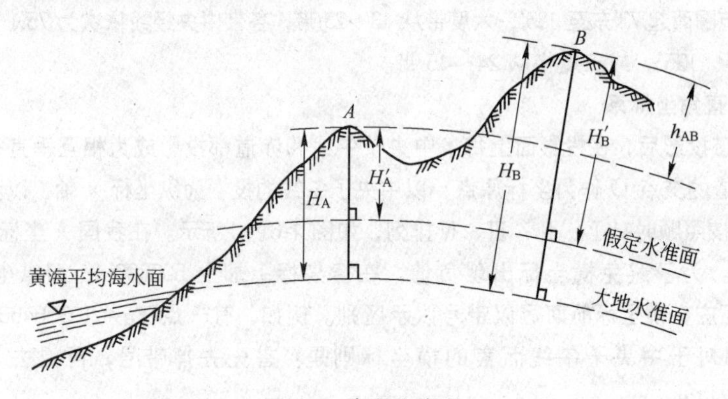

图 1-7 高程和高差

地面上两点间的高程之差称为高差，一般都用 h 表示。如图 1-7 所示，A、B 两点的高差为：

$$h_{AB}=H_B-H_A=H'_B-H'_A \tag{1-5}$$

由此可见，对高差而言，只要两点的位置确定，无须顾及绝对高程还是相对高程，其值都是一样的。

1.3 用水平面代替大地水准面的限度

在普通测量中将大地水准面近似地当成圆球，若将地面点投影到圆球面上，然后再投影描绘到平面的图纸上，这是很复杂的。在园林测量中，由于测区范围较小并且园林工程对测量的精度要求不高，为了简化投影计算，常常用水平面直接代替大地水准面。就是把较小的一部分地球表面上的点投影到水平面上然后确定其位置。但是这样的代替是有限度的，即要求水平面代替大地水准面所产生的误差不超过园林测量精度的要求。本节将要讨论在多大面积范围能够容许用水平面代替大地水准面的问题，并且假定大地水准面作为一个圆球面。

1.3.1 水平面代替大地水准面对距离的影响

如图 1-8 所示，大地水准面 P 与水平面 P' 在 A 点相切，A、B 是处在大地水准面上的两个点。它们在大地水准面上的距离是 D，其投影到水平面 P' 上的距离是 D'。设地球的半径是 R，圆弧 AB 所对应的圆心角为 θ，则水平面代替大地水准面对距离将产生误差 ΔD，由图示可知：

$$\Delta D = D' - D = R\tan\theta - R\cdot\theta = R(\tan\theta - \theta) \tag{1-6}$$

由三角函数的级数可知 $\tan\theta = \theta + \frac{1}{3}\theta^3 + \frac{2}{15}\theta^5 + \cdots$，由于测区较小，$\theta$ 角值很小，因此可以略去五次方以上各项，则

$$\Delta D = R\left[\left(\theta + \frac{1}{3}\theta^3 + \frac{2}{15}\theta^5 + \cdots\right) - \theta\right] = \frac{1}{3}R\theta^3 \tag{1-7}$$

又知 $\theta = \frac{D}{R}$，带入式(1-7)，则

$$\Delta D = \frac{1}{3}R\left(\frac{D}{R}\right)^3 = \frac{1}{3}\frac{D^3}{R^2}$$

$$\frac{\Delta D}{D} = \frac{1}{3}\left(\frac{D}{R}\right)^2 \tag{1-8}$$

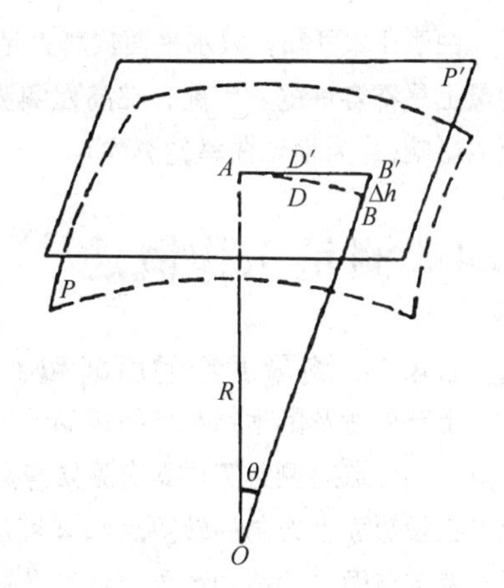

图 1-8 水平面代替大地水准面的影响

取地球近似半径 $R = 6371$km，并且 D 以不同的距离值代入，计算结果见表 1-1 所列。

水平面代替大地水准面的距离误差和相对误差 **表 1-1**

距离D (km)	距离误差 ΔD (cm)	相对误差 $\Delta D/D$
3.5	0.04	1∶9940320
10	0.8	1∶1217700
25	12.8	1∶194830
50	102.7	1∶48710

由表 1-1 可知，当水平距离为 10km 时，以水平面代替曲面所产生的距离相对误差为 1/1217700，这样的微小误差就是进行最精密的距离测量也是容许的。因此，在半径 10km 测量范围内进行距离测量工作，用水平面代替大地水准面而不必考虑地球曲率的影响，其产生的距离误差可以忽略不计。

1.3.2 水平面代替大地水准面对高程的影响

在图 1-8 中，A、B 两个点都处在大地水准面上，其高程必相等。B'点是 B 点在水平面上的投影点，则 BB'就是水平面代替大地水准面所产生的高程误差 Δh，于是有

$$(R + \Delta h)^2 = R^2 + D'^2$$

$$\Delta h = \frac{D'^2}{2R + \Delta h} \tag{1-9}$$

式(1-9)中，用 D 代替D'，同时 Δh 与 R 相比小得可以忽略不计，故式(1-9)可以写成

$$\Delta h = \frac{D^2}{2R} \tag{1-10}$$

对于不同的距离 D，产生的相应的高差误差(表 1-2)。

水平面代替大地水准面的高程误差 **表 1-2**

距离(km)	0.05	0.1	0.2	0.4	0.5	1	2	5	10
高差误差 Δh(cm)	0.02	0.08	0.3	1.3	2	7.8	31.4	196.2	784.8

由表 1-2 可知，以水平面代替大地水准面，在 200m 的距离上就有 3mm 的高程误差，这在高程测量上是不容许的。因此，在高程测量的时候即使距离很短，一般也应该顾及水平面代替大地水准面的影响(称为地球曲率的影响)。

1.4 测量工作概述

1.4.1 测量工作的原则和工作程序

上节中述及的地物和地貌是测绘工作的对象。也谈到它们是由一系列连续的点构成。在这些点中有一部分点对测绘工作具有重要意义，一般称它们为特征点，又叫做碎部点。特征点是指地物和地貌在投影面上方向的转折点和坡度的变化点。如果准确地测定这些碎部点(特征点)的相对位置，那么测绘范围内的地物地貌就会被准确地反映出来。因此测量的中心工作就是确定地面的点位。点的坐标和高程是不能够直接测得的，需要测量点与已知点之间的相对位置关系，即距离、角度、高差三个基本观测量，然后根据已知点的坐标和高程推算出未知点的坐标和高程。

测量和其他任何度量工作一样，不可避免地存在着一定的误差。不论是测绘地形图还是测设工作，在一个测站上完成全部的测量工作往往是不可能做到的。如果从某一个特征点开始依次逐点测定其他各特征点，势必导致误差逐渐积累，测至最末一点时的累积误差将会大得无法接受。为此，测量工作确定了布局上“由整体到局部”的法则，并按照“先控制后碎部”的原则开展工作。也就是说首先从测绘范围(简称为测区)整体考虑实施控制测量，然后再进行局部范围的碎部测量工作。

控制测量是指首先在整个测区内，选定若干对全区能起到控制作用的点(简称控制点)，以较严密的方法和较精密的测量仪器测量出它们的点位，建立测图和施工放样的坐标框架和依据。控制点的建立使得整个测区分段、分工实施成为可能，不仅加快了工作进度，而且还保证测区整体能够达到较高的精度。

碎部测量就是以控制点为依据，施测控制点周围的碎部点的位置，以便进行绘制地形图和施工放样。这样就减少了误差的积累，提高了测量精度。

在测量工作的实施当中还应当遵循“随时校核，杜绝错误”的原则。每一步骤均应及时校核，发现错误及时纠正。前步校核无误方能进行下步工作。

1.4.2 测量工作的特点

测量工作是一项脑体并重的工作，就其工作环境来分，可分为外业和内业。外业主要是利用各种测绘仪器工具在野外进行观测、记录、绘图等。内业则主要是依据外业的各项测量成果进行记录的整理和检查，有关的计算，图纸的清绘整理以及测绘成果的分析、应用等。

测量工作是一项集体性很强的工作。作业的基本单位一般为小组。小组成员至少三人，多则可达十几人。因此团结协作在测量工作中至关重要。

此外，测量工作也是一项非常细致的工作，每一步骤和环节都要求有检查和校核。有的一字之差或一点移位都可能导致重大的错误发生。

第2章 水 准 测 量

确定地面点高程的测量工作称之为高程测量。根据所使用的仪器和施测方法高程测量可分为水准测量、三角高程测量、气压高程测量和GPS高程测量。

水准测量是高程测量中最基本、精度最高的一种方法。主要用于建立国家或地区的高程控制网以及各种工程建设。三角高程测量是确定两点间高差的简便方法，不受地形条件限制，传递高程迅速，但精度低于水准测量。气压高程测量是物理高程测量的一种。它是根据大气压力随高度变化的规律，用气压计测定两点的气压差，推算高程的方法。其精度低于水准测量、三角高程测量，主要用于丘陵地和山区的勘测工作。GPS高程测量中最常用的是GPS水准高程，它综合利用全球定位技术和水准测量成果确定点的高程，是目前GPS作业中最常用的一种方法，能达到三四等水准测量的精度。

现在就一般工程部门和园林行业来看，应用最为广泛的当属水准测量这种方法。本章重点讨论水准测量。

2.1 水准测量原理

水准测量的原理就是利用水准仪提供的水平视线，分别瞄准竖立在两地面点的水准尺进行读数，计算其高差，然后再由已知点高程推算未知点高程。

如图2-1所示，A 点的高程已知 H_A，B 点的高程 H_B 未知。在 A、B 两点上分别竖立注有刻度的水准标尺，在两点中间安置水准仪，通过水准仪所提供的水平视线在 A 点尺上读得读数 a，在 B 点尺上读得读数 b。则根据此图可以得：

$$h_{AB} = a - b \tag{2-1}$$

$$H_B = H_A + h_{AB} \tag{2-2}$$

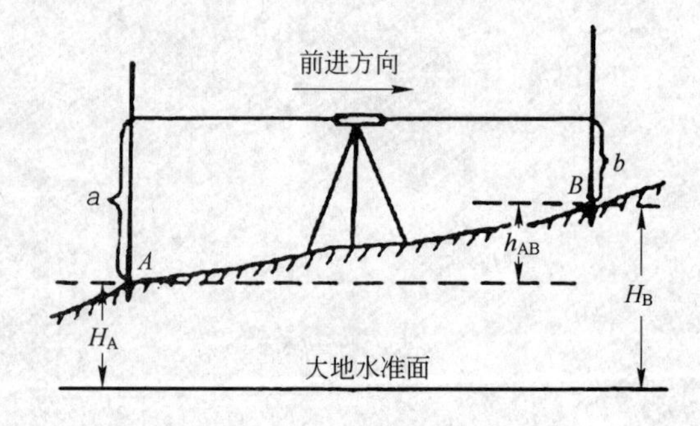

图2-1　水准测量原理

设水准测量是从已知点 A 点往未知点 B 点进行的。已知点 A 称后视点，未知点 B 称前视点。故 a 为后视读数，b 为前视读数，h_{AB}表示为从 A 到 B 的高差。两点的高差为“后视读数”减去“前视读数”。高差有正负之分。如果后视读数大于前视读数，则高差 h_{AB}为正值，表示 B 点比 A 点高；反之，则高差 h_{AB}为负值，表示 A 点比 B 点高；如果后视读数等于前视读数，则高差 h_{AB}为0，表示 A 点和 B 点同高。

B 点的高程还可以通过仪器的视线高程 H_i（简称视线高）来计算，即：

$$H_i = H_A + a \tag{2-3}$$

$$H_B = H_i - b \tag{2-4}$$

一般情况下，用式(2-1)和式(2-2)计算未知点的高程，这种方法称为高差法。式(2-3)和式(2-4)是利用视线高 H_i 来计算未知点的高程，称为仪高法。当安置一次仪器要测多个前视点的高程时，仪高法要比高差法方便。

2.2 水准仪及其使用

2.2.1 水准仪的分类

水准测量中使用的仪器是水准仪。水准仪的种类较多，按照视线的置平方式可将水准仪分为微倾式水准仪和自动安平水准仪。前者根据水准管的气泡置平仪器视线，后者只需用水准气泡粗略置平，然后用补偿器自动安平视线。这两种仪器均由人工通过望远镜对水准尺上的分划读数和数据记录。现代的电子水准仪的置平方式也为自动安平式，利用光电扫描设备和与之配套的条码水准尺完成自动读数和数据记录。

水准仪按照高程测量精度划分，有DS05，DS1，DS3，DS10四种型号。"D"和"S"分别代表"大地测量仪器"和"水准仪"汉语拼音的第一个字母，后面的数字是其精度，意即每千米水准测量往、返测高差中数的中误差(单位毫米)。如DS05和DS3水准仪的精度分别为0.5mm和3mm。其中DS05，DS1属于精密水准仪，用于国家一、二等水准测量及精密水准测量；DS3，DS10属于普通水准仪，用于国家三、四等水准测量及工程测量等。现将在园林工程中使用较为广泛的DS3型微倾式水准仪和普通水准尺做一介绍。

2.2.2 DS3型微倾式水准仪的构造

水准仪主要由三个部分构成，分别为：望远镜部分、水准器部分、基座部分。水准仪各部位名称如图2-2所示。

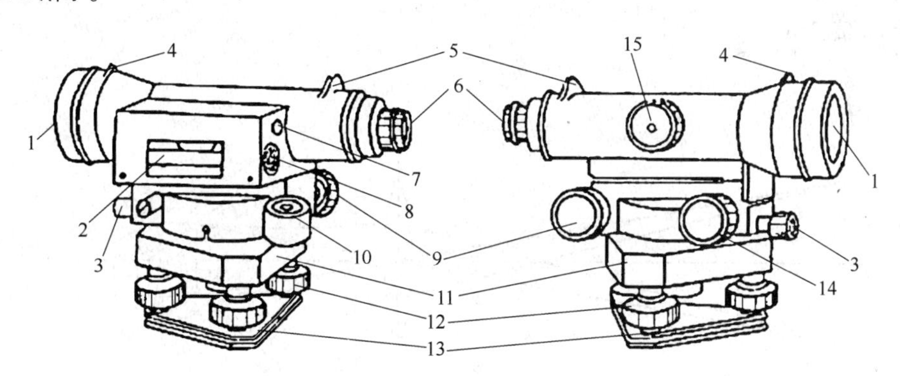

图2-2 S3型水准仪

1—物镜；2—管水准器；3—水平制动螺旋；4—瞄准用准星；5—瞄准用照门；6—目镜；7—水准管气泡观察镜；8—水准管校正螺旋；9—微倾螺旋；10—圆水准器；11—基座；12—脚螺旋；13—基座底板；14—微动螺旋；15—物镜调焦螺旋

2.2.2.1 望远镜部分

望远镜是构成水平视线、瞄准目标的光学部件。图2-3为内对光望远镜，它由物镜、物镜调焦透镜(也叫对光透镜)、物镜调焦螺旋(也叫对光螺旋)、十字丝分划板、目镜和目镜调焦螺旋等部分组成。物镜和目镜多采用复合透镜组。物镜固定在望远镜的前端，它使远方目标成倒立而缩小的实像(也有正立的)。调焦透镜通过调节调焦螺旋可沿着光轴在镜筒中前后移动，使成像落在十字丝分划板上。十字丝分划板是固定安装在物镜和目镜之间的一块平板玻璃，其上刻有十字丝(图 2-3*b*)，中间的大横丝称为中丝，与中丝平行的上、下两条短丝分别为上、下丝，合称视距丝。与中丝垂直的称竖丝或纵丝，十字丝是用来瞄准目标和截取水准尺上的读数。目镜的作用是将十字丝分划板上的成像和十字丝放大成虚像。

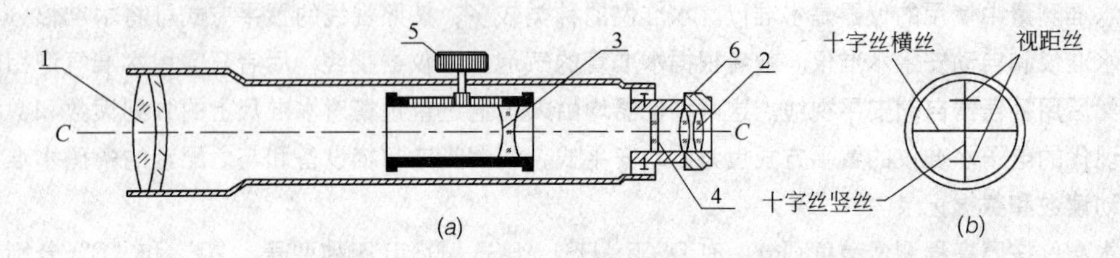

图 2-3　望远镜构造

(*a*)望远镜构造；(*b*)十字丝分划板

1—物镜；2—目镜；3—调焦透镜；4—十字丝分划板；5—调焦螺旋；6—目镜调焦螺旋

望远镜中物镜光心与十字丝交点的连线叫作视准轴，也称为视线。视准轴是水准仪中的一条重要轴线。在水准测量时，视准轴被置成水平，用十字丝的中丝截取水准尺的读数。

图 2-4 绘出了望远镜的成像原理，远处的目标 *AB* 发出的光线经过物镜 1 及调焦透镜 3 的折射后，在十字丝分划板上成一倒立的实像 a_1b_1，人眼通过目镜 2 可以看到放大的虚像 a_2b_2 和同时被放大的十字丝。所谓放大并不是目标的成像被放大了，只是从望远镜中看到的目标影像的视角比直接用肉眼看到目标的视角扩大了 *n* 倍，这个倍数称为望远镜的放大率。DS3 型微倾式水准仪的放大率不小于 28 倍。

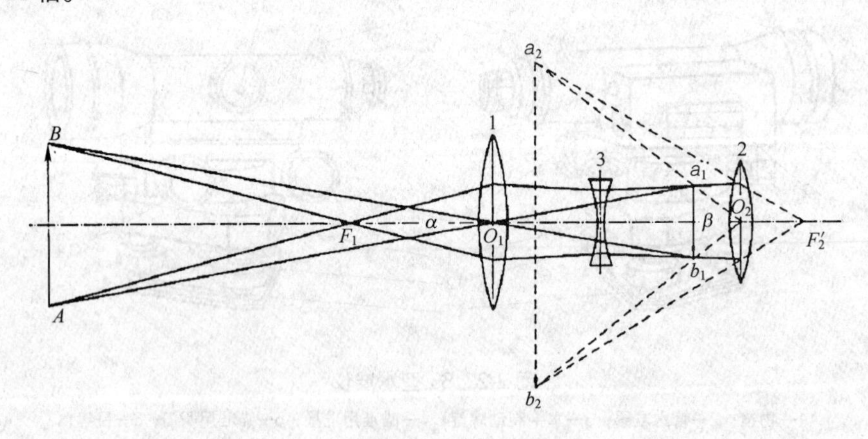

图 2-4　望远镜的成像原理

2.2.2.2　水准器部分

水准器是标示水准仪视线是否水平的重要部件。它利用了液体受重力作用向低处流动而气泡居于最高处的特性，使水准器的一条特定的直线位于水平或竖直位置的一种装置。水准仪一般设有两种水准器。一种为圆水准器，另一种为管水准器(也称为水准管)。

(1) 圆水准器。圆水准器是将以圆柱形的玻璃盒子嵌入在金属框内，其顶面玻璃内壁被磨成为一球面，过此球面中心的法线叫作圆水准器轴。如图 2-5 所示。盒子内部封装有轻质易流动的液体

(如酒精、乙醚等)，并留有一个气泡。当圆水准器的气泡居中时，圆水准器轴即处于铅直位置。此时仪器被概略整平，这一过程称为“粗平”。

(2) 管水准器。管水准器(也称水准管)与望远镜固连在一起，可起到精确置平视线的作用。如图 2-6 所示，水准管纵向内壁磨成圆弧状。将通过水准管圆弧中点的切线称为水准管轴。当水准管内气泡两端与圆弧中点对称时称为气泡居中，此时水准管轴处于水平位置。仪器在制作安装时要求水准管轴与视准轴平行，所以当水准管气泡居中时，视线也就精确水平了。这一过程称为“精平”。

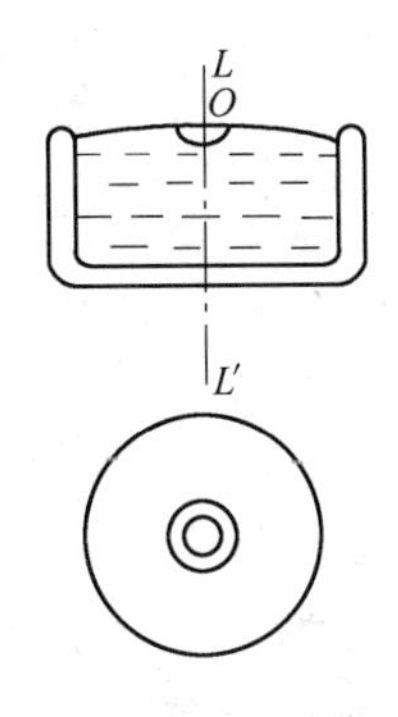

图 2-5　圆水准器及其分划值

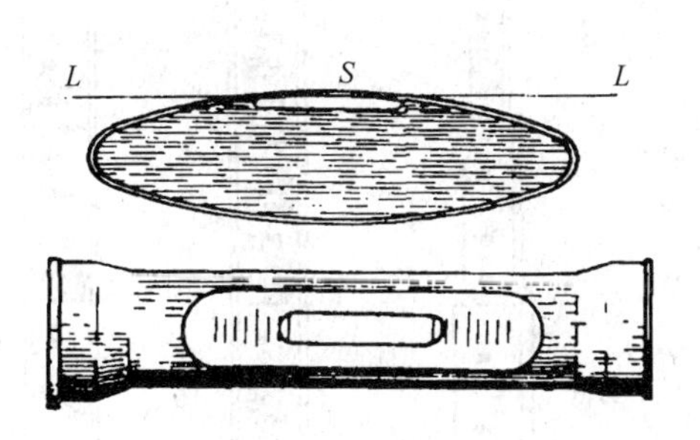

图 2-6　水准管其分划值

为了便于观察水准管气泡是否居中并提高观察的准确度，在水准管上方设置了一组符合棱镜，如图 2-7(*a*)所示，经折射后在目镜旁的气泡观察窗中可以看到气泡居中与否，如图 2-7(*b*)为不居中的影像，图 2-7(*c*)为居中时的影像。

(3) 水准器的分划值。在水准器上一般刻有等间隔的分划线。分划线与圆弧的中点对称。水准器上相邻分划线间的圆弧(弧长 2mm)所对的圆心角(τ)叫做水准器的分划值，如图 2-5 和图 2-6 所示。由水准器分划值的概念可得：

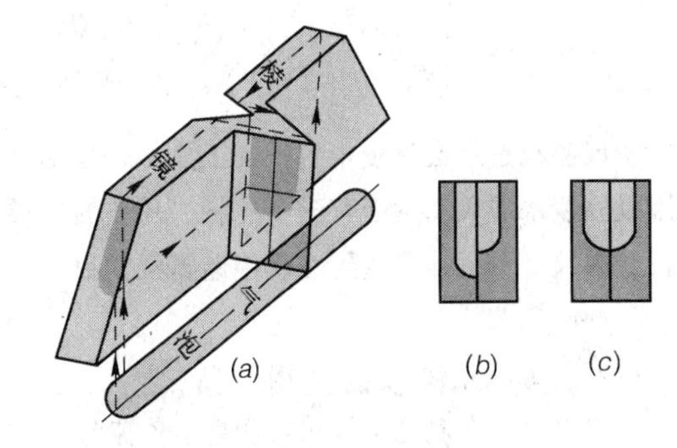

图 2-7　水准管的符合棱镜示意图

(*a*)构造示意图；(*b*)气泡未符合；(*c*)气泡符合

$$\tau=\frac{2\text{mm}}{R}\rho'' \tag{2-5}$$

式(2-5)中 τ 为分划值。R 为圆弧半径，也取毫米(mm)为单位。由弧度换算为角度值故乘以 ρ''，$\rho''=206265''$。τ 反映出了水准器的灵敏度，半径 R 愈大则 τ 愈小，灵敏度愈高，也即整平的精度也就愈高。但整平时所费时间也就愈长。一般普通水准仪(如 DS3 型)的圆水准器分划值 $\tau=8'$，水准管的分划值 $\tau=20''$。显然水准管的整平精度远高于圆水准器。因此水准管的调平过程往往被称为精平。

2.2.2.3　基座部分

基座的主要作用是支承仪器，置平仪器及连接三脚架。基座上的三个脚螺旋可旋转使仪器升降，再借助圆水准器来置平仪器。此外还有三个调控仪器的螺旋，也将它们归入此部分。一个是在靠近目镜一端的微倾螺旋，旋转此螺旋可使望远镜及水准管一起在竖直面内做微小倾斜，同时致使气泡移动。参见图 2-7(*b*)和(*c*)。另两个螺旋为一组，叫做制动螺旋和微动螺旋。其作用为控制基座以上部分的转动、停止和微小转动。

2.2.3 水准尺和尺垫

水准尺是水准测量的重要工具。普通水准尺多为木质，现在也开始生产合金铝质水准尺。精密水准测量的标尺有些用铟钢制成。水准尺一般有塔尺(图 2-8*a*)和红黑双面直尺(图 2-8*b*)两种形式。标尺总长一般在 2～5m 之间，尺面的最小刻度为厘米(cm)。每 10cm 标注出米(m)及分米(dm)值，标注数字有正写和倒写的两种，以适应望远镜成像后读数方便。

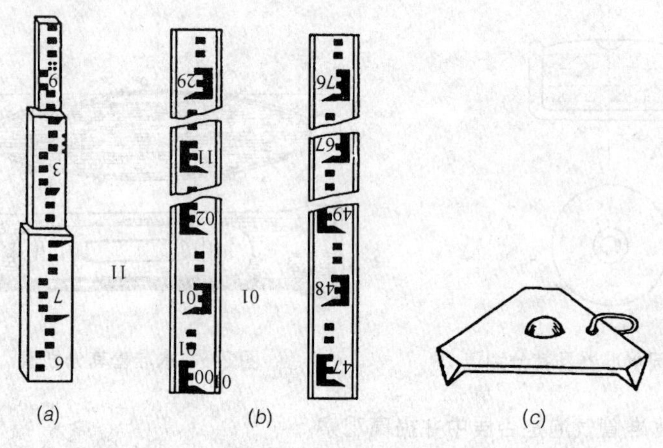

图 2-8 水准尺和尺垫

尺垫也是水准测量中的一种工具，一般由铸铁制成，见图 2-8(*c*)。中央有一凸起的半球形圆顶，用以放置水准尺。底面有三个支脚。尺垫的主要作用是使水准测量转站时能保持尺位准确，避免松软土中尺身下沉从而达到准确传递高程的目的。

2.2.4 水准仪的使用

这里以一个测站上的水准测量工作来叙述水准仪的使用。已知 A 点高程 H_A，欲求相距不远且高差不大的 B 点高程 H_B。分别在两点竖立水准尺，将水准仪置于二者之间(如 M 点)进行一个测站的水准测量。要求在 M 点能够看到 A 和 B 两点所竖立的水准尺(即通视)，且视距不大于规定要求(一般每个测站规定视距不大于 100～150m)。其基本步骤如下：

安置仪器(M 点)→粗平仪器→瞄准后视尺(A 点)对光→精平，读后视读数(a)，记录→瞄准前视尺(B 点)→精平，读前视读数(b)，记录→计算两点高差(h_{AB})和 B 点高程 H_B。

下面将各主要步骤的操作方法介绍如下。

1) 安置仪器

松开脚架螺旋，按所需高度调好脚架长度并拧紧螺旋。张开三脚架立于距离前视和后视两点大致相等的位置 M 点。将仪器置于三脚架头上并用连接螺旋拧紧。踩实两脚后，用第三条腿前后左右移动使架头大致水平后，踩实第三条腿。

2) 粗平仪器

粗平就是使圆水准器气泡居中的过程。可以利用调节三个脚螺旋的高度。其方法如图 2-9 所示。

两手以相对方向旋转脚螺旋Ⅰ和Ⅱ，使气泡自a移至b，再旋转脚螺旋Ⅲ，使气泡自b移至c，重复上述操作，至气泡居中为止。调平中的规律是气泡的移动方向与左手大拇指移动方向一致。还可以通过移动脚架或升降脚架达到粗平的目的。

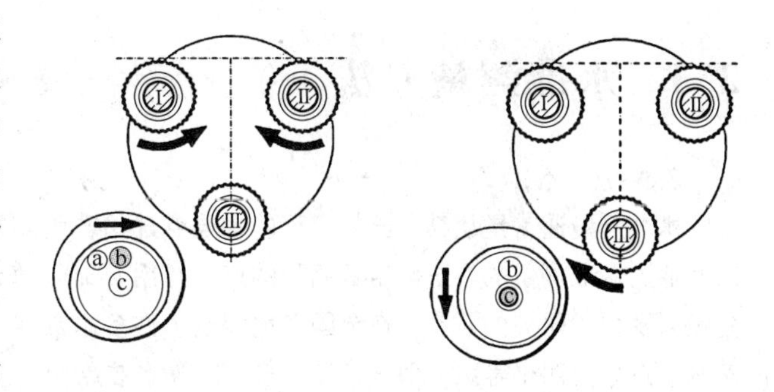

图2-9 仪器整平方法

3）瞄准与对光

先将望远镜对着较明亮的背景，调节目镜头对光，使十字丝成像清晰(十字丝呈黑色无重影)。然后用望远镜上的照门(或缺口)和准星瞄准水准尺，旋紧制动螺旋。接着在望远镜内观察，调节物镜对光螺旋，使水准尺成像清楚。最后再用微动螺旋调节使十字丝对准水准尺。

4）视差消除

视差表现为对光后物像与十字丝随着观测者眼睛上下(或左右)移动而产生相对移动。是由于对光不完善所致物像平面与十字丝平面不重合。如图2-10所示。消除的方法仍是再行仔细进行目镜、物镜对光使物像与十字丝同时清晰。

5）精平与读数

每次读数前必须调节微倾螺旋，使水准管气泡完全居中，也就是精平(自动安平水准仪不需精平)。然后迅速读数。读数是以十字丝的中丝在水准尺上截取读数。读数时应注意望远镜的成像特点、水准尺上的分划与注记的特征，以免读错。一般读四位数，即米、分米、厘米和毫米。其中毫米位应按所占基本刻度的比例估计读出。图2-11所示为望远镜正像，其中丝读数为2.588。读数后还应检查一下水准管，看其气泡是否仍居中，若偏离过大则应重新精平读数。

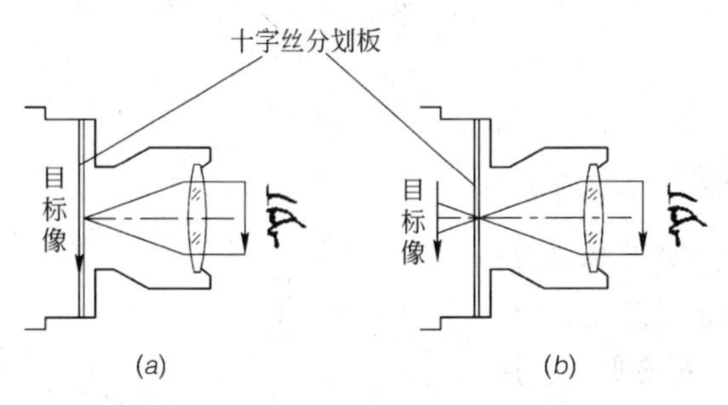

图2-10 视差现象形成原理
(a)没有视差；(b)有视差

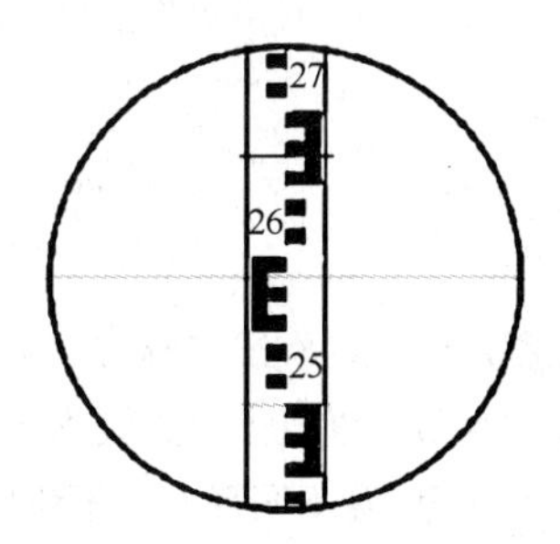

图2-11 水准尺读数

6）记录与计算

观测员读出后视读数 a 及前视读数 b 后，记录员复诵一遍以便校核，无误后用铅笔工整地写在记录手簿相应位置。不准涂改，不准用橡皮擦。如米、分米有错时，应该划去并在其上方重新书写；厘米、毫米绝对不允许改动，如有错误，只能重测。一测站观测完毕，记录员应立即按式(2-1)、式(2-2)计算高差和高程以及其他数据(如测站校核的数据、前后视距离等数据)，做到站站清。待检查无误后，方可搬站。

2.3 水准测量方法

2.3.1 水准点

水准测量通常是从某一已知高程的水准点开始，引测其他待定水准点的高程。水准点是埋设稳固并通过水准测量的方法确定其高程的点。常用“BM”表示。为了满足各种比例尺测图、各项工程建设以及科学研究的需要，在全国各地埋设了许多水准点，水准点按照精度高低分为不同等级。国家水准点分为四个等级，即一、二、三、四等水准点。这些水准点的高程，是由对应等级的水准测量来确定的，其施测精度逐级降低。其中一、二等水准测量统称为精密水准测量。除了国家水准点外，还有一些按照等外水准测量规范的要求确定的水准点，如工程水准点和图根水准点。国家水准点是以国家 1985 高程基准起算，其他水准点有的是以地方高程基准或工程单位自定高程基准起算。

水准点须埋设固定标志，此标志又有永久性和临时性之分。国家等级水准点均为永久性的，其他水准点可斟情而定。国家等级水准点的一般形式如图 2-12(*a*)所示，一般用石料或钢筋混凝土制成标石，其顶面中心镶嵌有陶瓷或不锈钢等不易锈蚀材料制成的半球形标志。标石埋于冻结线之下。在城镇中，有些水准点标志设置于坚固建筑物的墙脚，故称为墙上水准点，如图 2-12(*b*)所示。

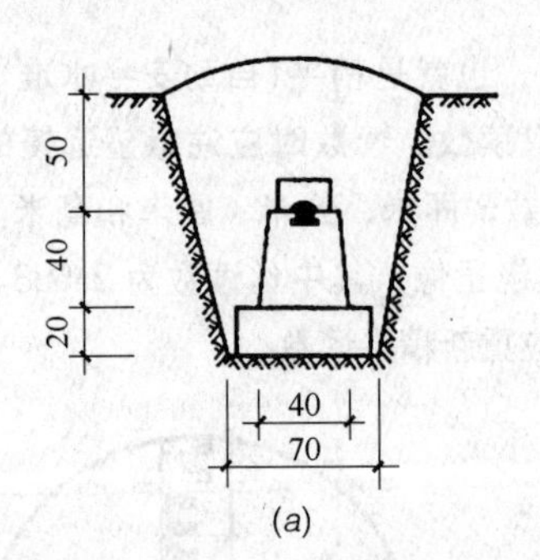

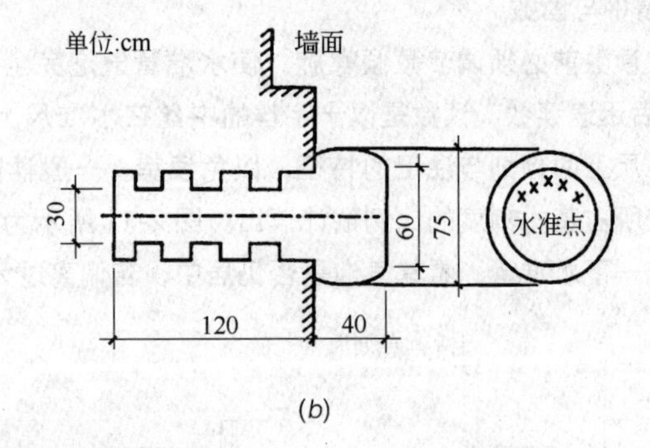

图 2-12　水准点示意图

工程现场设定水准点标志，可视工期长短等具体情况，选用水准标石、混凝土桩、大木桩以及坚固的地面物(如台阶角、墙角等)等不同形式。不论哪种形式，都应保证使用时水准尺竖立方便、位置明确。

水准点设定后，一般应绘出该点与附近建筑物或其他地物的关系略图，还应写明该点的编号和高程，称为“点之记”(图 2-13)，以便日后查找水准点。

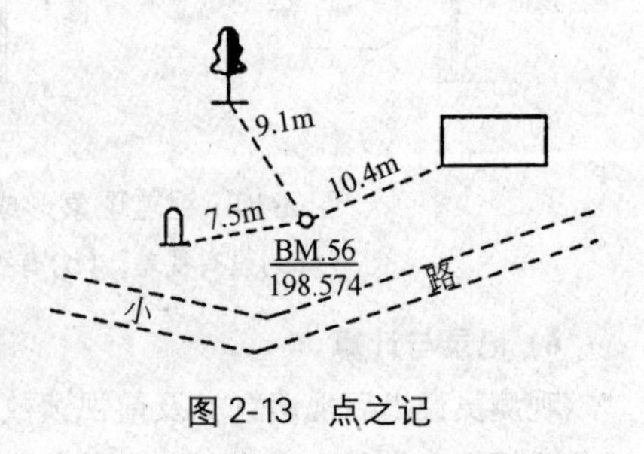

图 2-13　点之记

2.3.2 水准路线

在水准测量中，由若干水准点构成的路线称为水准路线。两条以上水准路线相互连接交于某一(或几个)水准点所构成的图形则称为水准网。其交点称为结点。两个水准点之间的一段路线称为测段。根据已知高程水准点和待定水准点分布的情况和实际需要，可以布设成单一水准路线或水准网。水准路线的布设形式主要有三种：附合水准路线、闭合水准路线和支水准路线。

1）附合水准路线

由一个已知高程的水准点开始进行水准测量，经过若干个待求点，最后附合到另一个已知点，称为附合水准路线，如图2-14(*a*)所示。沿着附合水准路线进行水准测量所得到的各测段的高差代数和应该等于两端已知点的高差。这可以作为观测正确性的检核条件。即附合水准路线观测高差应满足下列条件：

$$\sum h_{理} = H_{终} - H_{始} \tag{2-6}$$

2）闭合水准路线

闭合水准路线是由一个已知高程的水准点开始进行水准测量，经过若干个待求点后仍回到原已知点。如图2-14(*b*)所示。因此，我们可以将其视为始点和终点高程相同的一条附合水准路线。沿着闭合水准路线进行水准测量所得到的各测段的高差代数和应该等于零。这可以作为观测正确性的检核条件。即闭合水准路线观测高差应满足下列条件：

$$\sum h_{理} = 0 \tag{2-7}$$

3）支水准路线

支水准路线是由已知高程的水准点起测至待求点，既不构成闭合水准路线，也不附合到已知水准点。如图2-14(*c*)所示。支水准路线因为缺少检核条件，因此需要进行往返测量。往返测得的高差应是绝对值相等符号相反。这可以作为观测正确性的检核条件。即支水准路线往返观测高差应满足下列条件：

$$\sum h_{往} + \sum h_{返} = 0 \tag{2-8}$$

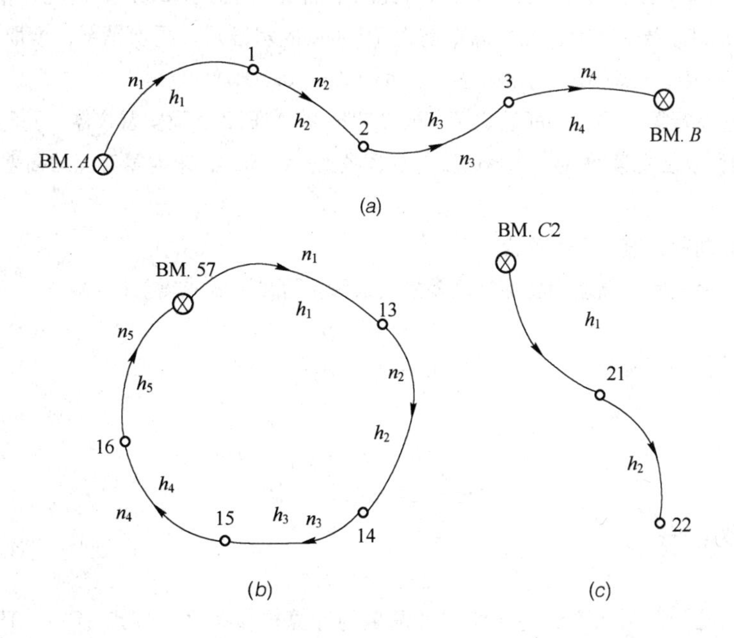

图2-14 水准路线示意图

2.3.3 连续水准测量

当两个点相距较远或高差较大时，受仪器望远镜放大倍率和水准尺长度所限，仍采用一个测站进行水准测量则无法达到求出未知点高程的目的，因此必须按下述方法，即连续水准测量来达到目的。

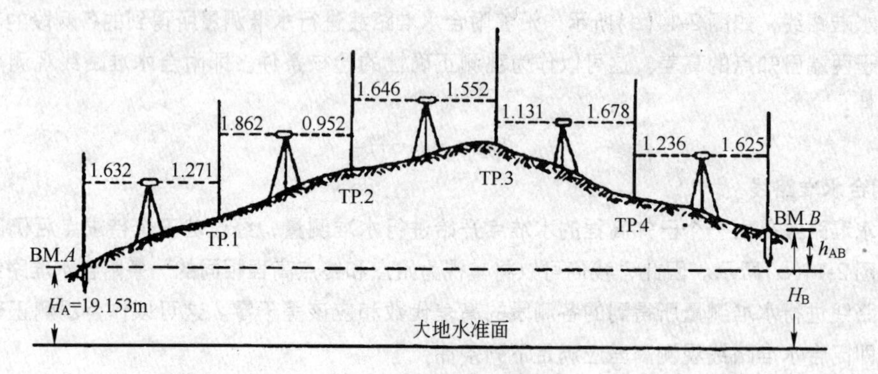

图 2-15 连续水准测量示例

如图 2-15 所示，BM. *A* 点为已知高程点，其高程 19. 153m。各测站读数如图 2-14 所示。BM. *B* 点为待求未知点。其连续水准测量的步骤，记录及计算如下：

(1) 在 BM. *A*、BM. *B* 间设转点 1(转点起传递高程的作用，一般转点应放置尺垫，在尺垫上竖立水准尺，转点以符号 TP. 表示)。在 *A* 与 TP. 1 间安置仪器，粗平仪器，应注意使后视距离和前视距离大致相等。

(2) 在 *A* 和 TP. 1 两点上分别竖立水准尺，先瞄准后视 *A* 点的水准尺，对光，精平后读取后视读数 $a_1 = 1.632$ 记录于表 2-1 中，然后瞄准前视 TP. 1 点的水准尺，再次精平，读取前视读数 $b_1 = 1.271$ 记录于表 2-1 中，计算第一测站高差 $h_1 = a_1 - b_1 = 0.361$。

(3) 继续向前进行第二测站，即设定 TP. 2，在 TP. 1 和 TP. 2 之间安置仪器，同时 *A* 点的水准尺移至 TP. 2，分别读取后视读数 $a_2 = 1.862$ 及前视读数 $b_2 = 0.952$，求得第二测站高差 $h_2 = a_2 - b_2 = 0.910$。

(4) 依次继续向前，直至 BM. *B* 点。

显然，*A*、*B* 两点间的高差为各测站高差的代数和。可依下式求得。即：

$$\begin{aligned} h_1 &= a_1 - b_1 \\ h_2 &= a_2 - b_2 \\ &\vdots \qquad \vdots \\ +)\, h_n &= a_n - b_n \\ \hline h_{AB} = \sum h &= \sum a - \sum b \end{aligned} \tag{2-9}$$

B 点的高程为：

$$H_B = H_A + \sum h$$

式(2-9)中的 $\sum h = \sum a - \sum b$ 可作为连续水准测量的计算校核条件。转点 TP. 1、TP. 2……是临时立尺点，在其位置上应该放置尺垫，以达到准确传递高程的目的。而已知点和待求点不能放置尺垫。

在观测过程中，应随时将观测数据记录于手簿中，并进行校核计算。图2-15的手簿见表2-1所列。

水准测量手簿 **表2-1**

水准路线：BM. *A* 至 BM. *B*　　仪器：DS3　　观测者：××

观测日期：×年×月×日　　天气：晴　　记录者：××

测点	水准尺读数		高差		高程	备注
	后视	前视	+	−		
BM.*A*	1.632		0.361		19.153	$\sum a-\sum b=0.429$ $\sum h=0.429$
TP.1		1.271				
TP.1	1.862		0.910			
TP.2		0.952				
TP.2	1.646		0.094			
TP.3		1.552				
TP.3	1.131			0.547		
TP.4		1.678				
TP.4	1.236			0.389		
BM.*B*		1.625			19.582	
$\sum$	7.507	7.078	1.365	0.936		

2.4 水准测量的校核方法和成果整理

2.4.1 水准测量的校核方法

在测量工作进行中，有时会由于某些失误而产生测量结果的错误，或虽无失误但由于各类误差的影响和积累而使测量结果不可靠。为了保证测量结果的准确可靠，必须对其进行校核，测量规范中对有关的项目给出了误差允许的范围。

在水准测量的校核中，主要分为测站校核、计算校核和路线校核。

2.4.1.1 测站校核

一个测站只测一次高差，高差是否正确无法知道。任何一个观测数据出现错误，都将导致所测高差不正确。为保证观测数据的正确性，采取对一个测站重复高差观测限定其较差的方法(如图根水准测量对高差较差的容许值不超过±6mm)。测站校核常用的有两种方法。

1) 改变仪器高度

在一个测站上测出两点间高差之后，变更仪器高度(一般改变的高度应大于10cm)再行测量此两点间的高差。若两次所测高差之差不超过容许值，则此测站结果为合格成果，取二者平均值作为本站高差。否则应重测本站。

2) 用双面标尺

双面标尺是无关节的直尺，成对使用，长度一般为3m。其正面为黑白相间的刻度，称为黑面尺，反面为红白相间的刻度，称为红面尺。黑面尺底部刻度自0开始，红面尺底部刻度一根由4.687开始，另一根由4.787开始，每分米注记有数字，最小刻度为厘米，可估读至毫米。在观测时不改变水准仪的高度，利用黑面和红面分别各测出一个高差，然后求出高差之差。若高差之差不超过容许值，则此测站结果为合格成果，取二者的平均值作为本站高差。否则亦应重新观测。

2.4.1.2 计算校核

由式(2-9)可知，A、B 两点间的高差为各测站高差的代数和，也等于各测站后视读数总和与各测站前视读数总和的差值，即$\sum h=\sum a-\sum b$。用计算高差的总和可以检验各站高差计算是否正确。

2.4.1.3 路线校核

计算校核只能检验各测站计算是否正确，而测站校核只能保证每个测站上不存在错误或误差不超过限差。然而对于一条水准路线来说，每个测站上不超过限差的误差如果累积起来，有时可能超过规定的限差。另一方面，对于一个测站，类似于尺位移动引起的高差误差是不能在测站校核中发现的，只有通过考察整条水准路线才能够检验出来。对于不同形式的水准路线，其校核条件是不一样的。

1）附合水准路线

沿着附合水准路线进行水准测量所得到的各测段的高差的代数和，应该等于两端已知点的高差。由于实测高差存在误差，使得两者之间往往不相等，两者之差称为高差闭合差。用 f_h 表示，即：

$$f_h=\sum h_{测}-(H_{终}-H_{始}) \tag{2-10}$$

2）闭合水准路线

沿着闭合水准路线进行水准测量所得到的各测段的高差代数和应该等于零。但是实测高差总和不一定等于零，从而产生高差闭合差 f_h：

$$f_h=\sum h_{测} \tag{2-11}$$

3）支水准路线

支水准路线进行往返测量所得的高差应是绝对值相等符号相反。实测中两者的差值即为高差闭合差 f_h：

$$f_h=\sum h_{往}+\sum h_{返} \tag{2-12}$$

2.4.2 水准测量成果整理

在路线校核中，各种因素产生的测量误差的影响结果是以高差闭合差的形式表现出来的。在最后成果提交前应该对这些闭合差进行处理，使之能够达到理想状态。即在观测值上加改正数，根据水准路线的形式使之满足式(2-6)、式(2-7)或式(2-8)。这个过程称为测量平差。对闭合差进行处理是有条件的，它不能超过规定的限差。各种测量规范对不同等级的水准测量都作了相应的规定，在普通水准测量中，水准路线的高差闭合差的允许值一般规定为：

$$f_{h允}=\pm 12\sqrt{n}\,(\text{mm})$$

$$f_{h允}=\pm 40\sqrt{L}\,(\text{mm}) \tag{2-13}$$

四等水准测量水准路线的高差闭合差的允许值规定为：

$$f_{h允}=\pm 6\sqrt{n}\,(\text{mm})$$

$$f_{h允}=\pm 20\sqrt{L}\,(\text{mm}) \tag{2-14}$$

式中 n——水准路线的测站总数；

L——以千米(km)计的路线总长度。

若$|f_h| \leqslant |f_{h允}|$，则成果可采用，否则应查明原因，重新观测。

2.4.2.1 附合水准路线成果整理

水准测量的成果整理主要是通过高差闭合差的调整，来改正观测高差所包含的误差，然后用改正后的高差计算各待定点的高程。下面举例说明附合水准路线成果整理的方法。

从水准点 BM.5($H_5 = 163.751$m)到另一水准点 BM.6($H_6 = 157.732$m)布设一条附合水准路线(图 2-16)进行普通水准测量，5A、5B、5C 为待定点。各测段高差分别为 h_1、h_2、h_3、h_4。各测段的测站数分别为 n_1、n_2、n_3、n_4。

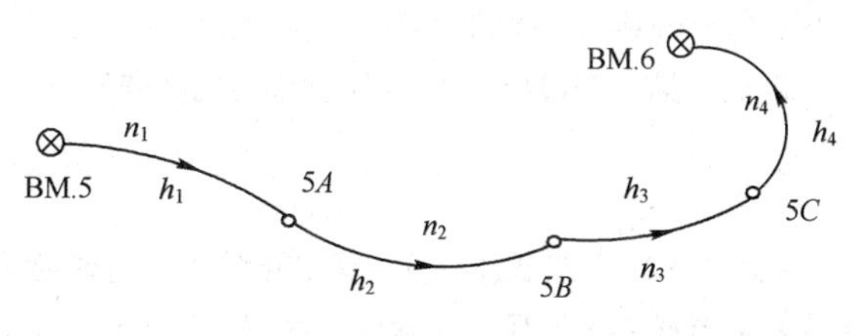

图 2-16 附合水准路线

1) 高差闭合差的计算

检核外业观测记录手簿，无误后转抄至水准测量观测成果计算表 2-2，按式(2-10)计算高差闭合差 f_h，并计算高差闭合差的限差 $f_{h允}$(计算过程略，结果见表 2-2)。然后比较两个值的大小，若$|f_h| \leqslant |f_{h允}|$，则说明外业观测成果合格，符合规定的精度要求。否则需要重测。

水准测量观测成果计算表 **表 2-2**

测段编号	测点	测站	高差(m)			高程(m)	备注
			实测	改正数	改正后		
	BM.5					26.201	已知高程水准点
1		8	+1.356	+0.005	+1.361		
	5A					27.562	
2		6	+2.644	+0.004	+2.648		
	5B					30.210	
3		10	+3.788	+0.006	+3.794		
	5C					34.004	
4		12	−3.587	+0.008	−3.579		
	BM.6					30.425	已知高程水准点
Σ		36	+4.201	+0.023	4.224	30.425 −26.201 4.224	
辅助计算	$f_{h允} = \pm 12\sqrt{n} = \pm 12\sqrt{36} = \pm 72$mm $f_h = 4.201 - (30.425 - 26.201) = -0.023\text{m} = -23$mm $\lvert f_h \rvert \leqslant \lvert f_{h允} \rvert$ 测量结果合格						

2) 高差闭合差的调整

闭合差符合精度要求，还应将此闭合差合理地调整到各测段高差中。在每段高差加上适当的改正数，使得$\sum h'_{测} = H_{终} - H_{始}$($h'_{测}$为改正后的高差)。在同一条水准路线上，假设观测条件相同，那么各测站产生的误差机会相等。因此，高差的改正数按照与测站数(或距离)成正比例反符后分配到各测段高差的原则进行。即第 i 测段的高差改正数为：

$$v_i = -\frac{f_h}{\sum L_i} \cdot L_i \tag{2-15}$$

或

$$v_i = -\frac{f_h}{\sum n_i} \cdot n_i \tag{2-16}$$

式中 v_i——第 i 测段的高差改正数；

n_i——第 i 测段的测站数；

L_i——第 i 测段的距离。

例如，第一测段(点 BM.5 到点 5A)的高差改正数为：

$$v_1 = -\frac{-0.023}{36} \times 8 = +0.005\text{m}$$

在用式(2-15)或式(2-16)计算改正数时，有时会因计算取位而造成 1mm 的计算误差。此时应视情况在取舍较多的测段改正数中加或减去 1mm，务必使$\sum v_i = -f_h$。

3) 高程的计算

分别计算各测段改正后的高差

$$h_i' = h_i + v_i \tag{2-17}$$

改正后的高差总和应该等于实测高差总和与改正数总和的代数和，还应该等于从起始点到终点的高差。这些都作为计算的校核条件。

利用改正后的高差，由起始点已知高程开始依次推算各待求点高程直至终点。

$$H_{i+1} = H_i + h_i' \tag{2-18}$$

图 2-16 所示外业观测实例的计算结果见表 2-2。

2.4.2.2 闭合水准路线成果整理

闭合水准路线是由一个已知点开始，经过若干个待求点后仍回到原已知点。因此，可以将其视为始点和终点高程相同的一条附合水准路线。其闭合差的计算依式(2-11)，若符合精度要求，按照附合水准路线成果整理相同的方法进行高差闭合差的调整和高程的计算。

2.4.2.3 支水准路线成果整理

支水准路线的高差闭合差计算依式(2-12)，若不符合精度要求，则应重测。否则，取往返测高差绝对值的平均值作为最后结果，其符号采用往测的符号。然后推算出待求点高程。

2.5 水准仪的检验与校正

“工欲善其事，必先利其器。”因此，在新购置仪器后或在仪器使用当中，都应适时对仪器进行必要的检验，查明仪器各轴线是否满足应有的几何条件。当其误差超过一定限度时则应对其进行校正，使仪器各轴线满足应有的几何条件。

2.5.1 水准仪应满足的几何条件

水准仪的轴线如图 2-17 所示，$L'L'$为圆水准器轴，VV 为仪器的旋转轴(又称为竖轴)，CC 为望远镜的视准轴，LL 为水准管轴。根据水准测量的基本原理，要求水准仪提供一条水平视线。此外还要创造一些条件使得仪器便于操作。为此，水准仪应满足如下三项几何条件：

(1) 圆水准器轴平行于仪器竖轴，即 $L'L'//VV$。满足这个条件在于能迅速地安置好仪器，提高作业速度。意即当圆水准器的气泡居中时，仪器的竖轴就基本处于铅直状态了，将仪器旋转至任意位置都易于精平工作。

(2) 十字丝的中丝垂直于竖轴，即十字丝的中丝应水平。当仪器的竖轴处于铅直状态时，在水准尺上的读数可以用十字丝交点附近的中丝截取而不必严格使用交点。

(3) 视准轴平行于水准管轴，即 $CC//LL$。这是一个主要条件。当水准管的气泡居中，水准管轴是水平的。只要满足这个条件，此时视准轴也是水平的，这样就能符合水准测量的基本原理。

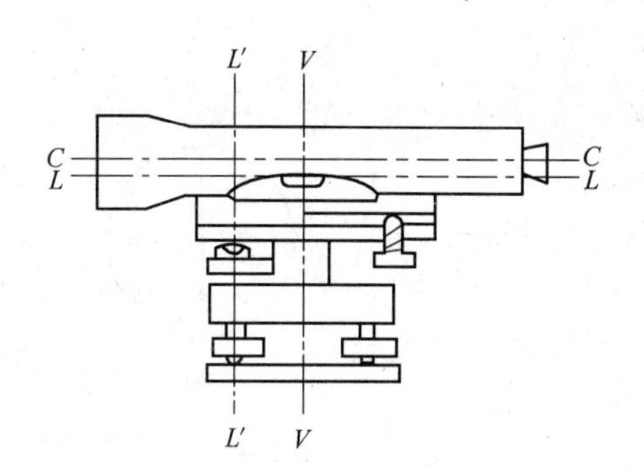

图 2-17 水准仪的轴线关系

2.5.2 水准仪的检验与校正

2.5.2.1 圆水准器轴平行于仪器竖轴的检验与校正

1）检验方法

首先调节脚螺旋使圆水准器气泡居中，然后将仪器旋转 180°，若气泡仍然在中心，则说明两轴的关系正确。若气泡偏向一侧，如图 2-18(*a*)、(*b*)所示，就说明两轴已经不平行了，应对其进行校正。

2）校正方法

调节脚螺旋，使气泡退回偏离的一半，此时仪器竖轴就处于竖直位置，如图 2-18(*c*)所示。然后再用校正针(改针)调节圆水准器下方的校正螺钉，使气泡居中，此时圆水准器轴和仪器竖轴均处于竖直位置，即二轴形成平行关系，如图 2-18(*d*)所示。此项校正有时需反复进行多次，直至仪器旋转至任何方向气泡均居中为止。

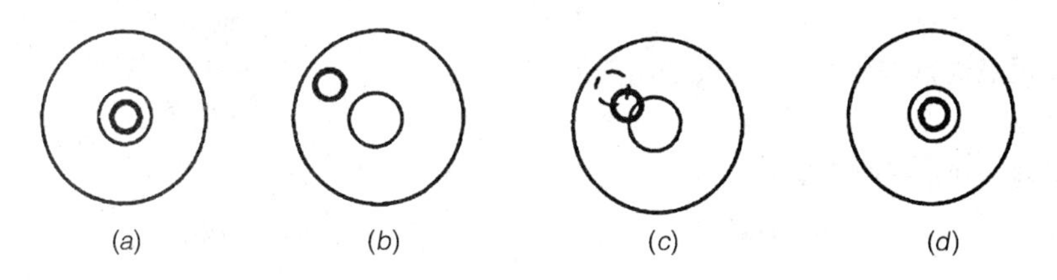

图 2-18 圆水准器的检验和校正

2.5.2.2 十字丝中丝垂直于仪器竖轴的检验与校正

1）检验方法

将水准仪整平后，用十字丝的中丝瞄准远方一固定点，然后调节微动螺旋使望远镜徐徐移动。如果该点始终落在中丝上，如图 2-19(*a*)，则说明中丝水平；若该点逐渐偏离中丝，如图 2-19(*b*)所示，则说明中丝不水平，应进行校正。

2）校正方法

松开十字丝环座上的固定螺钉(图 2-19*c*)，轻微转动，使十字丝中丝水平，然后拧紧固定螺钉。

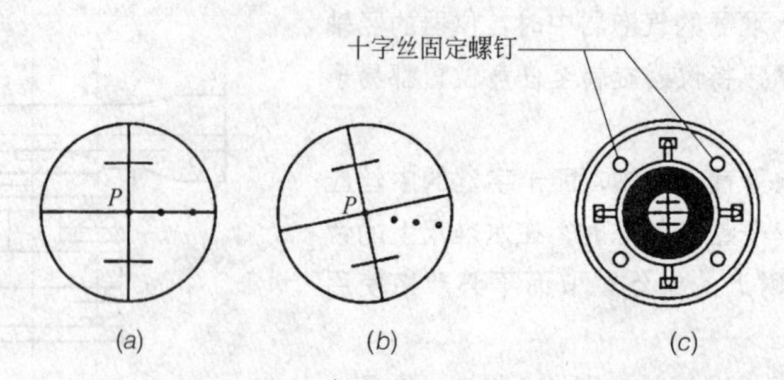

图 2-19　十字丝中丝垂直于仪器竖轴的检验与校正

校正后应再行复验，此项检验有时也须反复进行几次。

2.5.2.3　视准轴平行于水准管轴的检验校正

望远镜的视准轴平行于水准管轴是水准仪应该满足的重要的条件，是水准仪提供水平视线的坚实保证。如果这个条件不满足，两条轴线在竖直面上的投影必然会产生一个夹角。这个夹角称为 i 角。因此这项检验也称为 i 角检验。

1) i 角的计算

i 角存在使得在水准尺上的读数增大或减小，如图 2-20 所示，设 i 角使视线向上倾斜，那么它在 A 点尺子上的读数将较水平视线读数增大，记作 Δ_A。若水准仪距 A 点的距离为 D_A，则

$$\Delta_A = D_A \tan i \tag{2-19}$$

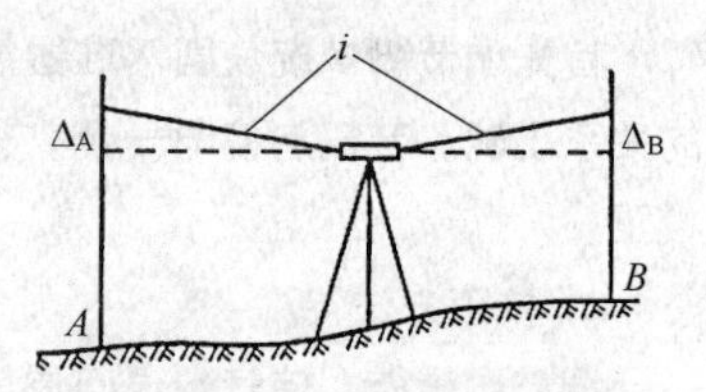

图 2-20　i 角对读数的影响

一般 i 角均较小，式(2-19)可写为：

$$\Delta_A = \frac{D_A \cdot i}{\rho''} \tag{2-20}$$

当 i 角的大小不变时，则 Δ_A 的大小与 D_A 成正比。即尺子离仪器越远，i 角对读数的影响越大。

设在水准尺上的正确读数为 a(即水平视线的读数)，由于存在 i 角的影响实际读数为 a'，可知：

$$a = a' - \Delta_A \tag{2-21}$$

那么在 A、B 两点进行水准测量，实测的高差为：

$$h'_{AB} = a' - b' \tag{2-22}$$

考虑 i 角的影响，则正确的高差为：

$$\begin{aligned} h_{AB} &= a - b = (a' - \Delta_A) - (b' - \Delta_B) = h'_{AB} - (\Delta_A - \Delta_B) \\ &= h'_{AB} - \frac{i}{\rho''}(D'_A - D'_B) \end{aligned} \tag{2-23}$$

令 $\Delta h_{AB} = \frac{i}{\rho''}(D'_A - D'_B)$，$\Delta h_{AB}$为 i 角对高差的影响。可见，当后视与前视的距离相等时，即 $D'_A = D'_B$，i 角的影响为零，实测高差等于正确高差。而当后视与前视的距离相差较大时，i 角对高差的影响 Δh_{AB}也较大。

为求得 i 角大小，两次测量 A、B 两点的高差得到 h'_{AB}、h''_{AB}。按照式(2-23)可得：

$$h_{AB} = h'_{AB} - \frac{i}{\rho''}(D'_A - D'_B)$$

$$h_{AB} = h''_{AB} - \frac{i}{\rho''}(D''_A - D''_B)$$

综合上面两个等式可求得 i 角：

$$i=\frac{h''_{AB}-h'_{AB}}{(D''_A-D''_B)-(D'_A-D'_B)}\cdot\rho'' \tag{2-24}$$

若使 $D'_A=D'_B$，则式(2-24)变换为：

$$i=\frac{h''_{AB}-h'_{AB}}{D''_A-D''_B}\cdot\rho'' \tag{2-25}$$

若使 $D'_A-D'_B=-(D''_A-D''_B)$，则式(2-24)变换为：

$$i=\frac{h''_{AB}-h'_{AB}}{2(D''_A-D''_B)}\cdot\rho'' \tag{2-26}$$

2）检验方法

在地面上选定相距60～80m的两点，分别钉设两个木桩或稳固地踩实两个尺垫。首先将仪器安置于 A、B 两点的中间，桩上各竖立水准尺。务使前后视距离相等，然后读取 A 尺读数 a'_1，B 尺读数 b'_1。进而计算出 A、B 两点的高差 $h'_{AB}=a'_1-b'_1$。无论视准轴与水准管轴平行与否，此高差 h'_{AB} 均为正确高差。

将仪器移至 A 点后2～3m处(图2-21)，安置好仪器后，分别再次读取 A 点和 B 点上的水准尺读数 a'_2 与 b'_2，然后计算出两点间高差 $h''_{AB}=a'_2-b'_2$。若 $h'_{AB}=h''_{AB}$ 则说明视准轴与水准管轴平行，反之则说明不平行。依式(2-25)计算 i 角。对于DS3级水准仪，当 $i>20''$ 时，需要进行校正。

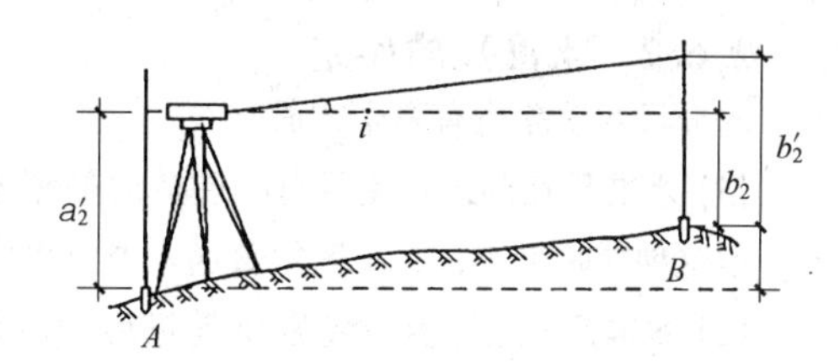

图2-21 水准仪的检验与校正

3）校正方法

由于在第二测站仪器距 A 点很近，在 A 点尺上的读数 a'_2 可以认为是正确读数(此时 i 角的影响忽略不计)。因此可据正确高差 h'_{AB} 及正确读数 a'_2 计算出应有的正确读数 $b_2=a'_2-h'_{AB}$。然后在第二测站上调节微倾螺旋使十字丝中丝对准 B 点尺上 b_2 的读数处，此时视准轴处于水平状态，而水准管气泡偏离。随后用校正针拨动水准管上下的校正螺钉，使气泡居中。此项校正一般也须反复数次，直至 i 角小于20″为止。

2.6 水准测量的误差分析

在水准测量的外业观测当中，由于自然环境、仪器、观测者本身因素的影响，不可避免地产生一些误差，主要有以下几个方面。

2.6.1 视线不水平的影响

视线不水平所产生的误差对观测结果影响较大，其来源有两个方面。

1）水准管轴与视准轴不平行引起的 *i* 角误差

水准仪经过检验校正后，仪器的视准轴仍不严格平行于水准管轴。此时当水准管气泡居中，水准管轴虽处于水平状态，但视准轴即视线却处于倾斜状态，两条不平行的轴线投影在竖直面上必有一夹角，通常称之为 i 角。利用这样的视线在水准尺上得到的读数就会产生误差，并且误差随着视距的增大而增大。这种误差一般称为 i 角误差。若在一个测站上保持前后视距离相等，则由此产生的 i 角误差可以消除。

2）地球曲率影响

由第一章的知识可知（详见 1.3.2），地球曲率对高程的影响 $\Delta h[\Delta h=D^2/(2R)]$ 和距离有关，若想消除此项误差的影响，须使前后视的距离相等。

3）大气折光的影响

由于空气的温度不均匀，越靠近地面的空气温度一般较高，其密度较上层面为稀。光线在穿过不同密度的空气时将发生折射，导致视线不是一条直线而是曲线。在水准尺上的读数不是水平视线的读数，而是曲线的读数，如果使前后视距离相等，并且视线高出地面一定高度则能够减弱或者消除大气折光的影响。

由此可见，在水准测量时，尽量使前后视距离相等对于消除误差提高观测精度是十分有益的。故此，在国家各等级水准测量中都对前后视距差做出了限制的规定。

2.6.2 水准尺的误差

水准尺的误差也有两个方面。

(1) 水准尺在制造和使用当中造成的刻划不准，零点位置不准以及尺面弯曲等而影响到读数失真，但这种影响很小，在一般的普通水准测量中往往不予以考虑。

(2) 水准尺竖立不直，特别是前倾后仰时往往不易被观测员察觉，对于读数的影响是较大的，故应认真对待。一般水准尺装有圆水准器就是要保证立尺的铅直状态。

2.6.3 仪器和转点下沉的误差

在地面土壤松软的地区进行水准测量，水准仪在观测过程中会产生下沉。这会使视线高度发生变化，使下一个读数比应读读数变小，从而影响观测结果。采用后、前、前、后的观测方法和提高观测速度可以减弱或者消除仪器下沉的影响。

转点下沉使得读数增大，一般发生在土质松软的地段。所以转点选在土质坚硬的地面并且踏实尺垫。采用往、返测能够减弱这种误差的影响。

2.6.4 读数误差

读数误差除尾数估读中的误差外，最易产生误差的环节是对光不完善而存在着视差，从而影响到读数的准确性。

此外，此项误差与望远镜的放大率和视距长度有关，因此各等级水准测量都规定了仪器望远镜的放大率和视线的最大长度。

2.6.5 水准测量中的注意事项

根据以上对测量误差的分析以及在实际作业中易于出现错误的环节，我们归纳出如下几点应注意的事项。

(1) 安置水准仪应稳固，施测过程中切勿碰动脚架，并且注意不要用手去按压脚架。

(2) 视距一般不要超过 100m，并且尽量使前后视距相等。

(3) 读数时应仔细对光消除视差，以提高读数的准确性。

(4) 读数前应仔细调节水准管气泡，务使其严格居中，读数后应对气泡再行观察。

(5) 读数一般应取位至毫米，毫米位应估读准确。

(6) 水准尺应竖立铅直，尺底部注意不要有泥土。

(7) 转点必须稳固，若用尺垫时尺垫必须踩实。

(8) 仪器迁站前必须对本站各项工作做检查，且前视点切不可发生变动，以免因“脱节”而导致返工。

(9) 烈日下观测，应对仪器进行遮荫。

(10) 记录人员必须认真，并对观测员的读数进行复述以避免记错。

2.7 自动安平水准仪和精密水准仪

2.7.1 自动安平水准仪

自动安平水准仪是近些年发明并已广泛应用的一种新型水准仪。其特点为没有设置水准管和微倾螺旋，只有圆水准器进行粗平。借助补偿器的作用，尽管视线有微小倾斜，视准轴仍能够在几秒内自动成水平状态，从而读出视线水平时的水准尺读数值。

自动安平水准仪的基本原理如图 2-22 所示。当视准轴 CC 水平时在水准尺上读数为 a，CC 倾斜一个小角α，视线读数为 a'，为了使十字丝中丝读数仍为水平视线的读数 a，在望远镜光路上增设一个补偿装置，使通过物镜光心的水平视线经补偿装置的光学元件偏转一个 β 角，仍旧成像于十字丝中心。从而达到自动补偿的目的。补偿的条件是：

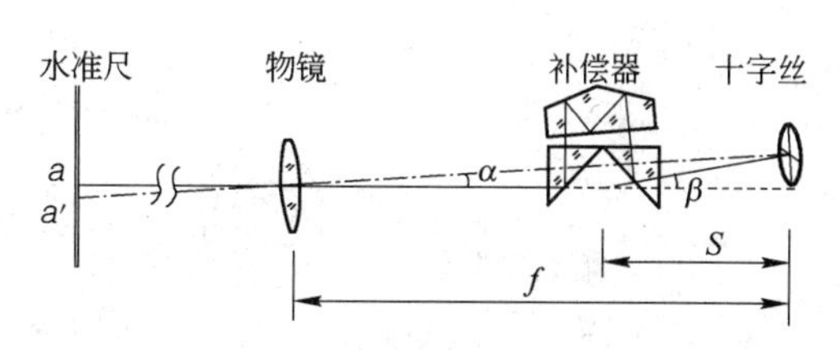

图 2-22 自动安平水准仪的基本原理

$$f \cdot \alpha = S \cdot \beta \quad (2\text{-}27)$$

式中 f——物镜的焦距；

S——补偿器中心到十字丝的距离。

图 2-23 是 DSZ2 型自动安平水准仪，补偿工作范围 ± 14′，补偿安平精度⩽ ± 0.3″，每千米往返测量高差中数的中误差 ± 1.5mm。可用于国家Ⅲ、Ⅳ等水准测量。在园林工程中使用此仪器，精度是有足够保证的。

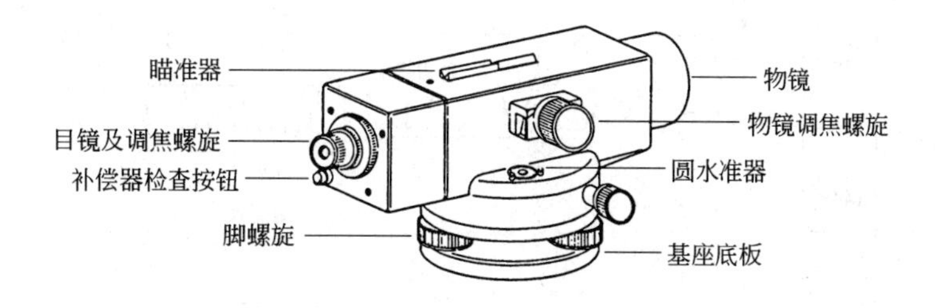

图 2-23 DSZ2 型自动安平水准仪

使用时，只需调节脚螺旋使圆水准器的气泡居中；瞄准水准尺；进行调焦，检查视差；按动其目镜下补偿器控制按钮，几秒钟即可使视线处于水平位置；最后读取中丝读数。

2.7.2 精密水准仪

精密水准仪(DS05、DS1)主要用于国家一、二等水准测量和高精度的工程测量中。例如建构筑物的沉降观测，大型桥梁工程的施工测量和大型精密设备安装的水平基准测量等。与一般水准仪比较，其特点是能够精密地整平视线和精确地读取读数。

2.7.2.1 精密水准仪

图 2-24 所示为 DS1 型精密水准仪，望远镜的放大倍率为 40 倍，水准管分划值为 10″/2mm。采用平板玻璃测微器读数，可直接读取水准尺一个分格(1cm 或 0.5cm)的 1/100 单位(0.1mm 或 0.05mm)，提高读数精度。平板玻璃测微器由平行玻璃板、测微尺、测微螺旋和传动齿轮以及齿条组成(图 2-25)。在物镜之前安装一个可以转动的平行玻璃板，其旋转轴位于水平方向且与视准轴垂直相交；旋转测微螺旋时，齿轮带动齿条，使平行玻璃俯仰转动；通过平行玻璃板视线产生上下平行移动，移动的数值由测微分划尺(测微分划尺有 100 个分格)读数反映出来。最大的移动量为 10mm(或 5mm)，与水准尺上的基本分划相同。对于 10mm 分划的水准尺，按读数指标从测微尺可直接读 0.1mm，估读至 0.01mm。

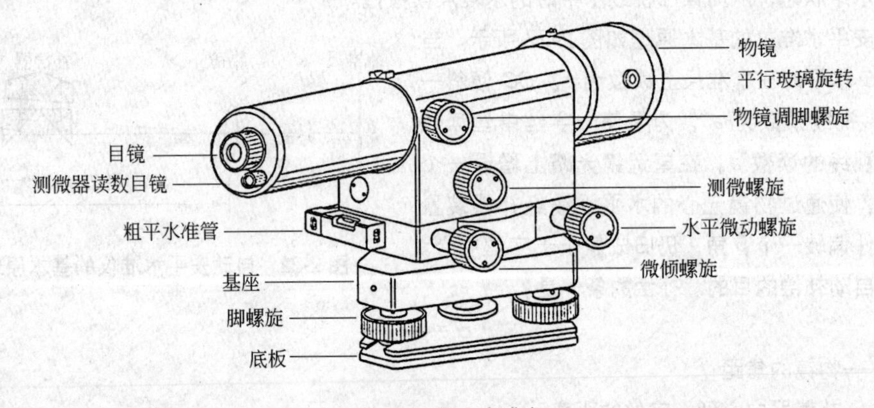

图 2-24 DS1 水准仪

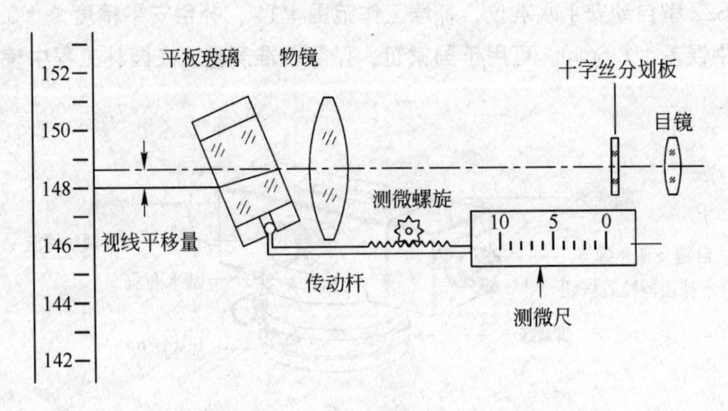

图 2-25 平板玻璃测微器示意

2.7.2.2 精密水准尺

精密水准尺是在木质尺身的凹槽内，引张一根因瓦合金钢带，其中零点端固定在尺身上，另一端用弹簧以一定的拉力将其引张在尺身上，以使因瓦合金钢带不受尺身伸缩变形的影响。

在因瓦合金钢带上刻划长度，数字注记在木质尺身上，精密水准尺的分划值分为基辅分划(10mm)和奇偶分划(5mm)两种。10mm 分划的水准尺有两排分划(图 2-26*a*)，右边一排注记为 0～300cm，称为基本分划；左边一排注记为 300～600cm，称为辅助分划。基辅分划差为一常数 3.01550m，在水准测量是用来检查可能的读数错误。5mm 分划的水准尺只有一排分划，没有基辅分划(图 2-26*b*)，但是分划间彼此错开，左边是奇数分划，右边是偶数分划，右边注记是米数，左边注记是分米数，分划注记值比实际长度大一倍，因此用这种水准尺读数应除以 2 才代表实际的视线高度。

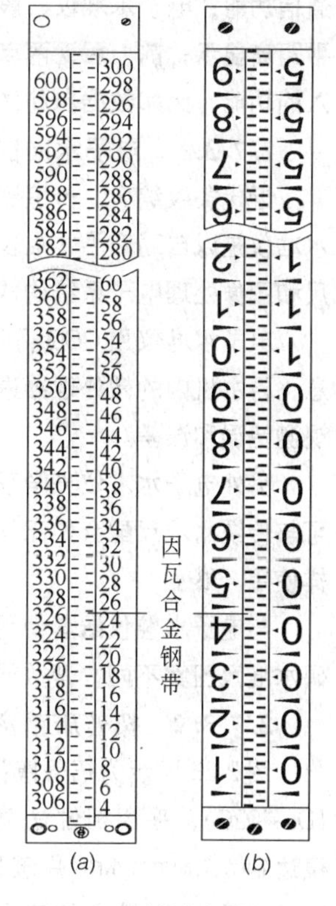

图 2-26 精密水准尺

2.7.2.3 精密水准仪的操作方法

精密水准仪的操作方法与一般水准仪基本相同，只是读数方法有些差异。在水准仪精平后，十字丝中丝往往不恰好对准水准尺上某一整分划线，这时就要转动测微轮使视线上、下平行移动，十字丝的楔形丝正好夹住一个整分划线，被夹住的分划线读数为米(m)、分米(dm)、厘米(cm)。此时视线上下平移的距离则由测微器读数窗中读出毫米(mm)。如图 2-27 所示，视场左下方为符合水准管气泡像，左上方为测微器上的读数 0.655cm，右侧被夹住的水准尺分划线读数为 1.48m，最终视线高度等于将标尺上的读数加上测微尺上的读数，即 148 + 0.655 = 148.655cm = 1.48655m。

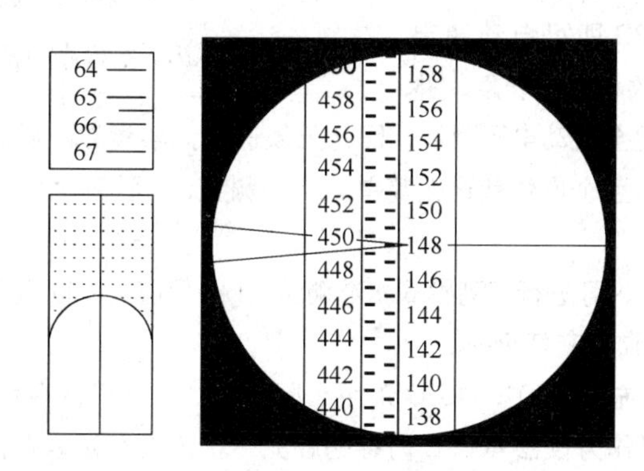

图 2-27 精密水准尺读数示例

2.7.3 电子水准仪

电子水准仪又称作“数字水准仪”。与光学水准仪相比较，它具有操作简捷，测量速度快，精度高等特点；具有自动对条码水准尺读数、自动显示、记录和计算功能；能够实现和计算机进行数据通信功能；电子水准仪一般都具备软件功能，能给出 N 次测量的平均值和标准差；仪器到尺子的水平距离显示；前、后视两点间高差显示；能作高程放样；高程点加密；选择最少读数单位和数字输入的功能，比如数据自动采集中的点名、点号，已知高程等。

2.7.3.1　电子水准仪基本原理

近代条纹编码、传感器和电子影像处理等技术的发展使得对水准尺的自动读数成为现实。电子水准仪是以自动安平水准仪为基础，在望远镜光路中增加了分光镜和探测器(CCD)，并采用条码标尺和图像处理电子系统构成的光机电测一体化的高科技产品。

电子水准仪用 CCD 行阵传感器代替人的肉眼，将望远镜像面上的条码水准尺成像转换成数字信息，再由机内的微处理器进行高差及平均数的计算及限差控制，并自动数据显示和记录，大大减少观测错误和误差。

另外电子水准仪光学系统的结构，将视准光束的一部分按一般光路行进，因此电子水准仪，仍可与传统水准尺配合如光学水准仪一样目视读数。采用普通标尺时，又可像一般自动安平水准仪一样使用。

与电子水准仪配套使用的水准尺为条形编码尺，通常由玻璃纤维或铟钢制成。各厂家生产的条码水准尺图案不同，读数原理与方法也各不相同，主要有相关法、几何法和相位法等。

2.7.3.2　拓普康精密型电子水准仪

图 2-28 所示为拓普康精密型电子水准仪(DL-102C)，采用相位法读数，电子读数精度达到 ±1.0mm/km(用玻璃钢尺)。适用于一、二等水准测量和变形监测等高精度测量。

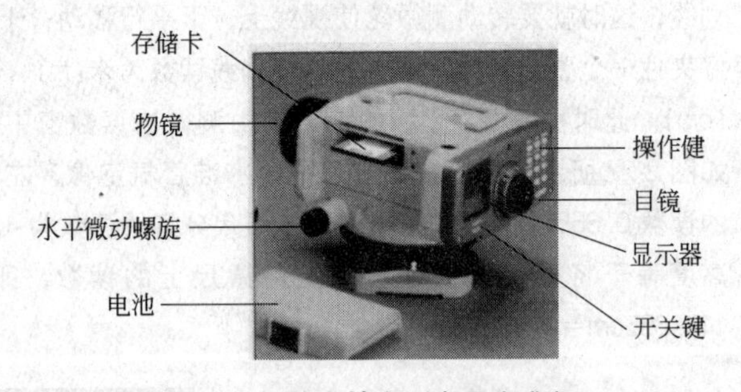

图 2-28　拓普康精密型电子水准仪

具有如下特点：

(1) 快速自动测量：使用拓普康独特的条码水准尺，DL-101C/102C 即可自动测定水平视线在水准尺上的读数和视线长度，并以数字形式显示，由于这是全自动电子测量，因此无须进行光学读数。观测员只需将望远镜对准水准尺，调焦并按下测量钮，整个操作就这么简单。启动测量，4 秒钟之后即可在显示屏上清晰地显示出测量结果。

(2) 内置水准测量程序，可进行下列模式水准测量：BF(后前)，BFFB(后前前后)和 FBBF(前后后前)，且奇偶站观测顺序可自动交替更换。

(3) PCMCIA 存储卡系统：DL101C/102C 采用国际标准的 PCMCIA 存储卡系统，容量为 256KB/128KB/64KB 的存储卡可以作为仪器 400KB 内存的补充，仪器内存可以存储 8000 个水准测量数据。PCMCIA 存储卡槽隐藏在仪器内部电池的后面，这可确保 PCMCIA 卡防水。

(4) 数据输出功能：标准的 RS-232C 端口可供水准仪与数据采集器之间的实时通信或将数据直接输出到计算机。

第3章 角 度 测 量

3.1 角度测量原理

确定地面点位一般要进行角度测量。常用的测角仪器是经纬仪，用它可以测量水平角和竖直角。水平角测量用于确定地面点的平面位置，竖直角测量用于确定两点间的高差或将倾斜距离转换成水平距离。

3.1.1 水平角测量原理

地面上两方向间的夹角，投影到水平面上的角度叫水平角。如图3-1所示，地面上有AO和BO两方向的夹角β'。通过AO和BO的两个竖直面，它们与水平面的交线$A'O'$和$B'O'$是两条水平线，其夹角β就是β'角在水平面上投影的水平角。测量角度并不是观测β'而是观测水平角β。为了测量水平角β的大小，应在O点上安置一架仪器，该仪器有一水平的刻度圆盘，圆盘中心O''在O点的铅垂线OO'上。另外还装有瞄准远处目标用的望远镜，当瞄准远处A点时，将望远镜上、下转动，即产生一个竖直面，这个竖直面在水平圆盘上得交线$O''Q$。同样，瞄准B点时，产生另一个竖直面，在圆盘上得交线$O''P$，$O''Q$和$O''P$两条线在圆盘上指示的读数各为a与b，其差数$(b-a)$即为所需测定的水平角β的角值。由此可知，测量水平角的仪器必须具备下列几个主要条件：

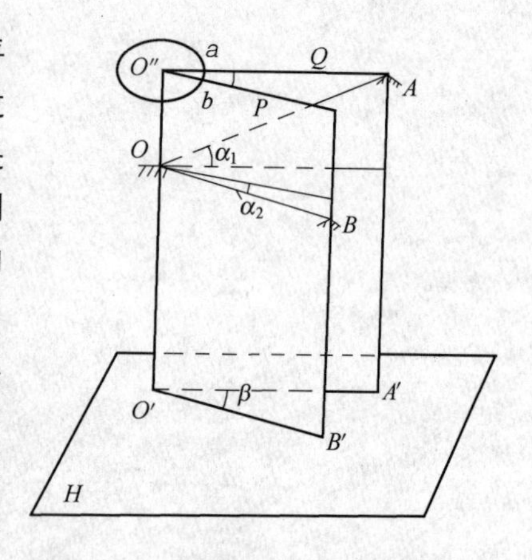

图3-1 水平角和竖直角观测原理

(1) 仪器必须能安置在所测角度的角顶上，仪器度盘中心必须位于角顶的铅垂线上。

(2) 必须有能安置成水平位置的刻度圆盘，用来测读角值。

(3) 必须有能在竖直和水平方向转动的瞄准设备及指示读数的设备。

经纬仪就是根据上述要求制成的一种测角仪器。目前经纬仪的种类很多，除传统的光学经纬仪之外，已广泛应用的还有电子经纬仪、电子全站仪。

3.1.2 竖直角测量原理

同一铅垂面内，一点到观测目标的方向线与水平线之间的夹角称为竖直角，又称为倾角或竖角，通常用α表示。其角值从$0°\sim\pm90°$，一般将目标视线在水平线以上的竖直角称为仰角，角值为正，如图3-1中的α_1，目标视线在水平线以下的竖直角称为俯角，角值为负，如图3-1中α_2。

为了测定竖直角，可在过目标点的铅垂面内装置一个刻度盘，称为竖直度盘或简称竖盘。通过望远镜和读数设备可分别获得目标视线和水平视线的读数，则竖直角α为：

$$\alpha = \text{目标视线读数} - \text{水平视线读数} \tag{3-1}$$

对于某一种仪器来说，水平视线方向的竖盘读数是一个固定值，如0°、90°、180°、270°。测角前可以根据竖盘的位置来确定。所以测量竖直角时，只要瞄准观测目标，读出竖盘读数，就可计算出竖直角。

3.2 光学经纬仪的构造及使用

经纬仪的发展已经历了游标经纬仪、光学经纬仪直到目前的电子经纬仪等阶段。游标经纬仪由于精度低现在已经不使用了，而电子经纬仪观测角值可自动显示，使用方便。目前最常用的是光学经纬仪。

3.2.1 DJ6 光学经纬仪的构造

光学经纬仪按其精度分为 DJ07、DJ1、DJ2、DJ6、DJ15 五个等级。D、J 分别是“大地测量”和“经纬仪”的汉语拼音第一个字母，07、1、2、6、15 表示该仪器能达到的测量精度，例如：6 表示该仪器测量一测回所得方向值的中误差不大于 6″。图 3-2 所示，是北京光学仪器厂生产的 DJ6 型光学经纬仪，各部件名称见图 3-2 中所示。

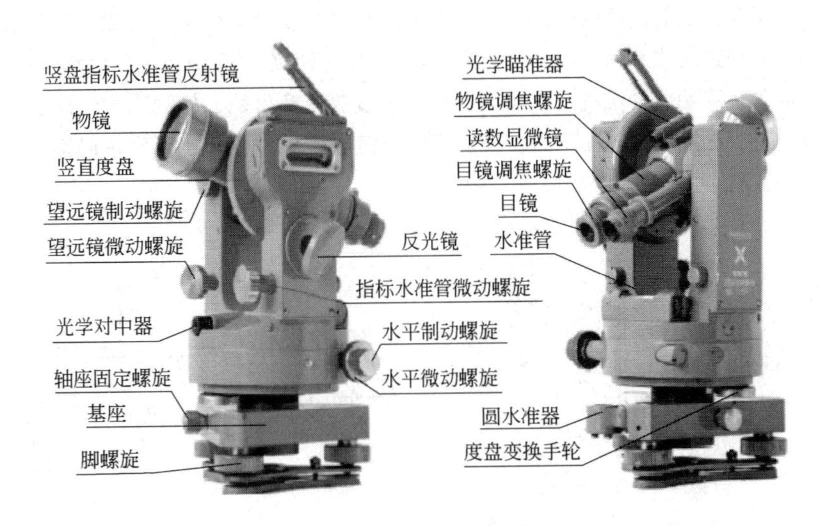

图 3-2 DJ6 光学经纬仪

光学经纬仪的主要特点是采用玻璃度盘和光学测微装置，内部装有一系列棱镜、透镜，可使水平盘和竖盘刻画线的影像放大，并折射到望远镜旁的读数显微镜内。

光学经纬仪按精度分为普通光学经纬仪和精密光学经纬仪。本节着重介绍适用于地形测量及园林工程测量的 J6 级普通光学经纬仪。

1) 照准装置

经纬仪的照准装置又称照准部。照准部是基座上方能够转动的部分的总称，主要由望远镜、读数显微镜、竖直度盘、支架、照准部水准管与照准部旋转轴组成。望远镜用于瞄准目标，其构造与水准仪相似。不同之处在于望远镜调焦螺旋的构造和分划板的刻线方式。它的望远镜调焦螺旋不在望远镜的侧面，而在靠近目镜端的望远镜筒上。分划板的刻画方式则如图 3-3 所

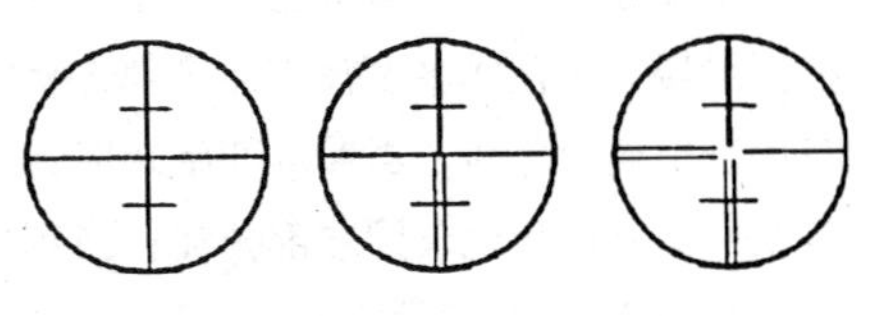

图 3-3 十字丝分划板刻画

示，以适应照准不同目标的需要。

横轴与望远镜固连在一起，并且水平安置在两个支架上，望远镜可绕其上下转动。在一端的支架上有一个制动螺旋，当旋紧时，望远镜不能转动。另有一个微动螺旋，在制动螺旋旋紧的条件下，转动它可使望远镜作上下微动，以便于精确地照准目标。

望远镜连同照准部可在水平方向上环绕竖轴旋转，以照准不在同一铅垂面上的目标。照准部也有一对制动和微动螺旋，以控制其固定或作微小转动。

经纬仪竖轴的轴系如图 3-4 所示。照准部的旋转轴位于基座轴套内，而度盘的旋转轴则套在基座轴套外，其目的是使照准部的旋转轴与度盘旋转轴分离，以避免两者互相带动。根据照准部与度盘的关系，可分为两类：一类是照准部和度盘可以共同转动，也可以各自分别转动。这种仪器可以用复测法测水平角，因而又称作复测经纬仪。它是利用一个复测扳手，使照准部与度盘可以脱开，也可以固连。其结构如图 3-5 所示。当复测扳手扳下时，弹簧夹将度盘夹住；则旋转照准部时，度盘也一起转动，因而度盘读数不发生变化；当复测扳手扳上时，弹簧夹与度盘脱离，则旋转照准部时，度盘仍保持不动，从而使读数变化。另一类是照准部和度盘都可单独转动，但两者不能共同转动。这类仪器只能用方向法测角，因而称为方向经纬仪。精度在 DJ2 级以上的经纬仪都是这种结构，有的 DJ6 级经纬仪也采用这种结构。这类仪器有一个度盘变换手轮，转动它时，度盘在其本身的平面内单独旋转，可以在照准方向固定后，任意安置度盘读数。为了防止无意中触动而改变读数，通常都设有保护装置。

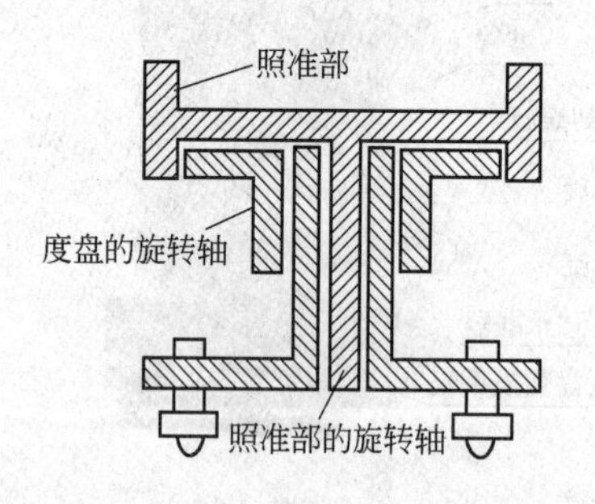

图 3-4　经纬仪竖轴的轴系

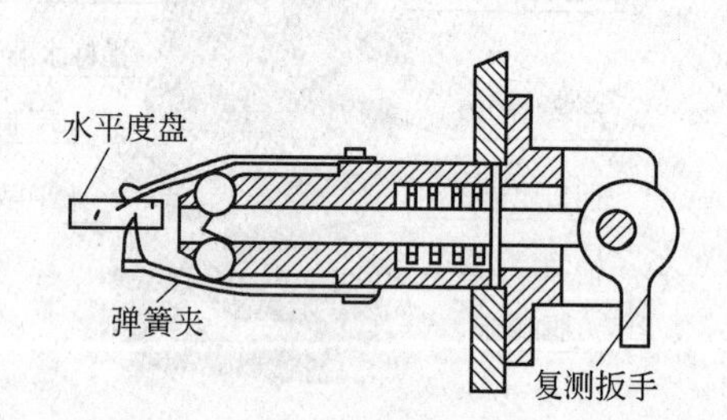

图 3-5　复测装置

2）读数装置

主要由水平度盘、度盘旋转轴、复测器与轴套组成。水平度盘用光学玻璃制成。度盘上沿顺时针方向刻有自 0°～360° 的分划。两相邻分划间弧长所对的圆心角，称为度盘分划值，通常为 1° 或 30′。度盘旋转轴是空心的，它套在轴套的外面，并可自由旋转。度盘旋转轴的几何中心线应通过水平度盘的中心。

复测盘为一个金属圆盘，位于水平度盘的下方固定在度盘旋转轴上。复测盘配合照准部外壳上的复测器，可使水平度盘与照准部连接或分离。扳下复测器，复测器的簧片夹住复测盘，水平度盘与照准部连为一体，当照准部旋转时，水平度盘也随之旋转，扳上复测器，复测器的簧片与复测盘分离，水平度盘也与照准部分离，当照准部旋转时，水平度盘静止不动。

3）基座

主要由基座、脚螺旋与连接板组成，基座上还有轴套坐孔与固定螺旋。

光学经纬仪三部分之间的相互关系是照准部旋转轴插入空心轴套之中，上紧照准部连接螺旋后，再将轴套插入基座的轴套坐孔内，拧紧基座上的固定螺旋，三部分就连为一个整体。因此，使用时应特别注意：切莫随意松动基座上的固定螺旋，以免仪器脱落。

此外，经纬仪还必须配备三脚架与垂球。利用脚架头上的中心螺旋，可使仪器与脚架相连。

3.2.2 DJ6光学经纬仪的读数系统与读数方法

光学经纬仪的读数系统由一系列棱镜和透镜组成。其中棱镜用来改变光线的方向，透镜用来聚光，放大和成像。为了提高光学经纬仪的读数精度，光学经纬仪采用了显微放大装置和测微装置。DJ6级经纬仪的测微装置一般有分微尺测微器和单板平玻璃测微器测微轮(鼓)式两种类型，现分别介绍其读数方法。

1）分微尺测微器类型的读数方法

图3-6是读数显微镜中所看到的读数窗口，有“水平”字样的小框是水平度盘分划线及其分微尺的像，有“竖直”字样的小框是竖直度盘分划线及其分微尺的像。取度盘上1°间隔的放大像为单位长，将其分成60小格，此时每小格便代表1′，每10小格处注上数字，表示10′的倍数，以便于读数，这就是分微尺。测量水平角时在水平度盘读数窗读取数值，测量竖直角时应在竖直度盘读数窗读取数值。读数时先看分微尺注记0与6之间夹了哪一根度数刻画线，这根分划线的注记数就是应读的度数，所以图3-6中所示水平角可首先读出178°，然后以该度数刻画线为指标，看分微尺注记0刻画到已读出的度数刻画之间共有多少格，此即为应读的分数，不足一格的量估读至0.1′，图中所示共7.0格，整个读数即为215°07.0′，记为178°07′00″。同样，竖直角读数为62°54′18″。

2）单平板玻璃测微器类型的读数方法

图3-7是这种类型测微器读数装置的度盘和测微分划尺影像。在视场中可看到三个窗口，上面一个是测微分划像；中间一个是竖直度盘成像；下面一个是水平度盘成像。从水平度盘及竖直度盘成像可见，度盘上1°间隔又分刻为2格，所以度盘刻画到30′，度盘窗口中的双线是读数指标线。上面窗口测微尺共分30大格，每大格又分成3个小格。转动测微轮，度盘分划移动1格(30′)时，测微尺的分划刚好移动30大格，所以分微尺上1大格的格值为1′，1小格的格值则为20″，若估读到1/4格，即可估读到5″。分微尺窗口中的长单线是读数指标线。

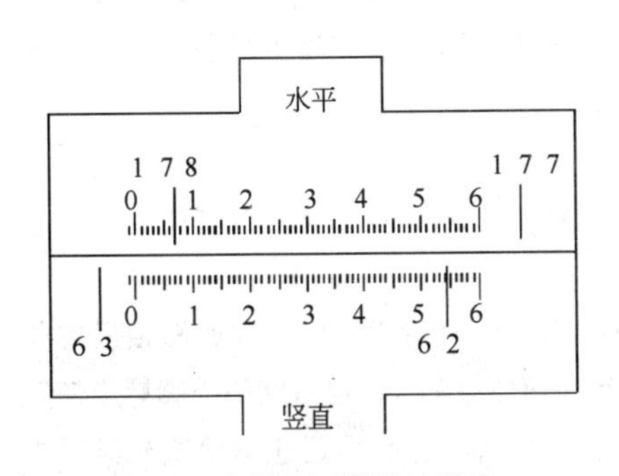

图3-6 分微尺测微器读数窗口

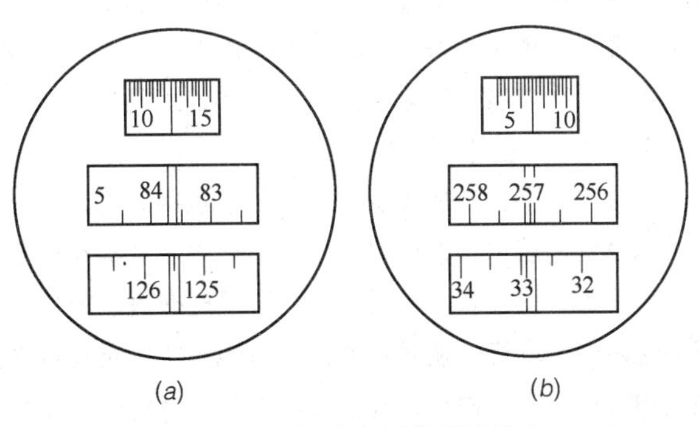

图3-7 单平板玻璃测微器读数窗口

当望远镜瞄准目标时，度盘指标线一般不可能正好夹住某个度数线，所以进行水平度盘读数时，先要转动测微轮，使度盘刻画线位于指标双线正中央，读出该刻画的读数，然后在测微尺上以单指标线读出小于度盘格值(30′)的分秒数，一般估读至 1/4 格，即 5″，两读数相加即得度盘完整读数。如图 3-7(*a*)所示，此时水平度盘读数为 125°30′，分微尺指标线此时可读出 12′30″，所以整个水平度盘读数应是两数相加，即 125°42′30″。如图 3-7(*b*)所示，竖直度盘读数应是 257°06′50″。

3.2.3　经纬仪的安置

在测量角度以前，首先要把经纬仪安置在设置有地面标志的测站上。所谓测站，即是所测角度的顶点。安置工作包括对中、整平两项。

3.2.3.1　对中

对中就是使仪器(度盘)的中心与测站点位于同一个铅垂线上。在安置仪器以前，首先将三脚架打开，抽出架腿，并旋紧架腿的固定螺旋。然后将三个架腿安置在以测站为中心的等边三角形的角顶上。这时架头平面即约略水平，且中心与地面点约略在同一铅垂线上。

从仪器箱中取出仪器，用附于三脚架头上的连接螺旋，将仪器与三脚架固连在一起，然后即可精确对中。根据仪器的结构，可用垂球对中，也可用光学对中器对中。

用垂球对中时，先将垂球挂在三脚架的连接螺旋上，并调整垂球线的长度，使垂球尖刚刚离开地面。再看垂球尖是否与角顶点在同一铅垂线上。如果偏离，则将角顶点与垂球尖连一方向线，将最靠近连线的一条腿，沿连线方向前后移动，直到垂球与角顶对准，如图 3-8(*a*)所示。这时如果架头平面倾斜，则移动与最大倾斜方向垂直的一条腿，从高的方向向低的方向划一以地面顶点为圆心的圆弧，直至架头基本水平，且对中偏差不超过 1～2cm 为止。最后将架腿踩实，如图 3-8(*b*)所示。为使精确对中，可稍稍松开连接螺旋，将仪器在架头平面上移动，直至准确对中，最后再旋紧连接螺旋。

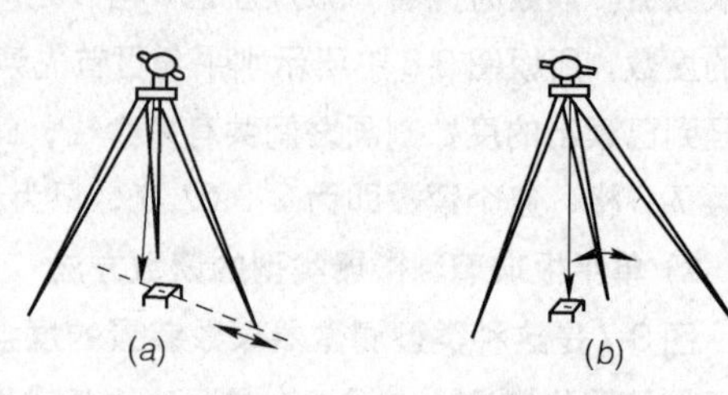

图 3-8　经纬仪对中

如果使用光学对中器对中，一面观察光学对中器一面移动脚架，使光学对中器与地面点对准。这时仪器架头可能倾斜很大，则根据圆水准气泡偏移方向，伸缩相关架腿，使气泡居中。伸缩架腿时，应先稍微旋松伸缩螺旋，待气泡居中后，立即旋紧。因为光学对中器的精度较高，且不受风力影响，应尽量采用。待仪器精确整平后，仍要检查对中情况。因为只有在仪器整平的条件下，光学对中器的视线才居于铅垂位置，对中才是正确的。

3.2.3.2　整平

经纬仪整平，就是使水平读盘处于水平状态、竖轴居于铅垂位置的过程。整平时要先用脚螺旋使圆水准气泡居中，以粗略整平，再用管水准器精确整平。

整平时，先使管水准器与一对脚螺旋连线的方向平行(图 3-9*a*)，然后双手以相同速度相反方向旋转这两个脚螺旋，使管水准器的气泡居中。再将照准部平转 90°(图 3-9*b*)，用另外一个脚螺旋使气泡居中。这样反复进行，直至管水准器在任意位置上气泡都居中为止。在整平后还需检查光学对中器是否偏移。如果偏移，则重复上述操作方法，直至水准气泡居中，对中器对中为止。

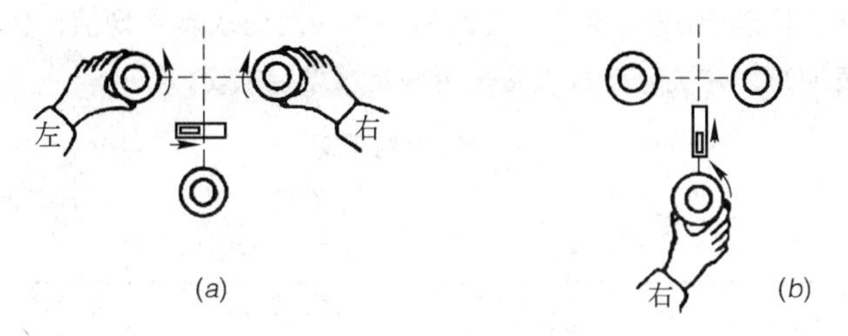

图3-9 经纬仪精确整平

3.3 水平角测量的方法

用经纬仪测角时，有盘左、盘右两种仪器位置。物镜对向目标，若竖直度盘在望远镜的左侧称为盘左(或称正镜)；若竖直度盘在望远镜的右侧称为盘右(或称倒镜)。注意：将仪器从盘左变换为盘右时，必须纵转望远镜并在水平方向旋转180°。此时，不得扳动复测器。

水平角观测的方法有测回法、全圆测回法两种。

3.3.1 测回法

当所测的角度只有两个方向时，通常都用测回法观测。如图3-10所示，欲测 OA、OB 两方向之间的水平角$\angle AOB$时，在角顶 O 安置仪器，在 A、B 处设立观测标志。经过对中、整平以后，即可按下述步骤观测。

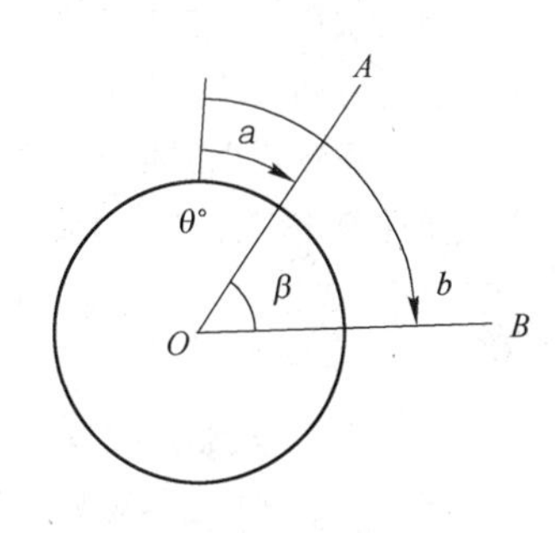

图3-10 测回法测水平角

(1) 将复测扳手扳向上方。松开照准部及望远镜的制动螺旋。利用望远镜上的粗瞄器，以盘左粗略照准左方目标 A。旋紧照准部及望远镜的制动螺旋，再用微动螺旋精确照准目标，同时需要注意消除视差及尽可能照准目标的下部。对于细的目标，宜用单丝照准，使单丝平分目标像；而对于粗的目标，则宜用双丝照准，使目标像平分双丝，以提高照准的精度。最后读取该方向上的读数 $a_{左}$。

(2) 松开照准部及望远镜的制动螺旋，顺时针方向转动照准部，粗略照准右方目标 B。再关紧制动螺旋，用微动螺旋精确照准，并读取该方向上的水平度盘读数 $b_{左}$。盘左所得角值即为：

$$\beta_{左} = b_{左} - a_{左} \tag{3-2}$$

以上称为上半测回或盘左半测回。

(3) 将望远镜纵转180°，改为盘右。重新照准右方目标 B，并读取水平度盘读数 $b_{右}$。然后逆时针方向转动照准部，照准左方目标 A。读取水平度盘读数 $a_{右}$，则盘右所得角值：

$$\beta_{右} = b_{右} - a_{右} \tag{3-3}$$

以上称为下半测回或盘右半测回。两个半测回角值之差不超过规定限值时，取盘左盘右所得角值的平均值：

$$\beta = \frac{1}{2}(\beta_{左} + \beta_{右}) \tag{3-4}$$

即为一测回的角值。根据测角精度的要求，可以测多个测回而取其平均值，作为最后成果。观测结果应及时记入手簿(表3-1)，并进行计算，看是否满足精度要求。

测回法观测手簿　　表3-1

日期××年××月××日　天气××　观测者××

仪器型号DJ6-1型　仪器编号××　记录者××

测站	目标	竖盘位置	水平度盘读数 ° ′ ″	半测回角值 ° ′ ″	一测回角值 ° ′ ″	各测回平均值 ° ′ ″
O	A	盘左	0 01 00	65 37 12	65 37 09	
	B		65 38 12			
	B	盘右	254 38 12	65 37 06		
	A		180 01 06			

值得注意的是：上下两个半测回所得角值之差，应满足有关测量规范规定的限差，对于DJ6级经纬仪，限差一般为30″或40″。如果超限，则必须重测。如果重测的两半测回角值之差仍然超限，但两次的平均角值十分接近，则说明这是由于仪器误差造成的。取盘左盘右角值的平均值时，仪器误差可以得到抵消，所以各测回所得的平均角值是正确的。

两个方向相交可形成两个角度，计算角值时始终应以右边方向的读数减去左边方向的读数。如果右方向读数小于左方向读数，则应先加360°后再减。在下半测回时，逆时针转动照准部，是为了消减度盘带动误差的影响。

若需观测数个测回，为了减少度盘分划不均匀的误差影响，在各测回之间，按测回数 n，将度盘位置变换 $180°/n$，如观测二测回，第一测回起始时应配置在稍大于0°处，第二测回起始时应配置在稍大于90°处。

3.3.2　全圆测回法

当在一个测站上需观测多个方向时，宜采用这种方法，因为可以简化外业工作。它的直接观测结果是各个方向相对于起始方向的水平角值，也称为方向值。相邻方向的方向值之差，就是它的水平角值。

如图3-11所示，设在 O 点有 OA、OB、OC、OD 四个方向，其观测步骤为：

(1) 在 O 点安置仪器，对中、整平。

(2) 选择一个距离适中且影像清晰的方向作为零方向(起始方向)，设为 OA。盘左照准 A 点，并配置水平度盘读数，使其稍大于0°，读数。

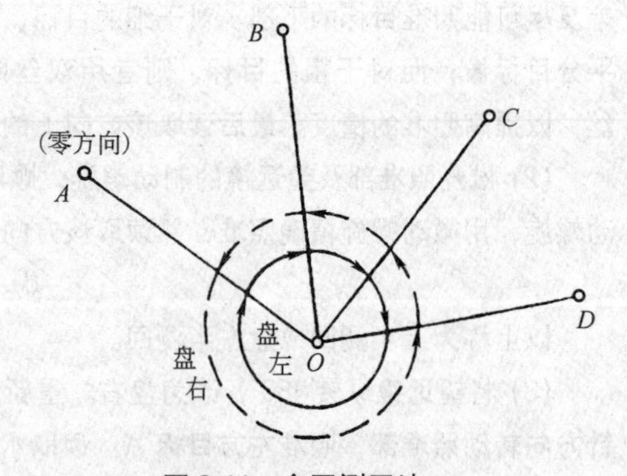

图3-11　全圆测回法

(3) 以顺时针方向依次照准 B、C、D 诸点。最后再照准 A，称为归零。在每次照准时，都用测微器读取两次读数。以上称为上半测回。

(4) 倒转望远镜改为盘右，以逆时针方向依次照准 A、D、C、B、A，每次照准时，也是用测微器读取两次读数。这称为下半测回，上下两个半测回构成一个测回。

(5) 如需观测多个测回时，为了消减度盘刻度不匀的误差，每个测回都要改变度盘的位置，即在照准起始方向时，改变度盘的安置读数。每次读数后，应及时记入手簿。手簿的格式见表3-2所列。

方向法观测手簿 **表 3-2**

日期××年××月××日　　天气××　　观测者××

仪器型号DJ6-1型　　仪器编号××　　记录者××

测站	测点	水平盘读数		左－右 (2c)	左＋右/2	方向值	备注
		盘左	盘右				
		° ′ ″	° ′ ″		° ′ ″	° ′ ″	
O	A	0 15 00	180 15 12	－12	0 15 04 0 15 06	0 00 00	
	B	41 51 54	221 52 00	－6	41 51 57	41 36 53	
	C	111 43 18	291 43 30	－12	111 43 24	111 28 20	
	D	253 36 06	73 36 12	－6	253 36 09	253 21 05	
	A	0 15 00	180 15 06	－6	0 15 03		

表中第5栏为同一方向上盘左盘右读数之差，名为$2c$，意思是2倍的照准差，它是由于视线不垂直于横轴的误差引起的。因为盘左、盘右照准同一目标时的读数相差180°，所以$2c = L - R \pm 180°$。第6栏是盘左盘右的平均值，在取平均值时，也是盘右读数加上或减去180°后再与盘左读数平均。起始方向经过了两次照准，要取两次结果的平均值作为结果。从各个方向的盘左盘右平均值中减去起始方向两次结果的平均值，即得各个方向的方向值。

3.3.3 水平角观测注意事项

(1) 仪器高度要与观测者的身高相适应，三脚架要踩实，中心连接螺旋要拧紧，操作时不要用手扶三脚架，使用各螺旋时用力要轻。

(2) 要精确对中，边长越短，对中误差影响越大。

(3) 照准标志要竖直，尽可能用十字丝交点附近去瞄准标志底部。

(4) 应该边观测、边记录、边计算。发现错误，立即重测。

(5) 水平角观测过程中，不得再调整照准部水准管。如气泡偏离中央超过一格时，须重新整平仪器，重新观测。

3.4 竖直角测量的方法

3.4.1 竖直角测量的概念

竖直角的观测与水平角观测不同，水平角观测可以不考虑度盘的位置，依次观测两个以上目标，并分别读取水平度盘读数，则两方向的度盘读数之差，即为该两方向间的水平角。而竖直角观测仅瞄准一个目标，按竖直度盘上的读数来确定观测方向的竖直角。竖直角有两种表示方法。

(1) 在一个竖直面内，视线方向和水平线的夹角称为竖直角(α)，视线在水平线之上称为仰角，符号为$+\alpha$，视线在水平线之下称为俯角，符号为$-\alpha$。

(2) 视线与铅垂线的天顶所组成的角称为天顶距 Z。它是从天顶方向度量的，其取值范围为 0°～180°。同一空间方向线的高度角 α 和天顶距 Z 之间的关系为：

$$Z = 90^\circ - \alpha \tag{3-5}$$

3.4.2 竖直度盘与竖盘指标

为测量竖直角而设置的竖直度盘(简称竖盘)固定安置于望远镜旋转轴(横轴)的一端，其刻画中心与横轴的旋转中心重合。所以在望远镜作竖直方向旋转时，度盘也随之转动。另外有一个固定的竖盘指标，以指示竖盘转动在不同位置时的读数，这与水平度盘是不同的。

竖直度盘的刻画也是在全圆周上刻为 360°，但注记的方式有顺时针及逆时针两种。通常在望远镜方向上注以 0°及 180°，如图 3-12 所示。在视线水平时，指标所指的读数为 90°或 270°。竖盘读数也是通过一系列光学组件传至读数显微镜内读取。

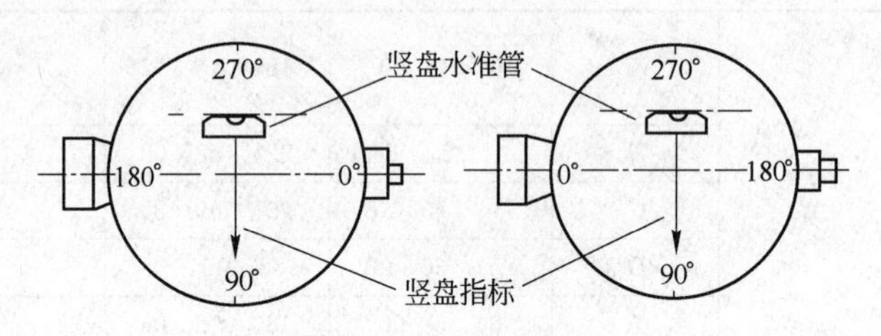

图 3-12　不同注记的竖盘

对竖盘指标的要求，是始终能够读出与竖盘刻画中心在同一铅垂线上的竖盘读数。为了满足这个要求，它有两种构造形式：一种是借助于与指标固连的水准器的指示，使其处于正确位置，早期的仪器都属此类；另一种是借助于自动补偿器，使其在仪器整平后，自动处于正确位置。

竖盘分划，通过其读数系统成像于读数窗上，读数根据读数窗上的指标读取。若竖盘与指标之间满足正确关系，当视线水平时，其竖盘读数必为 90°、270°或 0°、180°。因此，竖直角是直接用倾斜视线的竖盘读数与 90°、270°或 0°、180°的差值来求得的。

为了简化操作程序，提高工作效率，新型经纬仪多用自动归零装置取代竖盘水准管，其读数棱镜系统是悬挂在一个弹性摆上，依靠摆的重力与空气阻尼器的共同作用，能使弹性摆自动处于铅垂位置，由此使光具组的光轴也位于铅垂线上。它没有竖盘指标水准管，测定竖直角时可以直接进行读数。

3.4.3 竖直角的观测方法

由竖直角的定义已知，它是倾斜视线与在同一铅垂面内的水平视线所夹的角度。由于水平视线的读数是固定的，所以只要读出倾斜视线的竖盘读数，即可求算出竖直角值。但为了消除仪器误差的影响，同样需要用盘左、盘右观测。其具体观测步骤为：

(1) 在测站上安置仪器，对中，整平。

(2) 以盘左照准目标，如果是指标带水准器的仪器，必须用指标微动螺旋使水准器气泡居中，然后读取竖盘读数 L，这称为上半测回。

(3) 将望远镜倒转，以盘右用同样方法照准同一目标，使指标水准器气泡居中后，读取竖盘读数 R，这称为下半测回。

如果用指标带补偿器的仪器，在照准目标后即可直接读取竖盘读数。根据需要可测多个测回。

3.4.4 竖直角的计算

竖直角的计算方法，因竖盘刻画的方式不同而异。但现在已逐渐统一为全圆分划，顺时针增加注字，且在视线水平时的竖盘读数为 90°。现以这种刻画方式的竖盘为例，说明竖直角的计算方法，如遇其他方式的刻画，可以根据同样的方法推导其计算公式。

在图 3-13 中，设 L 为望远镜正镜时瞄准某一高处目标的读数，由于竖盘注记是顺时针方向增加的，所以竖直角 $\alpha_{左}$ 为：

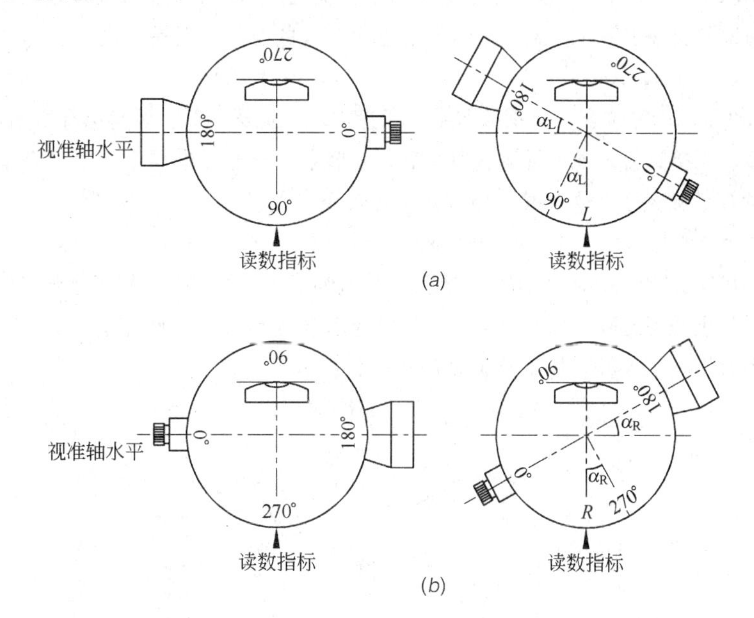

图 3-13 竖直角测量

(a)盘左；(b)盘右

$$\alpha_{左}=90^{\circ}-L \tag{3-6}$$

当望远镜位于倒镜位置时，同理，可推导出竖直角 $\alpha_{右}$ 的计算公式为：

$$\alpha_{右}=R-270^{\circ} \tag{3-7}$$

取盘左、盘右的平均值，即为一个测回的竖直角值，即：

$$\alpha=\frac{1}{2}(\alpha_{左}+\alpha_{右})=\frac{1}{2}(R-L-180^{\circ}) \tag{3-8}$$

如果测多个测回，则取各个测回的平均值作为最后成果。

竖直角测量示例见表 3-3 所列。

竖直角测量记录 **表 3-3**

日期××年××月××日　　天气××　　观测者××

仪器型号DJ6-1 型　　仪器编号××　　记录者××

测　站	目　标	竖盘位置	竖直度盘读数° ′ ″	半测回角值° ′ ″	一测回角值° ′ ″	备　注
O	A	盘　左	97 02 54	−7 02 54	−7 02 42	$\delta_1=+12''$ $\delta_2=-6''$
		盘　右	262 57 30	−7 02 30		
	B	盘　左	84 15 36	5 24 24	5 44 18	
		盘　右	275 44 12	5 44 12		

3.4.5 竖盘指标差的检验与校正

1）检验方法

用望远镜的正镜位置和倒镜位置观测同一目标，各计算出竖直角一次，如用正镜测得的竖直角 $\alpha_{左}$ 与用倒镜测得的竖直角 $\alpha_{右}$ 相差不超过竖盘最小格值的两倍，则说明仪器满足要求。如超过最小格值的两倍，则说明视线水平时，竖盘指标不是指向应读的整数，而是指向比应读的整数大了或小了一个角度 x，x 称为指标差。

如图 3-14(*a*)所示盘左位置，当视线水平，竖盘水准气泡居中时，竖盘指标所指示的读数比 90°大了一个 x 角度；当望远镜向上仰视观测目标后，将竖盘水准管气泡居中，此时竖盘指标所指示的读数 L 比应读的 L' 读数大了一个 x 角，所以正确竖直角 α 为：

$$\alpha = 90° - L' = 90° - (L - x) \tag{3-9}$$

倒镜后，如图 3-14(*b*)所示，当视线水平，竖盘水准气泡居中时，竖盘指标所指示的读数比 270°小了一个 x 角度；再将视线仰起瞄准同一目标后，将竖盘水准气泡居中，此时竖盘指标所指示的读数 R 比应读的 R' 读数大了一个 x 角，所以正确竖直角 α 为：

$$\alpha = R' - 270° = (R - x) - 270° \tag{3-10}$$

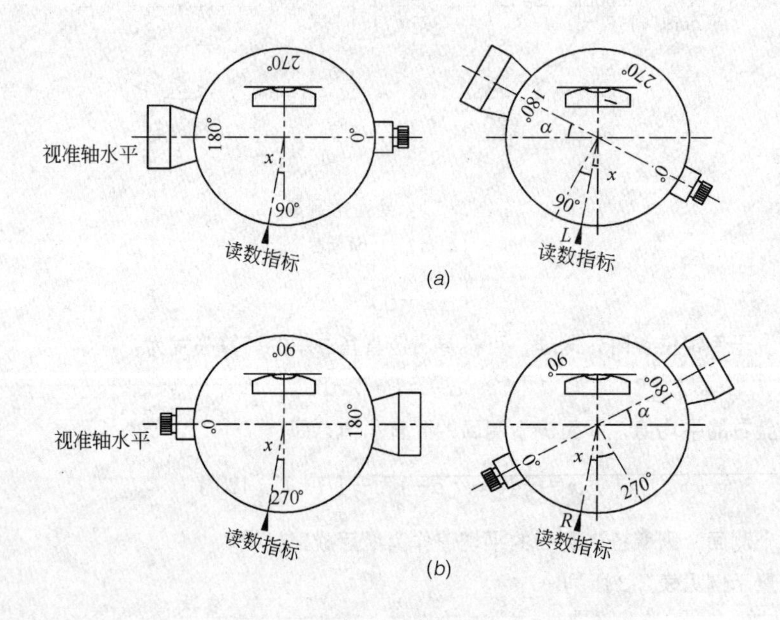

图 3-14 竖盘指标差的检验方法

(*a*)盘左；(*b*)盘右

综合式(3-6)、式(3-7)、式(3-9)、式(3-10)可得正确的竖直角和指标差：

$$\alpha = 1/2(\alpha_{左} + \alpha_{右}) \tag{3-11}$$

$$x = 1/2(\alpha_{右} - \alpha_{左}) \tag{3-12}$$

从式(3-11)可以看出，取盘左、盘右结果的平均值时，指标差 x 的影响已自然消除。将式(3-6)、式(3-7)代入式(3-12)，可得：

$$x=\frac{(L+R)-360^{\circ}}{2} \tag{3-13}$$

即利用盘左、盘右照准同一目标的读数，可按式(3-13)直接求算指标差 x。如果 x 为正值，说明视线水平时的读数大于90°或270°，如果为负值，则情况相反。

以上各公式是按顺时针方向注字的竖盘推导的，同理也可推导出逆时针方向注字竖盘的计算公式。

2) 校正方法

由于仪器采用不同的结构，校正方法亦不相同。现仅就DJ6型经纬仪的校正方法介绍如下：由式(3-11)、式(3-12)两式计算得出正确的竖角值 α 和指标差 x，需注意 x 本身也有符号，在不变动检验时最后一次瞄准目标位置的情况下，调整竖盘指标水准器的微动螺旋，使读数恰为标出的正确竖角值，此时，在望远镜精确瞄准目标的条件下，读数是正确的，而气泡并不居中。先将管水准器一端的校正螺丝护盖打开，判定校正方向后用改正针校正螺旋直到竖盘指标水准器的气泡居中为止。

3.5 经纬仪的检验和校正

为了能正确地测出水平角和竖直角，经纬仪各轴线应满足下列条件：①照准部水准管轴应垂直于仪器旋转轴(纵轴，竖轴)；②十字丝纵丝应垂直于望远镜旋转轴(横轴)；③望远镜视准轴应垂直于横轴；④横轴应垂直于纵轴；⑤竖直度盘的零位应该正确。

经纬仪检验的目的，就是检查上述的各种关系是否满足。如果不能满足，且偏差超过允许的范围时，则需进行校正。检验和校正应按一定的顺序进行，确定这些顺序的原则是：

(1) 如果某一项不校正好，会影响其他项目的检验时，则这一项先做。

(2) 如果不同项目要校正同一部位，则会互相影响，在这种情况下，应将重要项目在后边检验，以保证其条件不被破坏。

(3) 有的项目与其他条件无关，则先后均可。

3.5.1 水准管轴垂直于纵轴的检验和校正

1) 检验方法

转动照准部使水准管和一对脚螺旋平行，调节脚螺旋使水准管气泡居中。再转照准部，使水准管位于原来方向成垂直的位置，这时只拧动第三个脚螺旋使水准气泡居中。然后将仪器绕纵轴转180°，如果气泡不再居中，偏离水准管中点若干格，说明水准管轴不垂直于纵轴，需要校正。在校正之前，要搞清楚气泡偏离中点的格数和水准管轴不垂直于纵轴的偏角有什么关系。

设水准管轴不垂直于纵轴而与纵轴差了一个角度 α，当转动脚螺旋使气泡居中时，必然如图3-15(a)所示，即气泡居中，水准管轴水平，纵轴偏离垂线方向 α 角，水准管轴和水平度盘也夹 α 角。当仪器绕纵轴旋转180°以后，如图3-15(b)所示，纵轴方向不变，仍偏离垂线方向 α 角，而水准管支柱的高低端却左右交换了位置，水准管轴和水平度盘仍夹 α 角，水平盘仍倾斜 α 角，此时水准管轴与水平线的交角为 2α，气泡不居中，假如偏离中点两格，这两格的水准管分划值之和应等于 2α。

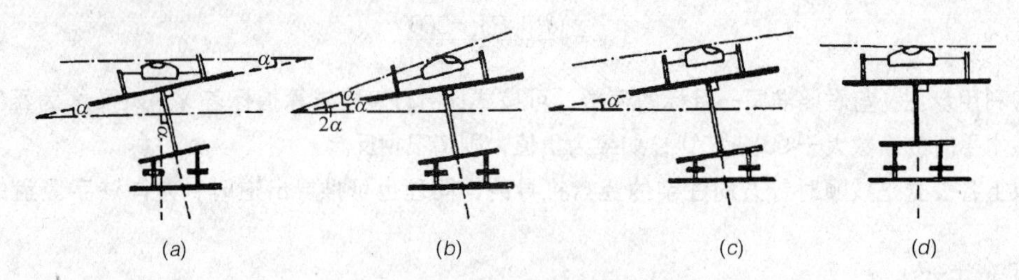

图 3-15 照准部水准管轴检校

2) 校正方法

为了校正到水准管轴垂直于纵轴，只要用改正针改正水准管一端的校正螺钉，使水准管高端降低(或低端升高)，使气泡退回偏离中点格数的一半即可，结果如图 3-15(*c*)所示，已达到水准管轴垂直于纵轴的目的。但水准管轴和纵轴仍倾斜 α 角，再转动脚螺旋，直至气泡居中为止。这时水准管轴已水平，如图 3-15(*d*)所示。

此项检验和校正必须反复进行几次，气泡的偏离是逐渐减少的，直至气泡偏离中点小于一格为止。照准部圆水准器，可用已校正的长水准管将仪器严格整平后，观察圆气泡是否居中，若不居中，用圆水准校正螺丝改正。

3.5.2 十字丝竖丝垂直于横轴的检验和校正

1) 检验方法

用十字丝的交点精确瞄准一远方约与仪器同高的目标点，固定照准部和望远镜制动螺旋，微微转动望远镜的微动螺旋，使望远镜上下微动，如果目标点不离开竖丝说明此条件满足。否则需要校正，如图 3-16 所示。

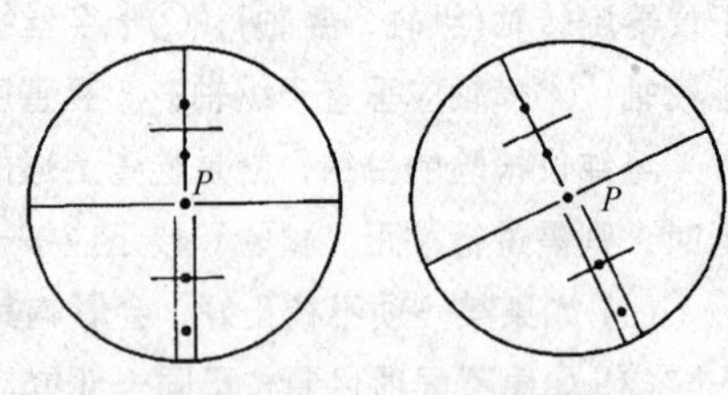

图 3-16 十字丝竖丝检验

2) 校正方法

旋下十字丝分划板护罩，用小改锥松开十字丝分划板的固定螺钉，微微转动十字丝分划板，使竖丝端点至点状目标的间隔减小一半，再返转到起始端点。重复上述检验校正，直到无显著误差为止，最后将固定螺钉拧紧。

3.5.3 视准轴垂直于横轴的检验与校正

视准轴不垂直于横轴所偏离的角值 C 称为视准误差，这是由于十字丝交点在望远镜筒内的位置不正确而产生的。当望远镜绕横轴旋转时，视准轴所形成的轨迹不是平面，而是圆锥面。在这种情况下，对于应用倒转望远镜来延长直线时，所测得的不是直线而是折线。对于观测不同高度的两个目标与测站所组成的角度，其观测结果，并非是水平角。

1) 检验方法

在平坦地面选一条直线上 A、O、B 三点，安置仪器于 O 点，在 B 点横置一把毫米分划的尺子，整平仪器后，盘左瞄准 A，倒转望远镜在尺上取 B_1，如图 3-17(*a*)所示；盘右瞄准 A，倒转望远镜在尺上取 B_2，如图 3-17(*b*)所示。

如 B_1 与 B_2 重合，则条件满足；否则视准轴不垂直于横轴，相差一角度 c，则：

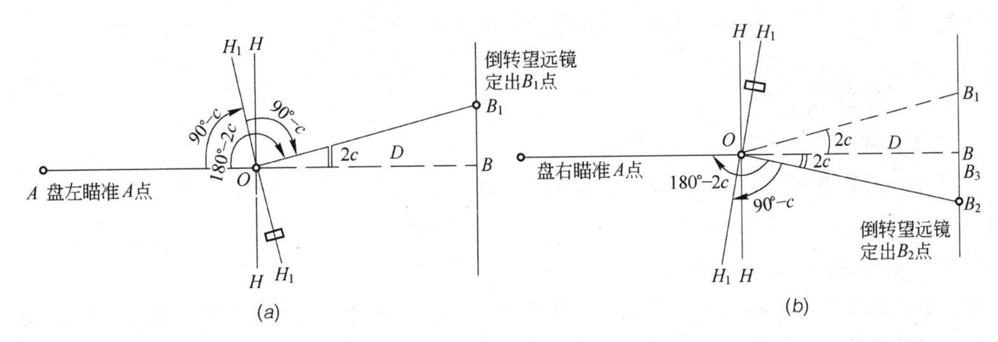

图 3-17 视准轴垂直于横轴的检验

$$c=\frac{1}{4}\frac{B_1B_2}{OB}\rho'' \tag{3-14}$$

2）校正方法

校正时只应校正一个 c 角，取 B_1B_2 的 1/4 得 B_3 点，拨动十字丝环的校正螺旋，使十字丝交点对准 B_3 点。此时视准轴垂直于横轴的条件已能满足。这项检验与校正往往要重复 2～3 次。

3.5.4 横轴垂直于纵轴的检验与校正

横轴若不垂直于纵轴，则当纵轴竖直时，横轴并不水平，视准轴绕横轴旋转所形成的轨迹将是一个斜面。当瞄准同一铅垂面内不同高度的目标时会得到不同的水平度盘读数，影响测角精度。

1）检验方法

整平好仪器，用盘左位置照准离仪器 20～30m 的墙上高处一点 P，如图 3-18 所示，将望远镜向下转到大致水平，在墙上标出十字丝的交点对着的一点 P_1（也可在墙下横置一根尺子读数）；倒转望远镜在盘右位置，再照准高处 P 点，再将望远镜向下转到大致水平，再在墙上标出一点 P_2；如果 P_1 与 P_2 重合，说明此项条件满足，否则需要校正。

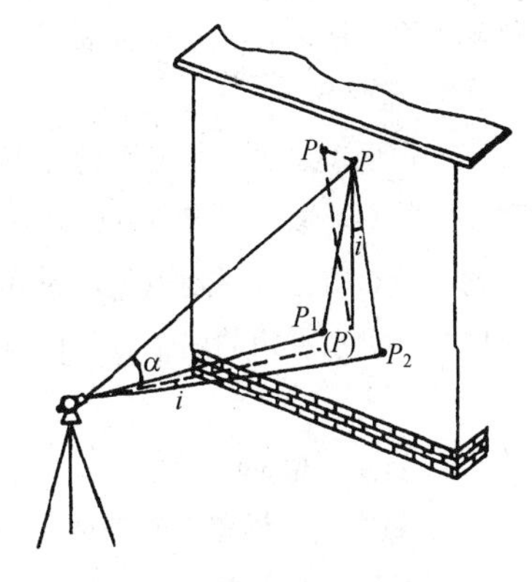

图 3-18 横轴检验

2）校正方法

因为盘左与盘右位置的视准面是向着相反的方向各偏了同一个角度 i，所以，P_1、P_2 的中点 (P) 和高处一点 P 是在同一铅垂线上。校正时，在墙上取 P_1 与 P_2 的中点 (P)，将望远镜对准 (P) 点，因为横轴不垂直于纵轴，所以当望远镜向上仰视时，十字丝交点必然对不到 P 点。

此时，打开照准部支架护盖，可以调节横轴校正机构，升高或降低横轴的一端，直至十字丝交点瞄准 P 点为止。这项工作一般由专业维修人员校正。

3.6 角度测量的误差分析

在角度测量中，由于多种原因会使测量的结果含有误差。研究这些误差产生的原因、性质和大小，以便设法减少其对成果的影响。同时也有助于预估影响的大小，从而判断成果的可靠性。影响测角误差的因素有三类：即仪器误差、观测误差、外界条件的影响。

3.6.1 仪器误差

1）由于仪器检校不完善而引起的误差

如望远镜视准轴不严格垂直于横轴，横轴不垂直于纵轴而引起的误差。可采用盘左、盘右两次测角取平均值的方法，消除上述两项误差对水平角观测的影响。

2）由于仪器制造加工不完善所引起的误差

如度盘分划误差和仪器偏心误差等，可采取变换度盘位置测角的方法来减小度盘分划误差的影响。又如经纬仪照准部的旋转中心与水平度盘的中心不重合，产生照准部偏心。

3.6.2 安置仪器的误差

1）对中误差对测角的影响

如图3-19所示，在测量水平角时，若垂球没有对准测站点 O，仪器实际中心为 O_1，产生了对中误差 OO_1。则实际测得的角为 β' 而非应测的 β，两者相差为：

$$\Delta\beta = \beta - \beta' = \delta_1 + \delta_2 \tag{3-15}$$

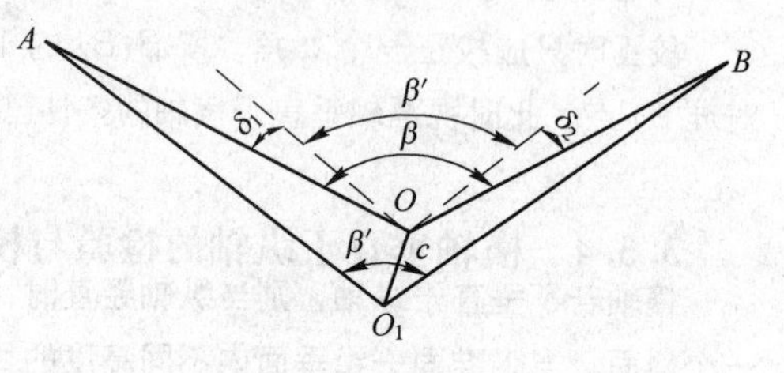

图3-19 对中误差

由图3-19中可以看出，观测方向与偏心方向越接近90°，边长越短，对中误差越大，则对测角的影响越大。所以在测角精度要求一定时，边越短，则对中精度要求越高。

2）整平误差

此项误差是由于水准管检校不完善或由于整平不严格而引起的度盘与横轴不水平，度盘不水平对测角的影响取决于度盘的倾斜度和目标的高度，当观测的目标与仪器大致等高时，其影响是比较小的。但在山区或丘陵地区测量角度时，该项误差对测角的影响是随着目标高度的增大而增大的，所以当观测水平角的两个方向目标不等高时，要特别注意整平仪器。

3.6.3 观测误差

1）目标偏心误差对测角的影响

在测角时，通常都要在地面点上设置观测标志，如花杆、垂球等。造成目标偏心的原因可能是标志与地面点对得不准，或者标志没有铅垂，而照准标志的上部时使视线偏移。

与测站偏心类似，偏心距越大，边长越短，则目标偏心对测角的影响越大。所以在短边测角时，尽可能用垂球作为观测标志。

2）照准误差

照准误差的大小，决定于人眼的分辨能力、望远镜的放大率、目标的形状及大小和操作的仔细程度。对于粗的目标宜用双丝照准，细的目标则用单丝照准。

3）读数误差

对于分微尺读法，主要是估读最小分划的误差，对于对径符合读法，主要是对径符合的误差所带来的影响，所以在读数时宜特别注意。DJ6 级仪器的读数误差最大为 ± 12″，DJ2 级仪器为 ± 2″～3″。

3.6.4 自然条件的影响

观测是在一定的条件下进行的，外界条件对观测质量有直接影响，如松软的土壤和大风影响仪器的稳定；日晒和温度变化影响水准管气泡的运动；大气层受地面热辐射的影响会引起目标影像的跳动等，这此都会给观测水平角带来误差。因此，要选择目标成像清晰稳定的有利时间观测，设法克服或避开不利条件的影响，以提高观测成果的质量。

3.6.5 角度观测时的注意事项

经纬仪是精密贵重仪器，通常在野外使用，经常要搬运。每位测量人员均应注意维护。开箱取仪器前应先认清仪器在箱内的安放位置，以便用完后能顺利照原来位置放好。取仪器时，应一手握住支架，一手捧住仪器基座，切勿提拿望远镜。

操作时，要心细手轻，使用仪器制动螺旋要有轻重感，切勿拧得过紧或太松。要始终保持仪器与三脚架的稳固连接，脚螺旋保持等高，微动螺旋位置适中。物镜、目镜与读数镜勿用手指、布或纸任意擦拭，要用镜头纸或鹿皮擦拭。以防损伤透镜。在烈日下必须撑伞，雨天不准野外操作。仪器上的附件要妥善保管，不要乱放，也不要放在衣袋内，仪器箱盖随时关紧。外业工作时，不准把仪器箱当板凳坐。搬站时，如近距离搬移，可将仪器连在三脚架上，一手扶持仪器，一手挟持三脚架腿，仪器部分朝向前方前进。不准将仪器扛在肩上前进。远距离搬移或在高低起伏较大的地方搬移均需装箱搬运。装箱时，应松开各制动螺旋，按原位轻轻放妥，再拧紧制动螺旋。箱盖上的搭扣或锁扣应随时扣上。仪器的日常保管，要放在通风干燥的地方，注意防潮，防霉防尘。如遇仪器部件发生故障，必须仔细检查，找出原因，由熟悉仪器的人员进行检修。

除了以上各点以外，为了保证测角的精度，观测时必须注意下列各项：

(1) 观测前必须检验仪器，发现仪器误差，应进行校正，或采用正确的观测方法，减少或消除对观测结果的影响。

(2) 安置仪器要稳定，脚架应踩牢，对中应仔细，整平误差应在一格以内。

(3) 目标必须竖直。

(4) 观测时必须严格遵守各项操作规定。

例如：瞄准时必须消除视差。水平角观测时，不可误动度盘；竖直角观测时，必须在读数前先使竖盘水准管气泡居中(自动归零型仪器等无此项操作)等。

(5) 水平角观测时，应以十字丝交点处的竖丝对准目标根部；竖直角观测时，应以十字丝交点处的横丝对准目标。

(6) 读数应准确，观测成果应及时记录和计算。

(7) 各项误差必须符合规定的要求，若误差超限必须重测。

3.7 电子经纬仪

电子经纬仪是在现代电子技术快速发展的基础上研制出的新型测角仪器。与光学经纬仪相比，在仪器外形及轴系结构、仪器的安置及照准操作等方面大致相同。其不同点主要为：内部除光学及机械器件外，还装有电子扫描度盘、电子传感器和微处理机等，从而取代了光学经纬仪的光学度盘及其读数装置。外部装有与测距仪和电子手簿连接的传输接口、电池、液晶显示屏及操作键盘等。图 3-20 是 Leica T2000 电子经纬仪的全貌。

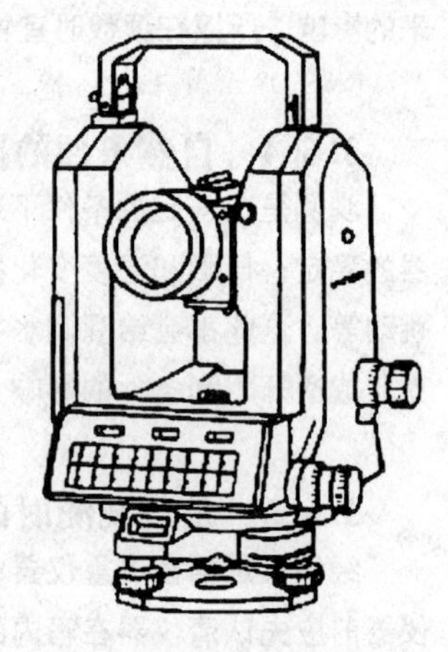

图 3-20　Leica T2000 电子经纬仪外观图

3.7.1　电子经纬仪的读数系统

电子经纬仪的读数系统是通过角—码变换器，将角位移量变为二进制码，再通过一定的电路，将其译成度、分、秒，而用数字形式显示出来。

目前常用的角—码变换方法有编码度盘、光栅度盘及动态测角系统等，有的也将编码度盘和光栅度盘结合使用。现以光栅度盘为例，说明角—码变换的原理。

光栅度盘又分透射式及反射式两种。透射式光栅是在玻璃圆盘上刻有相等间隔的透光与不透光的辐射条纹。反射式光栅则是在金属圆盘上刻有相等间隔的反光与不反光的条纹。用得较多的是透射式光栅。

透射式光栅的工作原理如图 3-21(*a*)所示。它有互相重叠、间隔相等的两个光栅，一个是全圆分度的动光栅，可以和照准部一起转动，相当于光学经纬仪的度盘；一个是只有圆弧上一段分划的固定光栅，它相当于指标，称为指示光栅。在指示光栅的下部装有光源，上部装有光电管。在测角时，动光栅和指示光栅产生相对移动。如图 3-21(*b*)所示，如果指示光栅的透光部分与动光栅的不透光部分重合，则光源发出的光不能通过，光电管接收不到光信号，因而电压为零；如果两者的透光部分重合，则透过的光最强，因而光电管所产生的电压最高。这样，在照准部转动的过程中，就产生连续的正弦信号，再经过电路对信号的整形，则变为矩形脉冲信号。如果一周刻有 21600 个分划，则一个脉冲信号即代表角度的 1′。这样，根据转动照准部时所得脉冲的计数，即可求得角值。为了求得不同转动方向的角值，还要通过一定的电子线路来决定是加脉冲还是减脉冲。只依靠脉冲计数，其精度是有限的，还要通过一定的方法进行加密，以求得更高的精度。目前最高精度的电子经纬仪可显示到 0.1″，测角精度可达 0.5″。

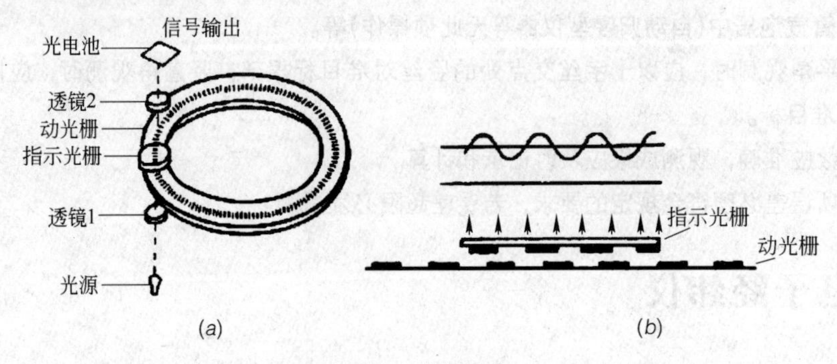

图 3-21　光栅读盘

3.7.2 电子经纬仪的特点

由于电子经纬仪是电子计数，通过置于机内的微型计算机，可以自动控制工作程序和计算，并可自动进行数据传输和存储，因而它具有以下特点：

(1) 读数在屏幕上自动显示，角度计量单位(360°六十进制、360°十进制、400g、6400 密位)可自动换算。

(2) 竖盘指标差及竖轴的倾斜误差可自动修正。

(3) 有与测距仪和电子手簿连接的接口。与测距仪连接可构成组合式全站仪，与电子手簿连接，可将观测结果自动记录，没有读数和记录的人为错误。

(4) 可根据指令对仪器的竖盘指标差及轴系关系进行自动检测。

(5) 如果电池用完或操作错误，可自动显示错误信息。

(6) 可单次测量，也可跟踪动态目标连续测量。但跟踪测量的精度较低。

(7) 有的仪器可预置工作时间，到规定时间，则自动停机。

(8) 根据指令，可选择不同的最小角度单位。

(9) 可自动计算盘左、盘右的平均值及标准偏差。

(10) 有的仪器内置驱动马达及 CCD 系统，可自动搜寻目标。

根据仪器生产的时间及挡次的高低，某种仪器可能具备上述的全部或部分特点。随着科学技术的发展，其功能还在不断扩展。

第 4 章　距离测量及直线定向

测量距离是测量的基本工作之一，所谓距离是指两点间的水平长度。如果测得的是倾斜距离，还必须改算为水平距离。按照所用仪器、工具的不同，测量距离的方法有钢尺直接量距、光电测距仪测距和光学视距法测距等。

4.1 距离丈量的一般方法

4.1.1 点的标志

为了测定地面上两点间的距离，首先要把点位明确标志出来。可用木桩打入地下，桩顶钉小钉或画“+”字作为点位标志。对于需要长期保存的点位，则用大木桩或混凝土桩，也有将石桩埋在地下的，桩顶均应做出标志。无论采用何种标志均应做到：点位必须稳固，标志必须明确。

4.1.2 平坦地面量距

两点间的距离测量要根据测量任务的要求，采用不同的工具和方法。钢尺量距是测量工作中的一项基本技能。

钢尺是钢制的带尺，常用钢尺宽 10mm，厚 0.2mm；长度有 20m、30m 及 50m 几种，卷放在圆形盒内或金属架上。钢尺根据零点的位置分为端点尺(图 4-1*a*)和刻线尺(图 4-1*b*)。钢尺的基本分划为厘米，在每米及每分米处有数字注记。一般钢尺在起点处一分米内刻有毫米分划；有的钢尺，整个尺长内都刻有毫米分划。

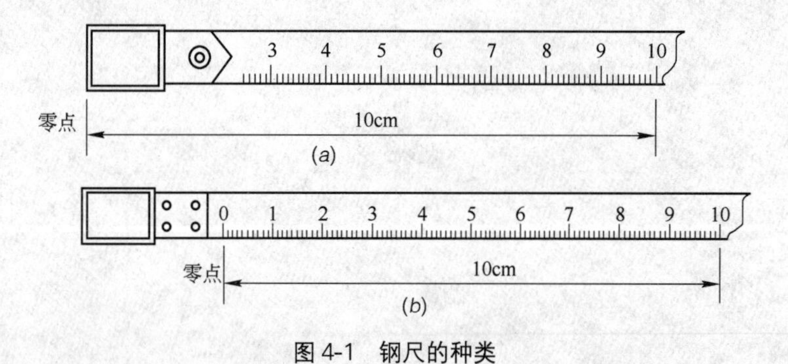

图 4-1 钢尺的种类

丈量距离的工具，除钢尺外，还有标杆、测钎和垂球。标杆长 2～3m，直径 3～4cm，杆上涂以 20cm 间隔的红、白漆，以便远处清晰可见，用于标定直线。测钎用粗铁丝制成，用来标志所量尺段的起、迄点和计算已量过的整尺段数。测钎一组为 6 根或 11 根。垂球用来投点。此外还有弹簧秤和温度计，以控制拉力和测定温度。

在平坦地区丈量一直线的距离时，可先在直线两端点立起标杆(也称花杆)。丈量工作一般由两人进行。后尺手持尺的零端位于 *A* 点，并在 *A* 点上插一测钎。前尺手持尺的末端并携带一组测钎的其余 5 根(或 10 根)，沿 *AB* 方向前进，行至一尺段处停下。后尺手以手势指挥前尺手将钢尺拉在 *AB* 直线方向上；后尺手以尺的零点对准 *A* 点，当两人同时把钢尺拉紧、拉平和拉稳后，前尺手在尺的末端刻线处竖直地插下一测钎，得到点 1，这样便量完了一个尺段。随之后尺手拔起 *A* 点上的测钎与前尺手共同举尺前进，同法量出第二尺段。如此继续丈量下去，直至最后不足一整尺段($n-B$)时，前尺手将尺上某一整数分划线对准 B 点，由后尺手对准 n 点在尺上读出读数，两数相减，即可求得不足一尺段的余长。如图 4-2 所示。

图 4-2　直线定线、量距示意

若以 l 表示整尺段长度，n 表示尺段数，q 表示不足一尺段的余长，则 AB 间水平距离为：

$$D = nl + q \tag{4-1}$$

由于量距时总不免带有误差或错误，为校核和提高精度，往往需要进行往返丈量，取两次丈量的差数与全长平均数之比求得相对误差 K，通常以分子为 1 的分数表示，这就是丈量的精度。钢尺量距的精度，一般不应低于$\frac{1}{3000}$，在丈量困难地区也不应低于$\frac{1}{1000}$。例如两次丈量结果为：AB 往测为 143.613m，返测为 143.641m，则相对误差为：

$$K = \frac{143.641 - 143.613}{143.627} \approx \frac{1}{5100}$$

符合精度要求，AB 的平均长度为 143.627m。

4.1.3　倾斜地面量距

1）平量法

如果地面起伏不平，而尺段两端高差又不大时，则可采用目估的方法拉平钢尺，尺的末端用垂球投点，如图 4-3(*a*)所示，仍可直接量出水平距离。

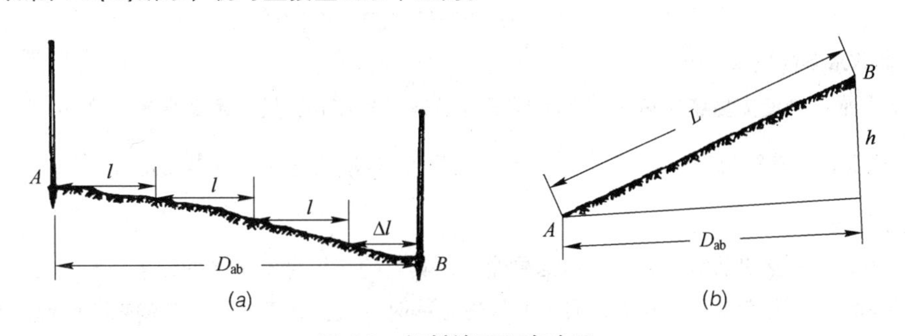

图 4-3　倾斜地面距离丈量

2）斜量法

如倾斜地面的坡度较大，而且坡度较均匀，如图 4-3(*b*)，则可沿斜坡量出倾斜距离 L，再测出两点间高差 h，然后计算水平距离 D。

4.1.4　影响丈量精度的因素

影响丈量精度的因素很多，主要有以下几个方面：

1）尺长误差

由于尺面的名义长度 l_0 与实际长度 l 不符而产生尺长误差。它有累积性，对丈量结果的影响与所量距离 D 成正比。尺长改正数 Δl_k 可由式(4-2)计算：

$$\Delta l_k = \frac{l - l_0}{l} \cdot D \tag{4-2}$$

在一般工程的丈量中，如尺长误差小于尺长的 $\frac{1}{10000}$ 时，可不考虑此项影响。

2）温度误差

钢尺长度受温度的影响而变化，当丈量时的温度与钢尺检定时的温度不一致时，将产生温度误差，温度改正数为：

$$\Delta l_t = \alpha(t - t_0)D \tag{4-3}$$

式中 α——钢尺的线胀系数，一般为 0.0000125/℃；

t——丈量时温度；

t_0——钢尺检定时温度，一般在 20℃ 时进行检定。

当温度变化达 8℃ 时，尺长变化为 1/10000，故一般丈量也可不考虑温度误差的影响。

【例 4-1】 用一名义长度为 30.000m，而在 20℃ 时检定长度为 30.007m 的钢尺，在 35℃ 的野外作业中量得 AB 的平均距离为 124.865m，试求 AB 的实长。

【解】 尺长改正：

$$\Delta l_k = \frac{30.007 - 30.000}{30.007} \times 124.865 = 0.029\text{m}$$

温度改正：

$$\Delta l_t = \alpha(35^\circ - 20^\circ) \times 124.865 = 0.023\text{m}$$

AB 实际长度：

$$D_{ab} = 124.865 + 0.029 + 0.023 = 124.917\text{m}$$

3）尺身不水平的误差

尺身不水平，将使丈量结果偏大，且具累积性。当尺长 30m，尺身两端高差为 0.4m 时，按公式 $\Delta l_h = -\frac{h^2}{2L}$ 计算，误差约为 3mm，相当于 1/10000 精度。这项改正又称倾斜改正。

4）定线误差

定线不直，使丈量沿折线进行，丈量结果偏大，其影响与尺身不水平的误差一样。当尺长 30m，定线偏差 0.2m 时，误差约为 0.7mm，而一般目估定线时，只要认真操作，其偏差不会超过 0.1m。

5）对点及插测钎的误差

丈量时用测钎在地面上标志尺端点位时，若前后尺手配合不好，很容易造成 3～5mm 的误差。如在倾斜地面丈量，则误差更大。为此，在丈量中尽量做到对点准确，配合协调，尺要拉平拉稳，测钎应竖直插下。

6）拉力误差

钢尺具有弹性，会因受拉而伸长。量距时，如果拉力不等于标准拉力，钢尺的长度就会产生变化。精密量距时，用弹簧秤控制标准拉力，一般量距时拉力要均匀，不要或大或小。

7) 钢尺垂曲和反曲的误差

钢尺悬空丈量时，中间下垂，称为垂曲。故在钢尺检定时，应按悬空与水平两种情况分别检定，得出相应的尺长方程式，按实际情况采用相应的尺长方程式进行成果整理，这项误差可以不计。

在凹凸不平的地面量距时，凸起部分将使钢尺产生上凸现象，称为反曲。设在尺段中部凸起0.5m，由此而产生的距离误差，这是不能允许的。应将钢尺拉平丈量。

4.1.5　测量距离时的注意事项

(1) 使用钢尺应认清钢尺的零点位置。

(2) 在使用钢尺时不可扭曲，防止脚踩和车辆辗压。

(3) 在量距过程中，前、后尺手应将钢尺悬空前进，勿沿地面拖拉。

(4) 读尺时不要读错，尤其注意不足一整尺时的读数。

(5) 钢尺使用完毕，应用干布擦净污垢，并涂上少量黄(机)油，防止生锈。

测量时必须认真记录，原始数据不准涂改或用橡皮擦拭，如遇记录错误时，应用细线将错处划去，并在其上方补上正确数值。测量数据、记录和计算结果都要检查、校核。

4.2　电磁波测距

近年来，由于电子技术及微处理机的迅猛发展，各类光电测距仪竞相出现，已经在测量工作得到了普遍的应用。

电磁波测距按测程来分，有短程(<3km)、中程(3～15km)和远程(>15km)之分。按测距精度来分，有Ⅰ级(5mm)、Ⅱ级(5～10mm)和Ⅲ级(>10mm)。按载波来分，采用微波段的电磁波作为载波的称为微波测距仪；采用光波作为裁波的称为光电测距仪。光电测距仪所使用的光源有激光光源和红外光源，采用红外线波段作为载波的称为红外测距仪。

电磁波测距的一般原理就是通过测量电磁波(光波或电波)在待测距离上往返一次所需的时间 t_{2D} 来间接测量距离的。记电磁波的传播速度为 c，则待测距离 D 便可用式(4-4)表示：

$$D=\frac{1}{2}c\cdot t_{2D} \tag{4-4}$$

根据测定时间的方法不同，常用的电磁波测距法分脉冲式与相位式两种。

4.2.1　脉冲式测距

脉冲式测距是直接测量光脉冲在测线上往返传播过程中的光脉冲数，进而计算出往返传播时间 t_{2D} 的。由测距仪的发射系统发出光脉冲，经被测目标反射回来，在发射处接收到的回波脉冲信号同发射的基准脉冲信号相比较，得到脉冲在测线上往返传播的时间 t_{2D}，代入式(4-4)，即得被测距离 D(图4-4)。

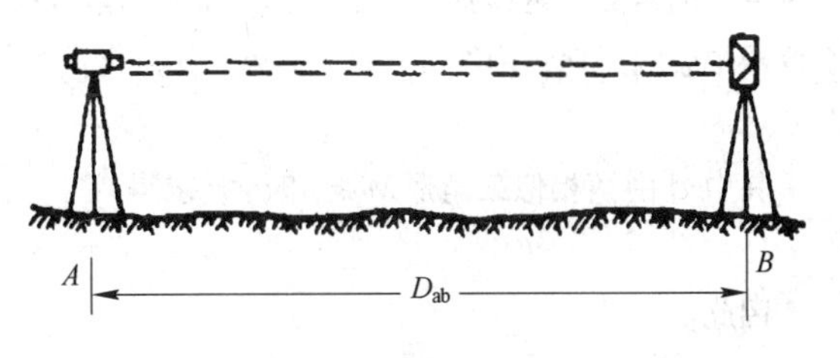

图4-4　脉冲式测距

4.2.2 相位式测距

相位式测距是通过测量连续的调制信号，在待测距离上往返传播所产生的相位变化来间接测定信号传播的时间 t，从而求得被测的距离 D。调制信号一周期相位变化 2π。该调制频率为 f，调制波在待测距离上往返一次所产生的总相位变化为 φ，相应的传播时间为 t，显然：

$$t=\frac{\varphi}{2\pi f} \tag{4-5}$$

图 4-5 是把光波往返于被测距离上的图形展绘出来的情况。图中正弦曲线表示调制光波，它的波长 λ 可以看成是用来测量距离的光尺。从 A 发出的光波遇到反射镜后到原来的一点光波的相位将随着距离的不同而不同。相位法比脉冲法的优点是测距精度高，一般可达 ±1～2cm，有的仪器可达 1mm，甚至十分之几毫米，但由于发射功率不及脉冲法的大。因此测程相对短一些，但最远仍可达 50～60km，这一般可以满足测绘工作的要求，所以在测绘工作中得到广泛的应用。

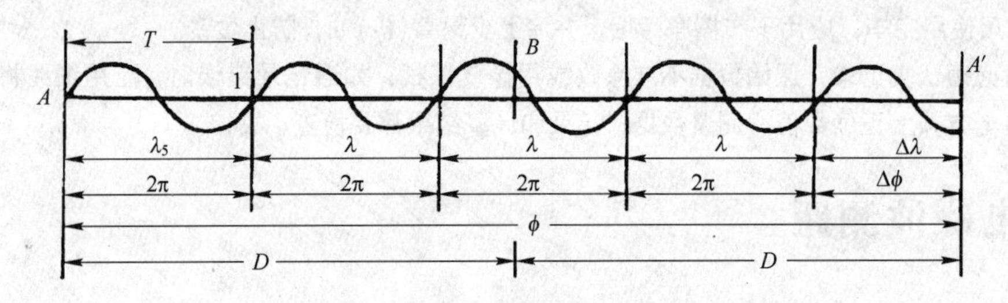

图 4-5　相位式测距

4.3 视距测量

视距测量是利用测量仪器望远镜中的视距丝并配合视距尺，根据几何光学及三角学原理，同时测定两点间的水平距离和高差的一种方法。此法操作简单，速度快，不受地形起伏的限制，但测距精度较低，一般可达 1/200，故常用于地形测图。视距尺一般可选用普通塔尺。

4.3.1 视距测量原理

4.3.1.1 视线水平时的视距测量公式

欲测定 A、B 两点间的水平距离，如图 4-6 所示，在 A 点安置经纬仪，在 B 点竖立视距尺，当望远镜视线水平时，视准轴与尺子垂直，经对光后，通过上、下两条视距丝 m、n 就可读得尺上 M、N 两点处的读数，两读数的差值 l 称为视距间隔或视距。f 为物镜焦距，p 为视距丝间隔，δ 为物镜至仪器中心的距离，由图 4-6 可知，A、B 点之间的平距为：

$$D=d+f+\delta \tag{4-6}$$

其中 d 由两相似三角形 MNF 和 mnF 求得：

$$d=f\cdot l/p$$

因此：

$$D=\frac{f\cdot l}{p}+f+\delta$$

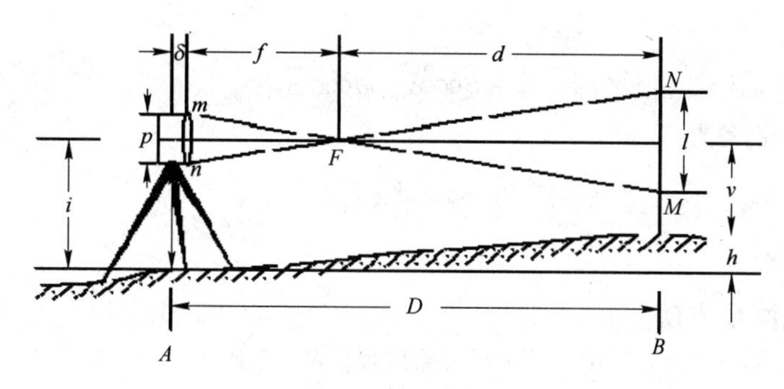

图 4-6　水平视距测量

令 $K=\frac{f}{p}$，称为视距乘常数，$c=f+\delta$ 称为视距加常数，则：

$$D=K\cdot l+c \tag{4-7}$$

在设计望远镜时，适当选择有关参数后，可使 $K=100$，$c=0$。于是，视线水平时的视距公式为：

$$D=100\cdot l \tag{4-8}$$

两点间的高差为：

$$h=i-v \tag{4-9}$$

式中　i——仪器高；

v——望远镜的中丝在尺上的读数。

4.3.1.2　视线倾斜时的视距测量公式

当地面起伏较大时，必须将望远镜倾斜才能照准视距尺，如图 4-7 所示，此时的视准轴不再垂直于尺子，前面推导的公式就不适用了。若想引用前面的公式，测量时则必须将尺子置于垂直于视准轴的位置，但那是不太可能的。因此，在推导倾斜视线的视距公式时，必须加上两项改正：

(1) 视距尺不垂直于视准轴的改正；

(2) 倾斜视线(距离)化为水平距离的改正。

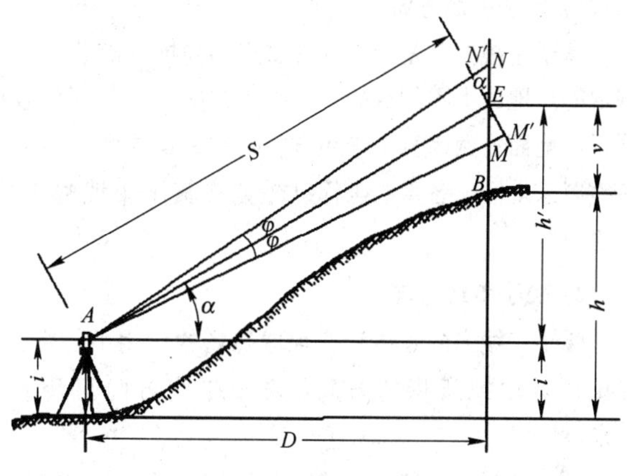

图 4-7　倾斜视距测量

在图 4-7 中，设视准轴倾斜角(即竖角)为 α，由于 φ 角很小，约为 17′，故可将 $\angle NN'E$ 和 $\angle MM'E$ 近似看成直角，则 $\angle NEN'=\angle MEM'=\alpha$，于是：

$$\begin{aligned} l'=M'N'&=M'E+EN'=ME\cos\alpha+EN\cos\alpha \\ &=(ME+EN)\cos\alpha=l\cos\alpha \end{aligned}$$

根据式(4-8)得倾斜距离：

$$S=Kl'=Kl\cos\alpha$$

化算为平距为：

$$D = S\cos\alpha = kl\cos^2\alpha \tag{4-10}$$

A、B 两点间的高差为：

$$h = h' + i - v = \frac{1}{2}kl\sin 2\alpha + i - v \tag{4-11}$$

4.3.2 视距测量方法

(1) 安置仪器于测站点上，对中、整平后，量取仪器高 i 至厘米。

(2) 在待测点上竖立视距尺；转动仪器照准部照准视距尺，在望远镜中分别用上、下、中丝读得读数 M、N、v；再使竖盘指标水准管气泡居中，在读数显微镜中读取竖盘读数。

(3) 根据读数 M、N 算得视距间隔 l；根据竖盘读数算得竖角 α；利用视距公式(4-10)和公式(4-11)计算平距 D 和高差 h。

4.4 直线定向

为了确定地面上两点间的相对位置，除了测定两点间的水平距离外，还需确定两点间直线段与标准方向之间的水平夹角。确定一直线与基本方向之间的角度关系称直线定向。

4.4.1 基本方向

在测量中常采用的基本方向有真子午线、磁子午线和平面直角坐标系的纵坐标轴。

1) 真子午线方向

真子午线方向是指过地面某点指向地球南北两极的方向，它是用天文观测方法或用陀螺经纬仪测定的。地面上不同点的真子午线方向，都向两极收敛，而相交于两极，故各点真子午线方向互不平行。地面上两点真子午线方向间的夹角称为子午线收敛角，以 γ 表示。γ 角有正有负。在中央子午线以东地区，各点的坐标纵轴偏在真子午线的东边，γ 为正值；在中央子午线以西地区，γ 为负值。

2) 磁子午线方向

磁子午线方向是磁针在地球磁场的作用下，磁针自由静止时其轴线所指的方向。磁子午线方向可用罗盘仪测定。

由于地磁南北极及地球南北极不一致，通过地面上某点的真子午线方向与磁子午线方向亦不一致，其夹角称为磁偏角，以 δ 表示(图 4-8)。当磁针北端偏于真子午线以东时为东偏(+)，反之为西偏(−)，磁偏角在不同的地点，有不同的角值和偏向。我国磁偏角的变化范围大约在 +6°(西北地区)和 −10°～(东北地区)之间。北京约为西偏 5°。

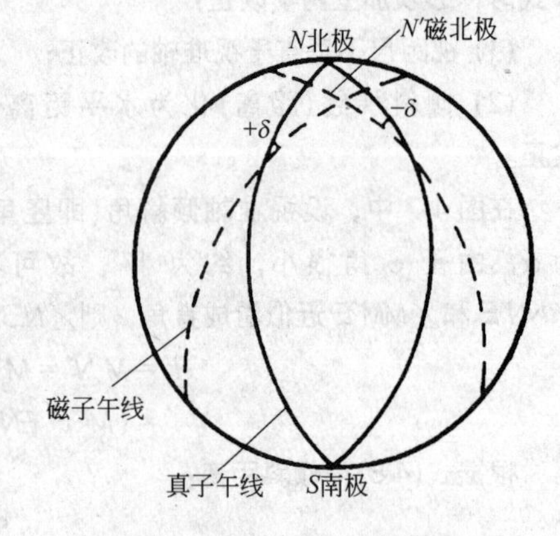

图 4-8 真子午线与磁子午线

3）坐标纵轴线方向

坐标纵轴线方向就是直角坐标系中纵坐标轴的方向。我国采用高斯平面直角坐标系，每一六度带或三度带内都以该带的中央子午线为坐标纵轴，因此，该带内直线定向，就用该带的坐标纵轴方向作为标准方向。如假定坐标系，则用假定的坐标纵轴（X 轴）作为标准方向。

由于地面上各点的真子午线和磁子午线方向都是指向地球的南、北极，故不同地点的真和磁子午线方向不是互相平行的，这就给计算工作带来不便。因此在普通测量中一般都采用纵坐标轴方向作为标准方向。这样，测区内地面各点的标准方向就是互相平行的。

4.4.2　方位角和象限角

直线与基本方向间的角度关系可用方位角和象限角来表示。

1）方位角

由基本方向的北端起，顺时针方向量到某直线的角度，称为该直线的方位角。角值在 0°～360°之间。如以真子午线方向为基本方向量得的方位角称为真方位角，以 A 表示。如图 4-9 所示，ON 为真子午线：

OA 的方位角 $A_{OA}=38°52'$

OB 的方位角 $A_{OB}=121°30'$

OC 的方位角 $A_{OC}=217°46'$

OD 的方位角 $A_{OD}=285°20'$

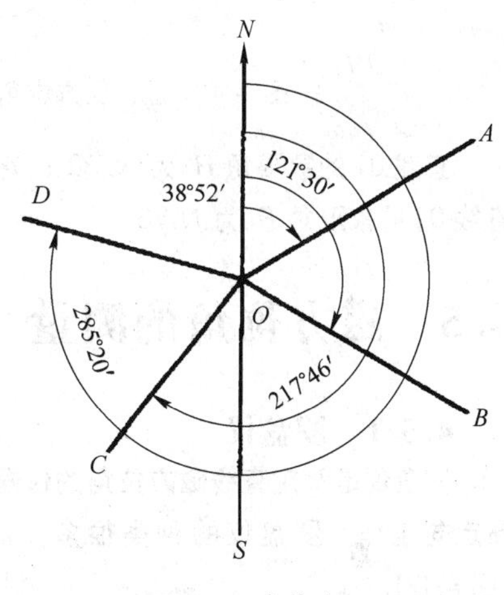

图 4-9　方位角

当以磁子线为基本方向时，所量得的方位角称为磁方位角，以 A'表示。直线的真方位角与磁方位角之间可用式(4-12)进行换算：

$$A=A'+\delta \tag{4-12}$$

如果以坐标纵轴为起始方向，所量得的方位角称为坐标方位角，或简称方位（向）角，以 α 表示。真方位角与坐标方位角有如下关系：

$$A=\alpha+\gamma \tag{4-13}$$

若已知某点的磁偏角 δ 与子午线收敛角 γ，则坐标方位角与磁方位角之间的换算式为：

$$\alpha=A'+\delta-\gamma \tag{4-14}$$

在确定一条直线的坐标方位角（或方向角）时，还必须注意到这条直线本身的走向，如图 4-10 中直线 AB 为正方向（一般以测量前进的方向为正方向），则 BA 即为该直线的反方向。图中 α_{AB}是直线 AB 的正方位角，α_{BA}是直线 AB 的反方位角。正、反坐标方位角有如下关系：

$$\alpha_{AB}=\alpha_{BA}\pm 180° \tag{4-15}$$

即一直线的正、反方位角之间相差 180°。

2）象限角

由基本方向的北端或南端（N 或 S）顺时针或反时针到已知直线间所夹锐角称为象限角。如以真子午线方向为基本方向起算的称真象限角，按磁子午线为基本方向起算的称磁象限角，按坐标纵轴起算的称为坐标象限角(简称象限角)，用 R 表示。象限角的角值为 0°～90°，同时应注明所在象限的方向，如图 4-11 所示。

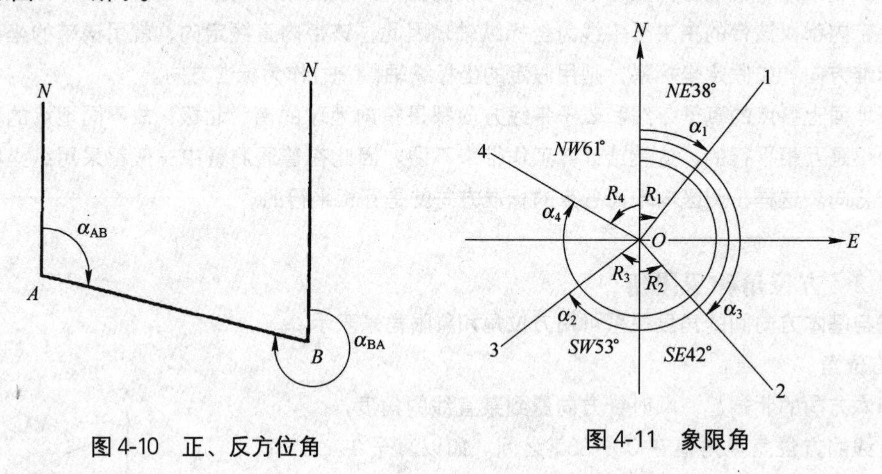

图 4-10　正、反方位角　　　　图 4-11　象限角

直线 01 的象限角 R_1 为 $NE38°$；直线 02 的象限角 R_2 为 $SE42°$；直线 03 的象限角 R_3 为 $SW53°$；直线 04 的象限角 R_4 为 $NW61°$。

4.5　磁方位角的测量

4.5.1　罗盘仪

罗盘仪是测定直线磁方位角的仪器。罗盘仪的构造简单，使用方便，常用于精度要求较低的测量定向工作。罗盘仪的种类很多，其构造大同小异，主要部件有磁针、刻度盘和瞄准设备等(图 4-12)。

1) 磁针

磁针支承在刻度盘中心的顶针尖端上，可灵活转动。为了避免顶针尖端的磨损，不用时可旋紧举针螺旋，将磁针紧压在玻璃板上。我国处于北半球，磁针北端因受磁力影响而下倾，故在磁针南端绕有铜丝，用来使磁针平衡并借以分辨磁针的南北端。

2) 刻度盘

刻度盘为金属圆盘，全圆刻成 360°(称方位罗盘仪)分划格值为 1°。从 0°起逆时针方向每隔 10°加注数字注记。望远镜的视准轴应与 0°和 180°的连线相一致。盘内还按反时针方向注有北(N)，东(E)，南(S)，西(W)等方向。罗盘盒内还装有两个互成正交的水准器，用来整平罗盘仪。

球形支柱是一种球形关节，松开球形接头螺旋，罗盘盒可摆动，使水准气泡居中，再旋紧接头螺旋。松开制动螺旋，则罗盘可作水平转动。球形支柱与三脚架相连接。

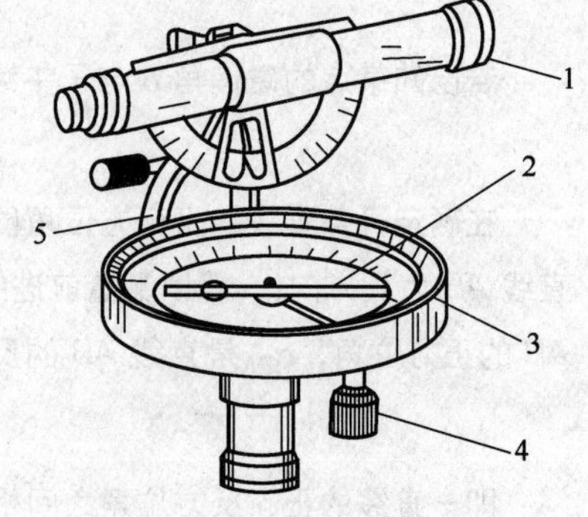

图 4-12　罗盘仪

1—望远镜；2—磁针；3—度盘盒；4—制动螺旋；5—支架

3) 望远镜

望远镜是瞄准目标用的照准设备。用支架装在刻度盘的

圆盒上，可随圆盒转动。使用时首先转动目镜看清十字丝，再从镜外粗略对准目标。望远镜为外对光式，对光时转动对光螺旋(物镜筒即前后移动)直到看清目标。望远镜的侧面附有竖直度盘可粗略测定竖直角。

为了控制度盘和望远镜的转动，附有度盘的制动螺旋和望远镜制动螺旋和微动螺旋。一般罗盘仪都附有三脚架和垂球，用以安置仪器。

4.5.2　罗盘仪的使用

观测时，光将罗盘仪安置在直线的起点，对中，整平(罗盘盒内一般均设有水准器，指示仪器是否水平)，旋松制动螺旋，放下磁针，然后转动仪器，通过瞄准设备去瞄准直线另一端的标杆。待磁针静止后，读出磁针北瑞所指的读数，即为该直线的磁方位角。

罗盘仪使用时应注意以下几点：

(1) 罗盘仪近旁不要有铁质物体，选择测站点应注意避开高压线、车间、铁栅栏等。

(2) 读数时应正面对着磁针。以免读数不准。

使用完毕或搬站时，应将磁针升起，固定在顶盘玻璃上，以防止顶针的磨损与磁针的脱落。

4.6　全站仪及其使用

全站型电子速测仪简称全站仪，是在光电测距仪的基础上发展起来的一种多功能仪器。具有高速、高效、高精度和多功能的特点。因此，近些年普及速度很快。电子全站仪种类、型号繁多。国外许多厂家生产，国内生产尚属起步阶段。

由于全站仪能高精度、快捷地同时测定角度、距离、高程三要素，并迅速而精确地在现场得出所需的计算结果，因此，它既能完成一般的控制测量，又能进行地形图的测绘；既能解决施工放样中的诸多问题，还能在室内装修等工作中发挥作用；更为重要的是，通过传输接口将全站仪在野外采集系统与计算机、自动绘图机连接起来，配以数据处理软件和绘图软件，实现地形图测绘的自动化。

4.6.1　全站仪的基本构造

全站型电子速测仪是由电子测角、电子测距、电子计算和数据存储等单元组成的三维坐标测量系统，能自动显示测量结果，能与外围设备交换信息的多功能测量仪器。由于仪器较完善地实现了测量和处理过程的电子一体化，所以人们通常称之为全站型电子速测仪(Electronic Total Station)或简称全站仪。

全站仪由以下两大部分组成：

(1) 采集数据设备：主要有电子测角系统、电子测距系统，还有自动补偿设备等。

(2) 微处理器：微处理器是全站仪的核心装置，主要由中央处理器、随机储存器和只读存储器等构成。测量时，微处理器根据键盘或程序的指令控制各分系统的测量工作，进行必要的逻辑和数值运算以及数字存储、处理、管理、传输、显示等。

通过上述两大部分有机结合，才真正地体现“全站”功能，既能自动完成数据采集，又能自动处理数据，使整个测量过程工作有序、快速、准确地进行。

4.6.2 全站仪的分类

20 世纪 80 年代末、90 年代初，人们根据电子测角系统和电子测距系统的发展不平衡，把两种系统结构配置在一起构成全站仪，按其结构形式，全站仪分成两大类，积木式和整体式。

积木式(Modular)，也称组合式，它是指电子经纬仪和测距仪可以分离开使用，照准部与测距轴不共轴。作业时，测距仪安装在电子经纬仪上，相互之间用电缆实现数据通讯，作业结束后卸下分别装箱。这种仪器可根据作业精度要求，同时用户可以选择不同测角、测距设备进行组合，灵活性较好。

整体式(integrated)，也称集成式，它是将电子经纬仪和测距仪融为一体，共用一个光学望远镜，使用起来更方便。

目前世界各仪器厂商生产出各种型号的全站仪，而且品种越来越多，精度越来越高。常见的有日本(SOKKIA)SET 系列、拓普康(TOPOCON)GTS 系列、尼康(NIKON)DTM 系列、瑞士徕卡(LEICA)TPS 系列、我国的 NTS 和 ETD 系列。随着计算机技术的不断发展与应用以及用户的特殊要求，出现了带内存型、防水型、防爆型、电脑型、马达驱动型等各种类型的全站仪，使得这一最常规的测量仪器越来越满足各项测绘工作的需求，发挥着越来越大的作用。

4.6.3 全站仪的等级与检测

全站仪作为一种光电测距与电子测角和微处理器综合的外业测量仪器，其主要的精度指标为测距标准差 m_D 和测角标准差 m_β。仪器根据测距标准差，即测距精度，按国家标准，分为三个等级。标准差小于 5mm 为Ⅰ级仪器，标准差大于 5mm 小于 10mm 为Ⅱ级仪器，标准差大于 10mm 小于 20mm 为Ⅲ级仪器。

全站仪设计中，关于测距和测角的精度一般遵循等影响的原则。即：

$$\frac{m_D}{D}=\frac{m_\beta}{\beta} \quad 或 \quad \frac{m_\beta}{\beta}=2\times\frac{m_D}{D}$$

由于全站仪作为一种现代化的计量工具，必须依法对其进行计量检定，以保证量度的统一性、标准性、合格性。检定周期最多不能超过一年。对全站仪的检定分为三个方面，对测距性能的检测，对测角性能的检测，对其数据记录及数据通讯及数据处理功能的检查。

光电测距单元性能按国家技术监督局的规程进行，其主要项目包括：调制光相位均匀性、周期误差、内符合精度、精测尺频率，加、乘常数及综合评定其测距精度。必要时，还可以在较长的基线上进行测距的外符合检查。

电子测角系统的检测主要项目包括：光学对中器和水准管的检校，照准部旋转时仪器基座方位稳定性检查，测距轴与视准轴重合性检查，仪器轴系误差(照准差 C，横轴误差 i，竖盘指标差 I)的检定，倾斜补偿器的补偿范围与补偿准确度的检定，一测回水平方向指标差的测定和一测回竖直角标准偏差测定。

数据采集与通讯系统的检测包括检查内存中的文件状态，检查存储数据的个数和剩余空间；查阅记录的数据；对文件进行编辑，输入和删除功能的检查；数据通讯接口数据通讯专用电缆的检查等。

4.6.4　徕卡 TPS700 全站仪简介

4.6.4.1　技术指标

主要技术指标见表 4-1 所列。

徕卡 TPS700 全站仪技术指标　　　　表 4-1

技术参数		记录	
望远镜		内存容量	4000 组数据或 7000 个点
放大倍率	30 x	数据交换	IDEX/GS18 位和 16 位可变格式
视场	1°30′(1km 处视物直径 26m)	功能	REM/REC/IR-RL 开关/删除最后一个记录
角度测量		程序	放样/地形测量/自由测站/面积/……
方法	绝对编码，连续	激光对中器	
最小读数	1s	精度	1.5m 处±0.8mm
精度	2s	补偿器	
距离测量(标准红外)		方法	双轴补偿
测程(单棱镜)	3000m	补偿范围	±4s
精度	2mm+2ppm	双面键盘	151×203×316(12 键加开关和快捷键)
时间		显示器	
标准方式	<1s	LCD 分辨率	144×64 像素
快速方式	<0.5s	字符	8 行×24 列
跟踪方式	<0.3s	重量	4.46kg

4.6.4.2　结构与键盘设置

图 4-13 为 TPS700 型全站仪外形结构。

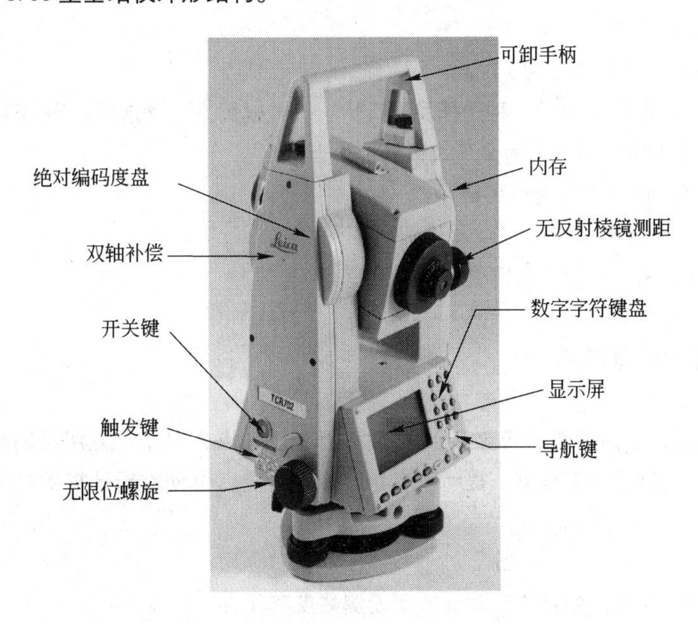

图 4-13　TPS 700 型全站仪外形结构图

图 4-14 给出了全站仪控制面板及键盘的主要功能：

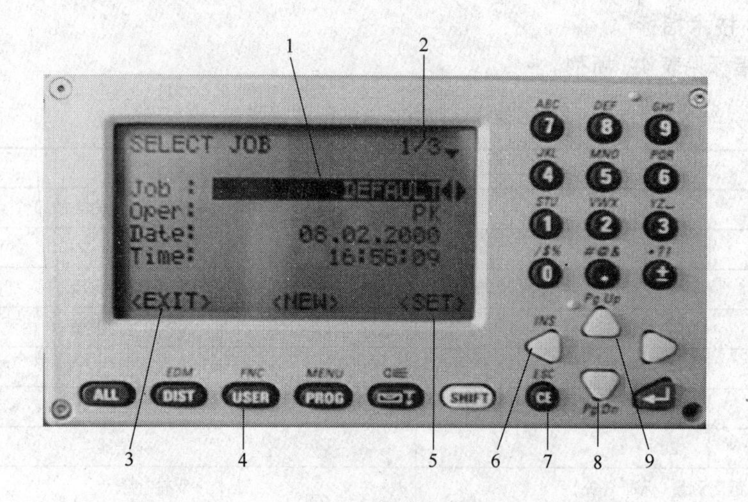

图 4-14　全站仪控制面板及键盘的主要功能

1—选择区；2—状态栏；3—Button；4—直接功能键；5—Fucos on Button；
6—导航键；7—CE/ESC；8—上/下光标键；9—Shift + PgUp/PgDown

状态符：显示电池状态、测距状态、数据设置状态及页面。

选择区：用左右光标符号标识。

导航键：用导航键滚动菜单选取选择项，可以在任意时间翻页显示更多的内容。

直接功能键：用于测量，应用程序和功能的选取，包括照明、电子整平和激光对中。

Shift + PgUp/PgDn：显示对话框中更多可用数据。

CE：删除输入的字符。

ESC：永远是退出当前的程序/功能。

Buttons：用于在屏幕上表示多种选择及执行情况。可以用方向键选择，用 RETURN 键激活。

Focus：总是处于应用程序最为合理执行的选项上。

EXIT 按钮：在任何对话框内退出程序/功能。

上/下光标键：引导菜单焦点键入 RETURN 选择菜单。

数字菜单选择：由键入数字快速进入选择菜单。

4.6.4.3　功能菜单

4.6.4.4　基本测量程序

1）自由设站

通过测量(角度，距离测量的任意组合)不超过五个已知点来自动计算所设站点的坐标、高程以及定向方位角。自动进行粗差检测，提示改变、删除、重测点位使重新计算的结果获得最大的精确度和置信度。

2）高程传递

通过测量不超过五个已知点来自动计算所设测站点高程。

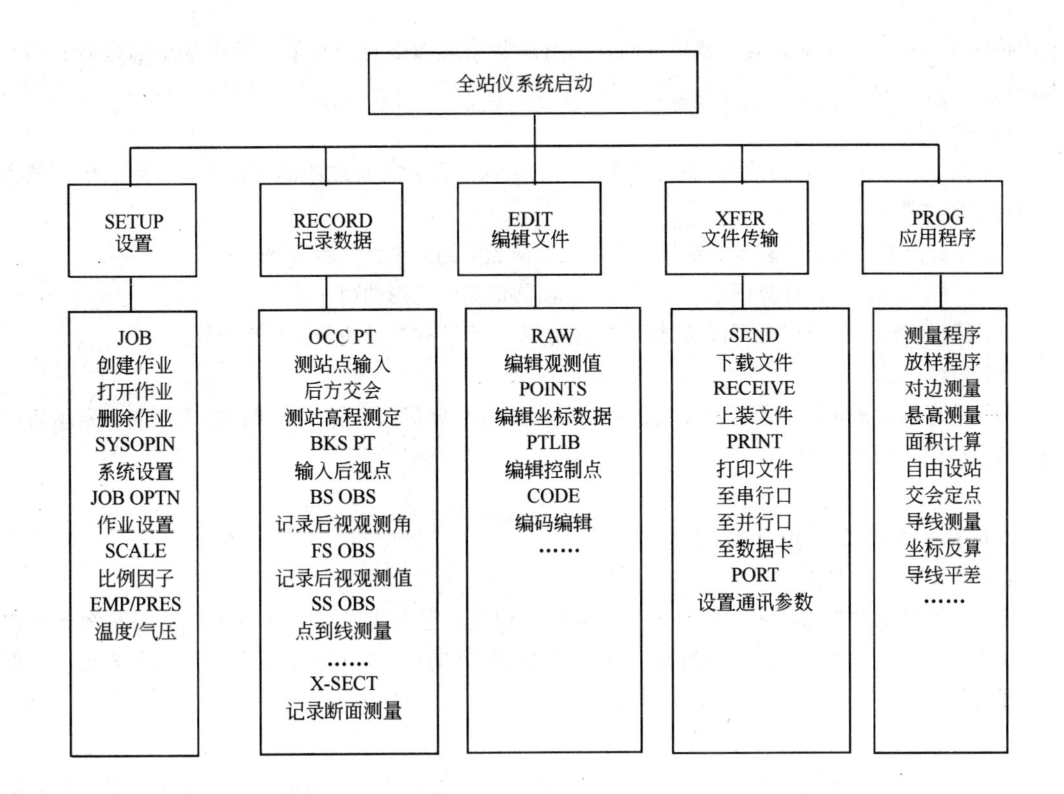

3）放样

点位放样可以有四种不同的方式。三维放样元素由存储的待放样已知点和现场测站综合信息计算出来。

4）对边测量

该程序可以测定任意两点间的距离、方位角和高差。测量模式既可以是相邻两点之间的折线方式，也可以是固定一个点的中心辐射方式。参加对边计算的点既可以是直接测量点，也可以是直接测量点，也可以是由数据文件导入或现场手工输入点。

5）悬高测量

悬高测量用于测量计算不可接触点的点位坐标和高程。通过测量基准点，然后照准悬高点，测量员可以方便地得到不可接触点(也称悬高点)的三维坐标，还可得到基准点和悬高点之间的高差。

6）面积测量

该程序用于测量计算闭合多边形的面积。可以用任意直线和弧线段来定义一个面积区域。弧线段由三个点或两点加一半径来确定。用于定义面积计算的点可以通过测量、数据文件导入或手工输入等方式来获得。程序通过图形显示可以查看面积区域的形状。

7）导线测量

利用方向和距离数据测量，该程序可以编辑计算测站坐标。当导线闭合后，程序可以立即显示导线闭合差作为导线测量的野外检核。

8）道路放样

该程序可以实现道路曲线放样、线路控制，以及测设纵、横断面等功能。这个软件还可以在任意中桩处插入断面、计算各类元素。同时，用道路数据编辑器可以查看、编辑甚至创建新的项目文件。

9）解析计算

(1) 交点计算：交点坐标可以通过两个已知点及两个已知方位或距离来计算，得到的坐标值存入坐标数据文件。

(2) 坐标反算：可以计算坐标数据文件中任意两点间的方位角和距离。

(3) 面积计算：可以计算同编码或同串号点所构成闭合图形的面积。

(4) 极坐标计算：点坐标可以通过已知点坐标及一个已知方位角和距离来计算。

10）导线平差

测量的导线数据可以按单导线形式进行平差采用等权分配法计算，如果误差未超限，平差后的坐标将自动记录到仪器内存。

4.6.5 全站仪操作和使用

4.6.5.1 仪器安置

仪器安置包括对中与整平，其方法与光学仪器相同。它有光学对中器，TPS700 还有激光对中器，使用十分方便。仪器有双轴补偿器，整平后气泡略有偏离，对观测并无影响。采用电子水准仪安平更方便、精确。

4.6.5.2 开机和设置

开机后仪器进行自检，自检通过后，显示主菜单。测量工作中进行的一系列相关设置，全站仪除了厂家进行的固定设置外，主要包括以下内容：

(1) 各种观测量单位与小数点位数的设置，包括距离单位、角度单位及气象参数单位等；

(2) 指标差与视准差的存储；

(3) 测距仪常数的设置，包括加常数、乘常数以及棱镜常数设置；

(4) 标题信息、测站标题信息、观测信息。根据实际测量作业的需要，如导线测量、交点放线、中线测量、断面测量、地形测量等不同作业建立相应的电子记录文件。主要包括建立标题信息、测站标题信息、观测信息等。标题信息内容包括测量信息、操作员、技术员、操作日期、仪器型号等。测站标题信息的设置，仪器安置好后，应在气压或温度输入模式下设置当时的气压和温度。在输入测站点号后，可直接用数字键输入测站点的坐标，或者从存储卡中的数据文件直接调用。按相关键可对全站仪的水平角置零或输入一个已知值。观测信息内容包括附注、点号、反射镜高、水平角、竖直角、平距、高差等。

4.6.5.3 角度距离坐标测量

在标准测量状态下，角度测量模式、斜距测量模式、平距测量模式、坐标测量模式之间可互相切换，全站仪精确照准目标后，通过不同测量模式之间的切换，可得到所需要的观测值。

全站仪均备有操作手册，要全面掌握它的功能和使用，使其先进性得到充分的发挥，应详细阅读操作手册。

4.6.6 全站仪使用注意事项

(1) 使用全站仪前，应认真阅读仪器使用说明书。先对仪器有全面的了解，然后着重学习一些基本操作，如测角、测距、测坐标、数据存储、系统设置等。在此基础上再掌握其他如导线测量，放样等测量方法。然后可进一步学习掌握存储卡的使用。

(2) 电池充电时间不能超过专用充电器规定的充电时间，否则有可能将电池烧坏或者缩短电池的使用寿命。若用快速充电器，一般只需要60～80min。电池如果长期不用，则一个月之内应充电一次。存放温度以0～40℃为宜。

(3) 电子手簿(或存储卡)应定期进行检定或检测，并进行日常维护。

(4) 严禁在开机状态下插拔电缆，电缆、插头应保持清洁、干燥，插头如有污物，需进行清理。

(5) 凡迁站都应先关闭电源并将仪器取下装箱搬运。

(6) 望远镜不能直接照准太阳，以免损坏测距部的发光二极管。

(7) 在阳光下或阴雨天气进行作业时，应打伞遮阳、遮雨。

(8) 仪器安置在三脚架上之前，应检查三脚架的三个伸缩螺旋是否已旋紧。在用连接螺旋将仪器固定在三脚架上之后才能放开仪器。在整个操作过程中，观测者决不能离开仪器，以避免发生意外事故。

(9) 仪器应保持干燥，遇雨后应将仪器擦干，放在通风处，待仪器完全晾干后才能装箱。仪器应保持清洁，干燥。由于仪器箱密封程度很好，因而箱内潮湿会损坏仪器。

(10) 全站仪长途运输或长久使用以及温度变化较大时，宜重新测定并存储视准轴误差及竖盘指标差。

第 5 章　误差理论的基本知识

5.1 测量误差

5.1.1 测量误差产生的原因

测量实践表明，当对某量进行重复观测时，尽管使用了检验合格的测量仪器，严密的观测方法，仍然会发现这些观测值之间存在着差异。例如，对一段距离重复测量若干次，量得的长度不是总完全相同的。再如对三角形的三个内角进行多次观测，则三内角观测值之和常常不等于 180°，而是有差异的。

在同一量的各观测值之间，或在各观测值与其理论上的应有值之间存在差异的现象，在测量工作中是普遍存在的。为什么会产生这种差异呢？这是由于观测值中包含有观测误差的缘故。在实际工作中，必须对这些带有观测误差的观测值进行处理，消除不符值，得到观测量的最可靠的结果。因此，研究观测误差的内在规律，对带有误差的观测数据进行数学处理并评定其精确程度等，就成为测量工作中需要解决的重要实际问题。

观测误差产生的原因很多，概括起来主要有以下四个方面。

1) 观测者

由于观测者的感觉器官的鉴别能力有一定的局限性，因此在仪器的安置、照准、读数等方面都会产生误差。同时，观测者的工作态度、技术水平以及情绪的变化，也会对观测成果的质量产生影响。

2) 测量仪器

由于测量仪器结构的不完善，测量的精密度有一定的限度，因而使观测值产生误差。例如，水准仪的视准轴不平行于水准轴；经纬仪、测距仪度盘的刻划误差等，这些因素都会使测量结果产生误差。

3) 外界环境

观测过程所处的客观环境，如温度、湿度、风力、风向、大气折光、电离层延迟等因素都会对观测结果产生影响；同时，随着这些因素的变化，如温度的高低，湿度的大小，风力的强弱及大气折光的不同，其对观测结果的影响也不同。在这种多样而变化的外界自然条件下进行观测，就必然使观测结果产生误差。

4) 观测对象

观测目标本身的结构、状态和清晰程度等，也会对观测结果直接产生影响，如三角测量中的观测目标觇标和圆筒由于风吹日晒而产生了偏差都会使测量结果产生误差。

上述的观测者、测量仪器、外界环境及观测对象这四个方面的因素是使测量产生误差的主要来源，把这四个因素合称观测条件。显然，观测条件的好坏直接影响着测量成果的质量。观测条件好，观测中产生的误差就会小，测量成果的质量就会高；观测条件差，产生的观测误差就会大，测量成果的质量就会低；如果观测条件相同，观测误差的量级应该相同。把观测条件相同的观测称为等精度观测，在相同观测条件下所获取的观测值称为等精度观测值；而观测条件不同的观测称为非等精度观测，相应的观测值称为非等精度观测值。

5.1.2 测量误差分类

观测误差根据对测量结果的影响性质的不同，可分为粗差、系统误差和偶然误差三类。

1) 粗差

粗差主要是由失误引起的，一般以异常值或孤值形式表现出来。如测错、读错、记录错、计算错、仪器故障等所引起的偏差。经典测量中，这类粗差一般采取变更仪器或操作程序、重复观测和检核验算、分析等方式，检出粗差并予以剔除。因此，可以认为观测值中已基本没有粗差。现代测量中，观测过程中的电子化、自动化程度日益提高，观测数据自动记录、自动传输和计算，粗差的检测和分析，已成为一个重要问题。所以，在观测方案的设计和实施、观测中的检核及测后的分析处理中，采取有效措施进行粗差的探测和消除，是非常重要的。

2) 系统误差

由观测条件中某些特定因素的系统性影响而产生的误差称为系统误差。同等观测条件下的一系列观测中，系统误差的大小和符号常固定不变，或呈系统性变化。

观测条件中能引起系统误差的因素有许多。如，用带有一定误差的尺子量距时，使结果带有的系统误差，属于仪器误差；再有，风向、风力、温度、湿度、大气折射、地球弯曲等等外界因素，也都可能引起系统误差。

系统误差对观测结果的影响一般具有累积性，它对成果质量的影响也特别显著。所以在测量结果中，应尽量消除或减弱系统误差对观测成果的影响。为达到这一目的，通常采取如下措施：

(1) 找出系统误差出现的规律并设法求出它的数值，然后对观测结果进行改正。例如用钢尺丈量距离时，对丈量的结果进行尺长改正，就可消除尺长误差的影响。

(2) 改进仪器结构并制订有效的观测方法和操作程序，使系统误差按数值接近、符号相反的规律交错出现，从而在观测结果的综合中实现较好的抵消。例如，在水准测量中，可尽量使前、后视距离相等的方法来消减由于视准轴不平行于水准管轴以及地球曲率和大气折光所造成的读尺误差。

(3) 综合分析观测资料，发现系统误差，在平差计算中将其消除。

从测量结果中，完全消除系统误差是不可能的。实际上只能尽量使它们的影响减少到最低限度。

3) 偶然误差

由观测条件中各种随机因素的偶然性影响而产生的误差称为偶然误差。偶然误差的出现，就单个而言，无论数值和符号，都无规律性，而对于大量误差的总体，却存在一定的统计规律。

偶然误差是由许多随机因素影响所致的小误差的代数和。例如，用经纬仪测角时，测角误差主要是由照准、读数等引起的误差所构成，而这里的每项误差又是由许多随机因素所致。如其中的照准误差就可能是由于脚架或觇标晃动及扭转、风力风向变化、目标背景、大气折光与大气透明度等的影响。可见，测角误差是许许多多微小误差的代数和，而每一项微小误差又随着偶然因素影响的不断变化，其数值可大可小，符号或正或负。因此，测量中数不清的受偶然因素影响而产生的小误差，它们的大小和正负，既不能控制也不能事先预知，当然由它们的代数和所构成的偶然误差，其数值的大小和符号的正负也是偶然的。

5.1.3　偶然误差的性质

测量误差理论主要研究以下问题：在具有偶然误差的一系列观测值中，如何求得最可靠的结果和评定观测成果的精度。为此需要对偶然误差的性质作进一步的讨论。任何一个观测值，客观上总存在着一个能代表其真正大小的数值。这一数值就称为该观测量的“真值”，一般用 X 表示。对此量

进行了 n 次等精度观测，设得到的观测值为 l_1，l_2，……，l_n，在各次观测中产生的偶然误差(相对于“真值”而言又可称为“真误差”)为 Δ_1，Δ_2，…，Δ_n，将其定义为：

$$\Delta_i = l_i - X, \quad (i=1, 2, \cdots, n) \tag{5-1}$$

偶然误差是由无数偶然因素影响所致，因而单个偶然误差的数值大小和符号正负都是偶然的(或随机的)。然而，反映在个别事物上的偶然性，在大量同类事物的统计分析中却呈现出一定的统计规律性。例如，一个具有一定技术水平的射手进行射击实验，假设仅考虑许多偶然因素的影响，每发射一弹命中靶心的上、下、左、右都有可能，但当射击次数足够多时，弹着点就会呈现出明显的规律性，即越靠近靶心越密；越远离靶心越稀；差不多以靶心为对称点。偶然误差具有与之类似的规律性。为寻求偶然误差的规律性，下面通过测量实例来说明。

某测区，在相同观测条件下，独立地观测了 817 个三角形的全部内角，由 $\Delta_i = A_i + B_i + C_i - 180°$ 算得各三角形的真误差(称为三角形闭合差)。将真误差取误差区间 $d\Delta = 0.5''$，并按绝对值大小进行排列，分别统计在各区间的正负误差个数 n_i，并计算相对个数 n_i/n，n_i/n 称为该区间的误差出现的频率，结果列于表 5-1 内。

偶然误差的区间分布 **表 5-1**

误差的区间单位是角秒	Δ为负值			Δ为正值			总数
	个数n_i	频率$\frac{n_i}{n}$	$\frac{n_i}{nd\Delta}$	个数n_i	频率$\frac{n_i}{n}$	$\frac{n_i}{nd\Delta}$	
0.00～0.50	121	0.15	0.30	123	0.15	0.30	244
0.50～1.00	90	0.11	0.22	104	0.13	0.26	194
1.00～1.50	78	0.10	0.20	75	0.09	0.18	153
1.50～2.00	51	0.06	0.12	55	0.07	0.14	106
2.00～2.50	39	0.05	0.10	27	0.03	0.06	66
2.50～3.00	15	0.02	0.04	20	0.02	0.04	35
3.00～3.50	9	0.01	0.02	10	0.01	0.02	19
3.50 ～ ∞	0	0.00	0.00	0	0.00	0.00	0
总　和	403	0.50		414	0.50		817

考察这一统计表，可以归纳出偶然误差的规律：

(1) 在一定观测条件下，偶然误差在数值上不会超出一定界限(即有界性)；

(2) 绝对值小的误差比绝对值大的误差出现的概率要大(即密集性)；

(3) 绝对值相等的正负误差出现的概率大致相等(即对称性)；

(4) 偶然误差的算术平均值，随着观测次数的无限增加而趋向于零(即抵消性)，即：

$$\lim_{n\to\infty} \frac{[\Delta]}{n} = 0 \tag{5-2}$$

式中　n——观测次数，$[\Delta] = \Delta_1 + \Delta_2 + \cdots + \Delta_n$。

为了更直观的了解偶然误差的分布情况，下面根据表 5-1 的数据做出图形(图5-1)。具体做法是，以横坐标表示误差的大小，纵坐标代

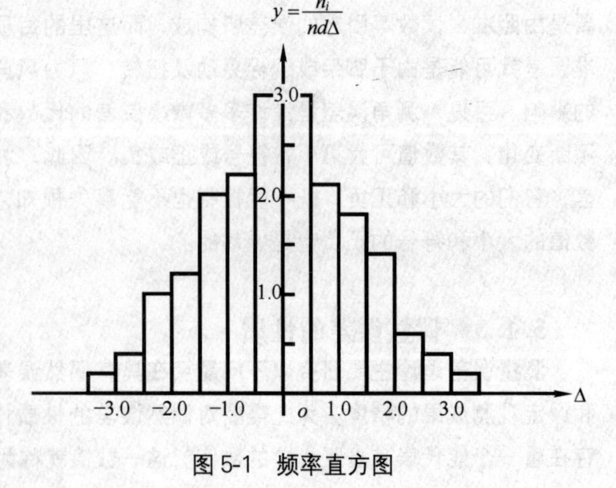

图 5-1　频率直方图

表各区间内误差出现的频率除以区间的间隔值，即$\frac{n_i}{nd\Delta}$(此处取 $d\Delta=0.5''$)，做一系列长方形。图中每一长方形面积即为误差出现于该相应区间的频率，长方形面积之和等于 1。这种图通常称为直方图，它形象地表示了误差的分布情况。

见表 5-1 所列，如果在观测条件不变的情况下，再继续观测更多的三角形，则可以预见，随着观测个数的增加，误差出现在各区间的频率其变动的幅度也就愈来愈小，当 $n\rightarrow\infty$时，各频率将趋于一个完全确定的值，这个值即为误差出现在各区间的概率。这就是说，一定的测量条件对应着一种确定的误差分布。

实际上误差的取值是连续的，当设想误差个数无限增多，所取区间间隔无限缩小时，则图 5-1 的直方图中各长方形上底的极限将形成一条连续曲线，设以 $f(\Delta)$表示，则得如图 5-2 所示的光滑曲线。图中的曲线即为偶然误差的概率分布曲线，又称为偶然误差的分布密度曲线。这一曲线与正态分布密度曲线极为接近，所以一般总是认为，当 $n\rightarrow\infty$时，偶然误差的频率分布是以正态分布为其极限的。

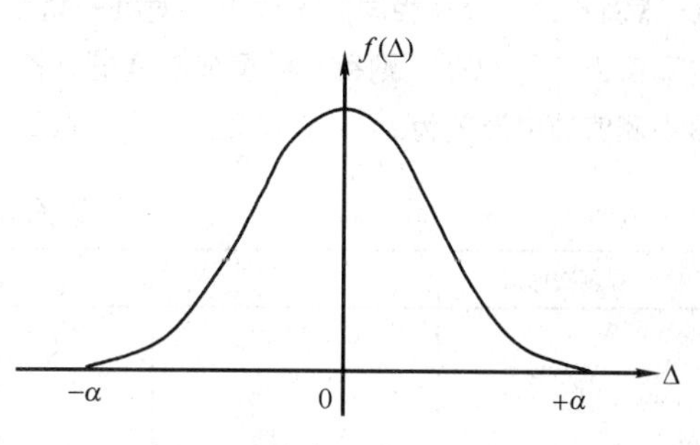

图 5-2　误差概率分布曲线

偶然误差 Δ 是服从 $N(0,\ \sigma^2)$分布的随机变量。则可以写出 Δ 的概率密度表达式为：

$$f(\Delta)=\frac{1}{\sigma\sqrt{2\pi}}e^{-\frac{\Delta^2}{2\sigma^2}} \tag{5-3}$$

式中，σ 在统计学上称为标准差，标准差的平方 σ^2称为方差。方差为偶然误差平方的理论平均值：

$$\sigma^2=\lim_{n\rightarrow\infty}\frac{\Delta_1^2+\Delta_2^2+\cdots+\Delta_n^2}{n}=\lim_{n\rightarrow\infty}\frac{[\Delta^2]}{n} \tag{5-4}$$

因此，标准差的计算式为：

$$\sigma=\lim_{n\rightarrow\infty}\sqrt{\frac{[\Delta^2]}{n}} \tag{5-5}$$

5.2　衡量精度的标准

测量成果中都不可避免地含有误差，在测量工作中，是用“精度”来判断观测成果质量好坏的。所谓精度，就是指误差分布的密集或离散程度。在一定的观测条件下进行的一组观测，都对应着一种确定的误差分布。如果分布较为密集，即离散度较小时，则表示该组观测质量较好，观测精度较高；反之，如果分布较为离散，即离散度较大时，则表示该组观测质量较差，观测精度较低。

为了衡量观测值的精度高低，可以按上节的方法，把在一组相同条件下得到的误差，用误差分布表、绘制直方图或画出误差分布曲线的方法来比较。在实际应用中，是用一些数字特征来说明误差分布的密集或离散的程度，称它们为衡量精度的指标。衡量精度的指标有很多种，下面介绍几种常用的精度指标。

5.2.1 中误差

标准差作为衡量精度的一种标准在理论上是可行的，但是在实际观测中，不可能对一个量进行无穷多次观测。因此定义有限次观测的偶然误差用标准差计算式求取的值为中误差，以“m”表示。即：

$$m=\pm\sqrt{\frac{\Delta_1^2+\Delta_2^2+\cdots+\Delta_n^2}{n}}=\pm\sqrt{\frac{[\Delta\Delta]}{n}} \tag{5-6}$$

显然当 $n\to\infty$ 时，$m^2\to\sigma^2$。

【例 5-1】 设在相同的条件下，对某一角度进行了六次观测，观测结果列于表 5-2 中。已知该角的真值为 71°32′02″，则每一观测值与真值之差，即为真误差 Δ。将各真误差平方后代入式(5-6)，求得观测值的中误差为 $m=\pm15.2''$。

观测值的中误差计算表 **表 5-2**

观测次序	观测值	Δ	ΔΔ	计算
1	71°32′20″	+18″	324	
2	71°31′40″	−22″	484	$m=\pm\sqrt{\frac{[\Delta\Delta]}{n}}$
3	71°31′55″	−7″	49	
4	71°32′10″	+8″	64	$=\pm\sqrt{\frac{1379}{6}}$
5	71°32′15″	+13″	169	$=\pm15.2''$
6	71°31′45″	−17″	289	
总计			1379	

从中误差的定义和上例可以看出：

(1) 中误差并不等于每个观测值的真误差，它仅是一组真误差的代表值。当一组观测值的真误差愈大，中误差就愈大，精度就愈低。反之精度就愈高。

(2) 由于中误差的大小反映了一组观测结果的精度如何。而在这组观测中，又是等精度观测的，所以中误差可以认为是该组任一个观测值的中误差，通常用“m”表示观测值的中误差。

在一组观测值中，如果中误差已经确定，就可以画出它对应的偶然误差正态分布曲线。如图 5-3 所示，是两组不同的中误差正态分布曲线，其中曲线 $f(\Delta)$ 的拐点的横坐标就是中误差 m。$f_1(\Delta)$ 的峰值较小，曲线形状平缓，表示误差分布比较离散，此时的中误差 m_1 较大，观测精度较低；$f_2(\Delta)$ 的峰值较大，曲线形状陡峭，表示误差分布比较集中，此时的中误差 m_1 较小，观测精度较高。

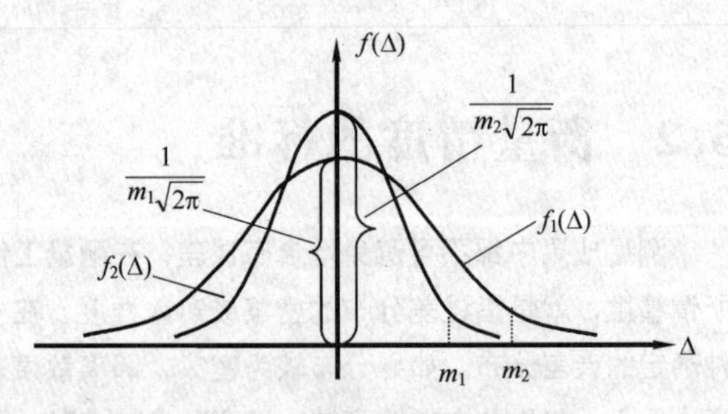

图 5-3 不同中误差的正态分布曲线

现举一例来说明中误差在衡量测量结果精度中的应用：

【例 5-2】 有甲、乙两个测量组，各自在同等精度条件下对某一个三角形的三个内角观测 5 次，两组每一次观测求得三角形内角和的真误差如下：

甲组：+4″、−2″、0、−4″、+3″；

乙组：+6″、−5″、0、+1″、−1″。

试问哪一组观测结果精度高?

【解】 用中误差公式计算，得：

$$m_{甲}=\sqrt{\frac{4^2+(-2)^2+0+(-4)^2+3^2}{5}}=\pm 3.0''$$

$$m_{乙}=\sqrt{\frac{6^2+(-5)^2+0+1^2+(-1)^2}{5}}=\pm 3.5''$$

因 $m_{甲}<m_{乙}$，有理由认为甲组观测的精度较乙组为高。

5.2.2　相对误差

中误差和真误差属于绝对误差。对于某些测量结果，仅仅用绝对误差是无法评定它们的精度的。例如，丈量了两段距离，一段长 200m，其中误差为 ±0.1m，另一段长为 1000m，其中误差为 ±0.2m，倘按中误差的绝对值就很难判定此两观测结果哪个更准确。为了比较这种观测结果的精度，则需引入相对误差的概念，这也是一种衡量精度的标准。

相对误差就是以误差的绝对值与相应的观测值之比。它是一个无名数，分子与分母的长度单位要一致，并将分子化为 1，即用$\frac{1}{N}$的形式来表示。

上述两段距离丈量的相对误差分别为：

$$\frac{0.1}{200}=\frac{1}{2000}\qquad\frac{0.2}{1000}=\frac{1}{5000}$$

显然，相对误差越小，说明观测结果精度越高，反之越低。因为 1/2000>1/5000，所以，长度为 1000m 的那段距离丈量的精度高。

应当指出的是，相对误差适用于衡量其误差大小与所观测量的大小有关的测量工作的精度，例如距离丈量的误差大小与所丈量的长度有关，所以距离丈量的精度可用相对误差衡量。当误差大小与所观测量的大小无关时，就不能用相对误差来衡量其精度。例如角度观测时，因为角度误差的大小与所测角值的大小无关，故只能直接用中误差来衡量角度观测的精度。

5.2.3　极限误差

由偶然误差的特性可知，在一定的观测条件下，偶然误差的绝对值大小不会超过一定的限度。这个界限即称为极限误差。如果某个观测值的误差超过了这个限度，就说明这个观测值中，不仅含有偶然误差，而且还含有不能允许的粗差和错误，因此应将此观测值舍去不用，进行重测。

中误差不是代表个别误差的大小，而是代表误差分布的离散程度的大小。由中误差的定义式可知，它是代表一组同精度观测误差平方的平均值的平方根极限值，中误差愈小，即表示在该组观测中，绝对值较小的误差愈多。按正态分布表查得，在大量同精度观测的一组误差中，误差落在 $(-m,+m)$，$(-2m,+2m)$，$(-3m,+3m)$的概率分别为：

$$\begin{aligned}P(-m<\Delta<+m)&=68.3\%\\P(-2m<\Delta<+2m)&=95.5\%\\P(-3m<\Delta<+3m)&=99.7\%\end{aligned}\tag{5-7}$$

这就是说，绝对值大于中误差的偶然误差出现的概率为31.7%，大于2倍中误差的偶然误差出现的机会只有4.5%，而大于3倍中误差的偶然误差出现的机会仅有0.3%，所以在实际工作中，就以3倍中误差作为极限误差，或称容(允)许误差。即：

$$\Delta_{容}=3m \quad (5\text{-}8)$$

当要求严格时，或是观测次数不多时，也可采用2倍中误差作容许值。即：

$$\Delta_{容}=2m \quad (5\text{-}9)$$

在测量规范中，列有各种观测误差限度的规定，这些误差限度就是这里所讲的容许误差。

5.3 误差传播定律及其应用

对于能直接观测的量，经过多次观测后，便可计算出观测值的中误差，作为评定观测值精度的标准。而在实际工作中，还有许多未知量不能直接观测，需要由观测值间接计算出来。例如，在水准测量中，两点间的高差 $h=a-b$，则 h 是直接观测值 a 和 b 的函数；用尺子在1∶500的地形图上量得两点间的距离 d，其相应的实地距离为 $D=500d$，则 D 是直接观测值 d 的函数；在三角高程测量中地面上两点间的高差 h，是通过观测水平距离 D、竖角 θ 仪器高 i 和目标高 v，按照函数关系 $h=D\tan\theta+i-v$ 计算的结果。显然，由观测值计算所得函数值的精确与否，主要取决于作为自变量的观测值的质量好坏。一般地说，自变量带有的误差，必然以一定规律传播给函数值，所以对这样求得的函数值，也有个精度估计的问题。即由具有一定中误差的自变量计算所得的函数值，也应具有相应的中误差。那么如何根据观测值的中误差去求观测值函数的中误差呢？下面就这个问题进行讨论。

5.3.1 误差传播定律

函数：

$$Z=f(x_1, x_2, \cdots, x_n) \quad (5\text{-}10)$$

是独立变量 x_1，x_2，…，x_n 的函数。直接观测值相应的中误差为 m_1、m_2、……、m_n，Z的中误差用 m_Z 表示。如果能够在 m_Z 和 m_1、m_2、……、m_n 之间建立一定的数学关系，那么就可以根据观测值的中误差去求取观测值函数的中误差。观测值中误差与观测值函数中误差之间的数学关系式，称为误差传播定律。

设独立变量 $x_i(i=1, 2, \cdots, n)$ 的直接观测值 l_i，其相应的真误差为 Δx_i。由于 Δx_i 的存在，致使观测值函数 Z 也产生了相应的真误差 ΔZ。将式(5-9)取全微分：

$$dZ=\frac{\partial f}{\partial x_1}dx_1+\frac{\partial f}{\partial x_2}dx_2+\cdots+\frac{\partial f}{\partial x_n}dx_n \quad (5\text{-}11)$$

因为误差 Δx_i 和 ΔZ 都很小，故在式(5-11)中，可近似用 Δx_i 和 ΔZ 代替 dx_i 和 dZ，于是：

$$\Delta Z=\frac{\partial f}{\partial x_1}\Delta x_1+\frac{\partial f}{\partial x_2}\Delta x_2+\cdots+\frac{\partial f}{\partial x_n}\Delta x_n \quad (5\text{-}12)$$

式中 $\frac{\partial f}{\partial x_i}$ 为函数 $f(x_1, x_2, \cdots, x_n)$ 对各自变量的偏导数，将 $x_i=l_i$ 代入即可求得各 $\frac{\partial f}{\partial x_i}$ 的值。

设对各独立变量 x_i($i=1$，2，…，n)进行了 N 次观测，则误差的平方和为：

$$[\Delta Z^2]=\left(\frac{\partial f}{\partial x_1}\right)^2[\Delta x_1^2]+\left(\frac{\partial f}{\partial x_2}\right)^2[\Delta x_2^2]+\cdots+\left(\frac{\partial f}{\partial x_n}\right)^2[\Delta x_n^2]+2\sum_{i=1}^{n-1}\sum_{j=i+1}^{n}\frac{\partial f}{\partial x_i}\frac{\partial f}{\partial x_j}[\Delta x_i\Delta x_j] \tag{5-13}$$

根据偶然误差的特性4可知，当 $N\rightarrow\infty$ 时，

$$\frac{[\Delta x_i\Delta x_j]}{N}\rightarrow 0 \tag{5-14}$$

又根据式(5-5)可得：

$$\frac{[\Delta Z^2]}{N}=m_Z^2 \tag{5-15}$$

$$\frac{[\Delta x_i^2]}{N}=m_i^2 \tag{5-16}$$

将式(5-13)两边除以 N，兼顾式(5-14)～式(5-16)得：

$$m_Z^2=\left(\frac{\partial f}{\partial x_1}\right)^2m_1^2+\left(\frac{\partial f}{\partial x_2}\right)^2m_2^2+\cdots+\left(\frac{\partial f}{\partial x_n}\right)^2m_n^2 \tag{5-17}$$

或

$$m_Z=\pm\sqrt{\left(\frac{\partial f}{\partial x_1}\right)^2m_1^2+\left(\frac{\partial f}{\partial x_2}\right)^2m_2^2+\cdots+\left(\frac{\partial f}{\partial x_n}\right)^2m_n^2} \tag{5-18}$$

这就是误差传播定律。对于一般函数的中误差，等于该函数对每个观测值所求得的偏导数值与相应观测值中误差乘积的平方取总和，再求平方根。

5.3.2　误差传播定律的应用

应用误差传播定律评定观测值函数的精度时，可归纳为如下几步：

(1) 按问题的要求写出函数式 $Z=f(x_1，x_2，\cdots，x_n)$；

(2) 写出函数真误差关系式，即对函数 Z 进行全微分，即：

$$\Delta Z=\frac{\partial f}{\partial x_1}\Delta x_1+\frac{\partial f}{\partial x_2}\Delta x_2+\cdots+\frac{\partial f}{\partial x_n}\Delta x_n$$

(3) 按照真误差关系式写出中误差的关系式：

$$m_Z^2=\left(\frac{\partial f}{\partial x_1}\right)^2m_1^2+\left(\frac{\partial f}{\partial x_2}\right)^2m_2^2+\cdots+\left(\frac{\partial f}{\partial x_n}\right)^2m_n^2$$

其规律是：将各偏导数平方，把真误差换成中误差的平方。然后用数值代入上式计算，注意各项的单位要统一。

误差传播定律在测绘领域应用十分广泛。下面举例说明其应用方法。

【例5-3】 在1∶500的地图上，量得某两点间的距离是 $d=23.4$mm，d 的量距误差是 $m_d=\pm0.2$mm。求两点间的实地距离 S 和其精度 m_S。

【解】 (1) 写出函数关系式：

$$S=500d=500\times23.4=11700\text{mm}=11.7\text{m}$$

(2) 写出函数真误差关系式：

$$\Delta S=\frac{\partial s}{\partial d}\Delta d=500\Delta d$$

(3) 按照真误差关系式写出中误差的关系式：

$$m_S=500m_d=500\times(\pm0.2)=\pm100mm=\pm0.1m$$

最后写成：

$$S=11.7m\pm0.1m$$

【例 5-4】 设 x 是独立观测值 L_1、L_2 和 L_3 的函数，即：

$$x=\frac{1}{7}L_1+\frac{2}{7}L_2-\frac{4}{7}L_3$$

已知 L_1、L_2 和 L_3 的中误差是 $m_1=\pm3mm$、$m_2=\pm2mm$ 和 $m_3=\pm1mm$，求函数 x 的精度。

【解】 (1) 写出函数关系式：

$$x=\frac{1}{7}L_1+\frac{2}{7}L_2-\frac{4}{7}L_3$$

(2) 写出函数真误差关系式：

$$\Delta x=\frac{\partial x}{\partial L_1}\Delta L_1+\frac{\partial x}{\partial L_2}\Delta L_2+\frac{\partial x}{\partial L_3}\Delta L_3$$

$$=\frac{1}{7}\Delta L_1+\frac{2}{7}\Delta L_2+\left(\frac{-4}{7}\right)\Delta L_3$$

(3) 按照真误差关系式写出中误差的关系式：

$$m_x^2=\left(\frac{1}{7}\right)^2m_1^2+\left(\frac{2}{7}\right)^2m_2^2+\left(\frac{-4}{7}\right)^2m_3^2=0.84$$

$$m_x=\pm0.9mm$$

【例 5-5】 设在已知水准点(无误差) A、B 之间进行普通水准测量，共设置了 n 站。试分析水准路线高差的中误差及图根水准测量闭合差的容许值。

【解】 由于：

$$h_{AB}=h_1+h_2+\cdots h_n \quad M_h^2=m_1^2+m_2^2+\cdots m_n^2$$

若每个测站高差中误差相等，即：

$$m_1=m_2=\cdots=m_n=m_{站}$$

于是：

$$M_h=\sqrt{n}m_{站} \tag{5-19}$$

式中 $m_{站}$——一个测站的高差中误差；

M_h——整条水准路线高差的中误差。若路线全长为 D 千米，且后视与前视距离均为 d，则 $D=2nd$，或 $n=D/2d$，代入式(5-18)，得：

$$M_h=\sqrt{D/2d}m_{站}$$

若以 2 倍中误差为容许误差，则水准路线高差闭合差的容许值：

$$2M_h=2\sqrt{n}m_{站}=\sqrt{2D/d}m_{站}$$

【例 5-6】 根据仪器标称精度知，DJ6 级经纬仪一测回方向中误差 $m_0=\pm6''$，应用误差传播定律试分析水平角观测的精度。

【解】 (1) 各测回同一方向的较差：

由一测回方向中误差为 $m_0=\pm6''$，则各测回同一方向较差的中误差为：

$$m_d=m_0\sqrt{2}=\pm6''\sqrt{2}$$

若取两倍或三倍中误差为容许误差，则各测回同一方向的较差分别为：

$$2m_d=\pm6''\sqrt{2}\times2=\pm16.8''$$

$$3m_d=\pm6''\sqrt{2}\times3=\pm25.2''$$

(2) 上、下半测回同一方向的较差：

由于一测回的方向值是两个半测回方向值的平均值，则半测回方向值的中误差为：

$$m_{半}=m_0\sqrt{2}=\pm6''\sqrt{2}$$

而上、下半测回同一方向的较差中误差为：

$$m_{半d}=m_{半}\sqrt{2}=\pm6''\sqrt{2}\times\sqrt{2}=\pm12''$$

若取两倍或三倍中误差为容许误差，则得：

$$2m_{半d}=\pm12''\times2=\pm24''$$

$$3m_{半d}=\pm12''\times3=\pm36''$$

(3) 一测回角值的中误差：

角值为两个方向值之差，故一测回角值的中误差为：

$$m_\beta=m_0\sqrt{2}=\pm6''\sqrt{2}$$

若取两倍或三倍中误差为容许误差，则得：

$$2m_\beta=\pm6''\sqrt{2}\times2=\pm16.8''$$

$$3m_\beta=\pm6''\sqrt{2}\times3=\pm25.2''$$

(4) 上、下半测回角值之差的中误差：

因一测回角值是两个半测回角值的平均值，则上、下半测回方向值的中误差为：

$$m_{\beta半}=m_\beta\sqrt{2}=\pm6''\sqrt{2}\times\sqrt{2}=\pm12''$$

上、下半测回角值之差的中误差为：

$$m_{\beta半d}=m_{\beta半}\sqrt{2}=\pm12''\sqrt{2}=\pm16.8''$$

若取两倍或三倍中误差为容许误差，则得：

$$2m_{\beta半d}=\pm16.8''\times2=\pm33.6''$$

$$3m_{\beta半d}=\pm16.8''\times3=\pm50.4''$$

5.4　算术平均值及观测值的精度评定

5.4.1　算术平均值

设对某未知量进行 n 次等精度观测，观测值分别为 l_1，l_2，……，l_n，将这些观测值取算术平均值作为该量的最可靠的数值 x，称为该未知量的最或是值。即：

$$x=\frac{l_1+l_2+\cdots+l_n}{n}=\frac{[l]}{n} \tag{5-20}$$

对同一量进行多次等精度观测，用算术平均值作为最或是值代替真值的合理性和可靠性，可以用偶然误差的特性来证明。设该未知量的真值为 X，则真误差(Δ)：

$$\Delta_i = l_i = X \quad (i=1, 2, \cdots\cdots, n)$$

将上式相加得：

$$\Delta_1 + \Delta_2 + \cdots + \Delta_n = (l_1 + l_2 + \cdots + l_n) - nX$$

或

$$[\Delta] = [l] - nX$$

因此：

$$X = \frac{[l]}{n} - \frac{[\Delta]}{n}$$

即：

$$X = x - \frac{[\Delta]}{n}$$

从偶然误差的第四个特性得知，当观测次数 n 无限增多时，$\frac{[\Delta]}{n} \to 0$。故：

$$\lim_{n\to\infty} x = X$$

由上式知，当观测次数为无限多时，观测值的算术平均值就是未知量的真值。当 n 为有限次数量，算术平均值 $x=\frac{[l]}{n}$ 只是接近于真值，但由于它与各观测值相比是最接近于真值的值，故称为最或是值(似真值)。

5.4.2 算术平均值的中误差

现在来推导算术平均值的中误差公式。

因为：

$$x = \frac{l_1 + l_2 + \cdots + l_n}{n}$$

$$= \frac{1}{n}l_1 + \frac{1}{n}l_2 + \cdots + \frac{1}{n}l_n$$

式中，$\frac{1}{n}$ 为一常数，l_1，l_2，…，L_n 均为同精度观测值，其中误差均为 m。应用误差传播定律，则得算术平均值的中误差为：

$$M = \pm\sqrt{\frac{1}{n^2}m^2 + \frac{1}{n^2}m^2 + \cdots + \frac{1}{n^2}m^2}$$

即：

$$M = \frac{m}{\sqrt{n}} \tag{5-21}$$

因此，观测值的中误差 m 是算术平均值的中误差 M 的$\sqrt{n}$倍；亦即算术平均值比任一观测值精度要高。在实际工作中，增加观测次数可以提高算术平均值的精度。在 m 不变的情况下，算术平均值的中误差 M 与观测次数 n 的关系如图 5-4 所示，今设 $m=1$，则 $M=\frac{1}{\sqrt{n}}$。由图 5-4 可以看出，n 增加，M 减小，但当观测次数 n 在到一定数值后，再增加观测次数，精度提高得就很慢了。所以要提高观测结果的精度，不能仅靠无限地增加观测次数，而应从采用适当的观测方法，提高仪器

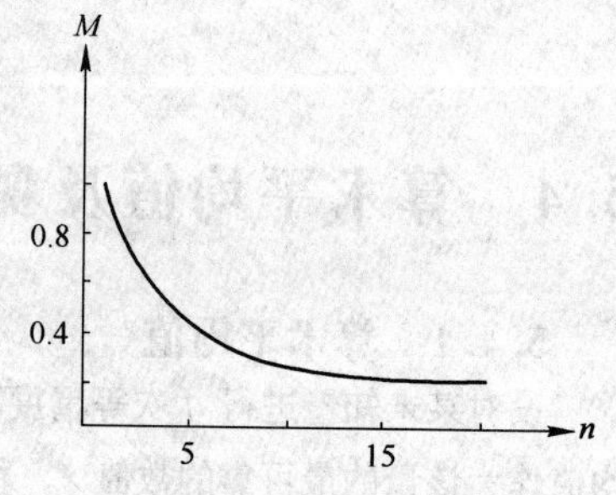

图 5-4 算术平均值的中误差 M 与观测次数 n 的关系

精度和适当的观测次数等几个方面考虑。

5.4.3 观测值中误差

由式(5-1)、式(5-6)可知，等精度观测值中误差可由真误差求取，即：

$$m=\pm\sqrt{\frac{[\Delta\Delta]}{n}},\ \Delta_i=l_i-X,\ (i=1,\ 2,\ \cdots,\ n)$$

在实际工作中，由于未知量的真值 X 往往是不知道的，因此真误差 Δ_i 也是未知数，所以就不能直接应用上式来求得中误差。然而若采用观测值的算术平均值(最或是值)来代替真值，亦可求出观测值的中误差。

算术平均值(最或是值)与观测值之差，称为改正数，常用 v 表示，则：

$$v_i=x-l_i\quad(i=1,\ 2,\ \cdots\cdots,\ n)\tag{5-22}$$

将式(5-21)相加得：

$$[v]=v_1+v_2+\cdots+v_n=nx-(l_1+l_2+\cdots+l_n)=nx-[l]$$

再根据式(5-19)可知：

$$[v]=0\tag{5-23}$$

即对同一个量进行多次观测，取其算术平均值为最或是值，则每一观测值与最或是值的差数总和，也就是观测值改正数的总和应当等于零。此式可用来校核算术平均值的计算是否正确。

下面讨论按观测值的改正数来计算中误差的公式。

根据式(5-1)，真误差为：

$$\left.\begin{aligned}\Delta_1&=l_1-X\\\Delta_2&=l_2-X\\&\vdots\\\Delta_n&=l_n-X\end{aligned}\right\}\tag{5-24}$$

根据改正数的定义，则：

$$\left.\begin{aligned}v_1&=x-l_1\\v_2&=x-l_2\\&\vdots\\v_n&=x-l_n\end{aligned}\right\}\tag{5-25}$$

由式(5-25) 求出 $l_i=(i=1,\ 2,\ \cdots,\ n)$代入式(5-24)中得：

$$\begin{aligned}\Delta_1&=-v_1+(x-X)\\\Delta_2&=-v_2+(x-X)\\&\vdots\\\Delta_n&=-v_n+(x-X)\end{aligned}$$

令 $\delta=x-X$，则上式可写成：

$$\begin{aligned}\Delta_1&=-v_1+\delta\\\Delta_2&=-v_2+\delta\\&\vdots\\\Delta_n&=-v_n+\delta\end{aligned}$$

两边平方得：

$$\Delta_1^2 = v_1^2 - 2v_1\delta + \delta^2$$
$$\Delta_2^2 = v_2^2 - 2v_2\delta + \delta^2$$
$$\vdots \qquad \vdots$$
$$\Delta_n^2 = v_n^2 - 2v_n\delta + \delta^2$$

两边分别相加后，并以 n 除之：

$$\frac{[\Delta\Delta]}{n} = \frac{[vv]}{n} - 2\delta\frac{[v]}{n} + \delta^2 \tag{5-26}$$

从式(5-23)可知：

$$[v] = 0$$

由此，式(5-25)可改写成：

$$\frac{[\Delta\Delta]}{n} = \frac{[vv]}{n} + \delta^2 \tag{5-27}$$

又从 $\delta = x - X$ 可导出：

$$\begin{aligned}\delta^2 &= \left(\frac{[l]}{n} - X\right)^2 = \frac{1}{n^2}([l] - nX)^2 \\ &= \frac{1}{n^2}(l_1 - X + l_2 - X + \cdots + l_n - X)^2 \\ &= \frac{1}{n^2}(\Delta_1 + \Delta_2 + \cdots + \Delta_n)^2 \\ &= \frac{1}{n^2}(\Delta_1^2 + \Delta_2^2 + \cdots + \Delta_n^2 + 2\Delta_1\Delta_2 + 2\Delta_1\Delta_3 + \cdots) \\ &= \frac{[\Delta\Delta]}{n^2} + \frac{2}{n^2}(\Delta_1\Delta_2 + \Delta_1\Delta_3 + \cdots)\end{aligned}$$

根据偶然误差的性质4，当 n 趋于无限大时，上式中 $(\Delta_1\Delta_2 + \Delta_1\Delta_3 + \cdots)$ 将趋近于零；当 n 为有限值时，$(\Delta_1\Delta_2 + \Delta_1\Delta_3 + \cdots)$ 远比 $[\Delta\Delta]$ 为小，故可略而不计，则式(5-26)可写成：

$$\frac{[\Delta\Delta]}{n} = \frac{[vv]}{n} + \frac{[\Delta\Delta]}{n^2}$$

依中误差定义式(5-6)，并移项可写成：

$$m^2 - \frac{m^2}{n} = \frac{[vv]}{n}$$

$$m = \pm\sqrt{\frac{[vv]}{n-1}} \tag{5-28}$$

式(5-28)就是根据观测值的改正数计算等精度观测值的中误差公式，又称为白塞尔公式。

将式(5-28)代入式(5-21)，则得：

$$M = \pm\sqrt{\frac{[vv]}{n(n-1)}} \tag{5-29}$$

式(5-29)即为最或是值的中误差公式。

【例 5-7】 设对某角度观测了六个测回，观测值列于表 5-3 中，求观测值的中误差和算术平均值的中误差。

【解】 计算算术平均值：

$$x = 73°42'00'' + \frac{10'' + 40'' + 25'' + 15'' + 20''}{6}$$

$$= 73°42'20''$$

计算观测值中误差：

$$m = \pm\sqrt{\frac{[vv]}{n-1}} = \pm\sqrt{\frac{650}{6-1}} = \pm 11.4''$$

计算最或是值的中误差：

$$M = \pm\sqrt{\frac{[vv]}{n(n-1)}} = \pm\sqrt{\frac{650}{6\times 5}} = \pm 4.7''$$

最后结果 $x = 73°42'20'' \pm 4.7''$。

等精度观测平差计算 **表 5-3**

观测值	v	vv
73°42′10″	+10″	100
73°42′40″	−20″	400
73°42′25″	−5″	25
73°42′10″	+10″	100
73°42′15″	+5″	25
73°42′20″	0	0
$L = 73°42'20''$	$[v] = 0$	$[vv] = 650$

5.5　非等精度观测精度评定

5.5.1　权

前面所讨论的为等精度观测的误差问题。在测量实践中，除了等精度观测以外，还经常遇到非等精度观测。在这种情况下，求测量的最后结果时，就不能简单地取算术平均值，而必须考虑各观测值的可靠程度。在误差理论中用权来表征各观测结果不同程度可靠性，通常用 p_i 表示。

中误差是表示观测值精度的绝对数字特征，一定的观测条件就对应着一定的误差分布，而一定的误差分布就对应着一个确定的中误差；权是权衡利弊、权衡轻重的意思，是表示观测值精度的相对数字特征，在误差理论中起着很重要的作用。某一观测值或观测值的函数的误差越小(精度越高)，则其可靠性越大，权值也越大；反之，误差越大(精度越低)，则观测结果的可靠性越小，权值也越小。

设有一系列观测值 $l_i(i=1, 2, \cdots, n)$，它们的中误差是 $m_i(i=1, 2, \cdots, n)$，如果选定任意常数 m_0，则观测值 l_i 的权定义为：

$$p_i = \frac{m_0^2}{m_i^2} \quad (i=1, 2, \cdots, n) \tag{5-30}$$

根据权的定义，可知各观测值权之间的比例关系是：

$$p_1:p_2:\cdots:p_n=\frac{m_0^2}{m_1^2}:\frac{m_0^2}{m_2^2}:\cdots:\frac{m_0^2}{m_n^2}=\frac{1}{m_1^2}:\frac{1}{m_2^2}:\cdots:\frac{1}{m_n^2}$$

由上式可知，对于一组观测值而言：

(1) 权的意义，不在于它们本身的大小，而在于它们之间存在的比例关系。

(2) 选定了一个 m_0 值，即有一组对应的权。或者说，有一组权，必有一个对应的 m_0 值。

(3) 一组观测值的权，其大小与 m_0 有关，但权之间的比例关系与 m_0 无关。

(4) 为了使权能起到比较精度高低的作用，在同一个问题中只能选定一个 m_0 值。

5.5.2 单位权中误差

从权的定义可以看出，m_0^2 只是起到一个比例常数的作用；m_0^2 不同，各个观测值的权的数值不同，但观测值权之间的比例不变。m_0^2 一旦选定，它还有具体的含义。

【例 5-8】 设有三个观测值 l_1、l_2 和 l_3，其中误差是 $m_1=1$mm、$m_2=2$mm 和 $m_3=3$mm。求各个观测值的权。

【解】 根据权的定义有：

$$p_i=\frac{m_0^2}{m_i^2}\quad (i=1,2,\cdots\cdots,n)$$

因为比例常数 m_0^2 是任意选定的，故可以得出许多不同的权。例如我们选取 $m_0=1$mm、$m_0=2$mm、$m_0=3$mm 和 $m_0=6$mm 等，可得相应权如下

取 $m_0=1$mm 时：$p_1=1$，$p_2=1/4$，$p_3=1/9$

取 $m_0=2$mm 时：$p_1=4$，$p_2=1$，$p_3=4/9$

取 $m_0=3$mm 时：$p_1=9$，$p_2=9/4$，$p_3=1$

取 $m_0=6$mm 时：$p_1=36$，$p_2=9$，$p_3=4$

但不论如何选取 m_0，总是

$$p_1:p_2:\cdots:p_n=\frac{m_0^2}{m_1^2}:\frac{m_0^2}{m_2^2}:\cdots:\frac{m_0^2}{m_n^2}=\frac{1}{m_1^2}:\frac{1}{m_2^2}:\cdots:\frac{1}{m_n^2}=36:9:4$$

当取 $m_0=m_1=1$mm 时，观测值 l_1 的权是 1，实际上就是以观测值 l_1 的精度作为标准，其他的观测值精度都是和它进行比较。当取 $m_0=m_2=2$mm 时，观测值 l_2 的权是 1，实际上就是以观测值 l_2 的精度作为标准，其他的观测值精度都是和它进行比较等。

因为 m_0 是权等于 1 的观测值的中误差，故通常称 m_0 为单位权中误差，把权等于 1 的观测值称为单位权观测值。

5.5.3 测量中确定权的方法举例

在实际测量工作中，往往是要根据事先给定的条件，先确定出各观测值的权，也就是先确定它们精度的相对数值指标，然后通过平差计算，一方面求出各观测值的最可靠值，另一方面求出它们精度的绝对数字指标。下面根据权的定义和测量中经常遇到的几种情况，导出其实用的定权公式。

1）等精度观测值算术平均值的权

设对某个未知量等精度地观测了 n 次，即 $l_i(i=1, 2, \cdots, n)$，若每一次观测的精度是 m，权为 p。由于算术中数是：

$$x=\frac{1}{n}(l_1+l_2+\cdots+l_n)$$

其中误差是：

$$m_x^2=\left(\frac{1}{n}\right)^2(m_1^2+m_2^2+\cdots+m_n^2)=\left(\frac{1}{n}\right)^2 nm^2=\frac{1}{n}m^2$$

根据权的定义有：

$$p_x=\frac{m_0^2}{m_x^2}=\frac{m_0^2}{m^2/n}=n\frac{m_0^2}{m^2}=np \tag{5-31}$$

所以算术平均值的权是等精度观测值的权的 n 倍。

2）水准测量的权

水准测量中，设每个测站高差的中误差相等，为 $m_{站}$，则由 n 个测站测得的高差 h 的中误差为：

$$M_h=\sqrt{n}m_{站}$$

若取 c 个测站测得的高差的中误差为单位权中误差，即：

$$m_0=\sqrt{c}m_{站}$$

则由权的定义式(5-30)得水准测量高差的权为：

$$p_h=\frac{m_0^2}{M_h^2}=\frac{c}{n} \tag{5-32}$$

即水准测量高差的权与测站数成反比。

在平坦地区进行水准测量时，各测站距离大致相等，常以距离来定权。设 1km 观测高差的中误差为 m_{km}，则 Lkm 观测高差的中误差为：

$$M_h=\sqrt{L}m\text{km}$$

取 Ckm 观测高差的中误差为单位权中误差，即：

$$m_0=\sqrt{C}m\text{km}$$

则由权的定义式(5-30)得水准测量高差的权为：

$$p_h=\frac{m_0^2}{M_h^2}=\frac{C}{L} \tag{5-33}$$

即水准测量中高差的权与路线长成反比。

5.5.4 加权平均值及其中误差

对某未知量进行了一组非等精度观测，观测值为 $l_i(i=1, 2, \cdots, n)$，其相应的中误差为 $m_i(i=1, 2, \cdots, n)$，按式(5-30)计算观测值的权为 $p_i(i=1, 2, \cdots, n)$。按照误差理论，此时应按式(5-34)取加权平均值作为该观测值的最或是值：

$$x=\frac{p_1l_1+p_2l_2+\cdots+p_nl_n}{p_1+p_2+\cdots+p_n}=\frac{[pl]}{[p]} \tag{5-34}$$

根据同一量的 n 次非等精度观测值，计算其加权平均值后，用式(5-21)计算各个观测值的改正数：

$$v_i = x - l_i \quad (i = 1, 2, \cdots, n)$$

可以证明 $[pv]=0$，这个条件可以作为计算的校核。

由式(5-34)，根据误差传播定律，得到：

$$m_x^2 = \left(\frac{p_1}{[p]}\right)^2 m_1^2 + \left(\frac{p_2}{[p]}\right)^2 m_2^2 + \cdots + \left(\frac{p_n}{[p]}\right)^2 m_n^2$$

按式(5-30)，上式可以化为：

$$m_x^2 = m_0 \sqrt{\frac{p_1}{[p]^2} + \frac{p_2}{[p]^2} + \cdots + \frac{p_n}{[p]^2}}$$

因此，加权平均值的中误差为：

$$m_x = \frac{m_0}{\sqrt{[p]}} \tag{5-35}$$

在观测量的真值未知的情况下，实际上用观测值的加权平均值 x 代替真值 X，用观测值的改正数 v_i 代替真误差 Δ_i，并仿照式(5-28)的推导，得到非等精度观测值的改正数计算单位权中误差公式：

$$m_0 = \pm \sqrt{\frac{[pvv]}{n-1}} \tag{5-36}$$

【例 5-9】 在水准测量中，从三个已知点 BM1、BM2、BM3 出发测得 E 点的三个高程观测值 H_i 及各水准路线的测站数 n_i。求 E 点高程的最或是值及其中误差。

【解】 取路线测站数 n_i 的倒数乘以常数 c（这里 $c=12$）为观测值的权，计算见表 5-4。根据式(5-34) E 点高程的最或是值为：

$$H_E = \frac{1.2 \times 65.459 + 1 \times 65.464 + 1.5 \times 65.448}{1.2 + 1 + 1.5} = 65.456\text{m}$$

根据式(5-36)，单位权中误差为：

$$m_0 = \pm \sqrt{\frac{[pvv]}{n-1}} = \pm \sqrt{\frac{170.8}{3-1}} = \pm 9.2\text{mm}$$

由式(5-35)，E 点高程的最或是值得中误差为：

$$m_H = \frac{m_0}{\sqrt{[p]}} = \pm \frac{9.2}{\sqrt{3.7}} = \pm 4.8\text{mm}$$

非等精度观测平差计算 **表 5-4**

测段	高程观测值 H_i(m)	测站数 n_i	权 $p_i = 12/n_i$	改正数 v(mm)	pv	pvv
BM1→E	65.459	10	1.2	−3.0	−3.6	10.8
BM2→E	65.464	12	1	−8.0	−8.0	64
BM3→E	65.448	8	1.5	8.0	12.0	96
			$[p]=3.7$		$[pv]=0.4$	$[pvv]=170.8$

注：这里 $[pv]=-0.4\neq0$ 是由于计算时凑整误差引起的。

第 6 章　小地区控制测量

6.1 控制测量概述

如绪论中所述，测量工作应遵循“由高级到低级，由整体到局部，由控制到碎部”的原则，所以，控制测量是测量工作中重要的基础性工作。建立控制网的主要目的是为减小测量工作中由于各种原因所产生的误差积累，同时也可以使测量工作在统一的基准下进行，从而实现测量工作的分工与协同作业，提高测量工作的效率。

控制测量分为平面控制测量和高程控制测量两个部分，平面控制测量是测定控制点的平面位置，并以此作为测定测区内其他点平面位置的依据。高程控制测量是测定控制点的高程，也将作为测定测区内其他点高程的依据。

按照测量方式和方法的不同，平面控制测量又分为三角测量、导线测量、三边测量、交会定点等类型。随着测绘新技术的不断发展，GPS 测量在控制测量工作中逐渐发挥出重要的作用。本章主要介绍导线测量和交会法测量技术。

高程控制测量的主要方法为水准测量和三角高程测量，水准测量是建立高精度高程控制网的主要方法，三角高程测量受地形条件限制小，但精度略低。本章重点介绍三、四等水准测量，对三角高程测量进行简要说明。

6.1.1 平面控制测量

根据测区条件的不同，小区域平面控制测量的主要方法有三角网、三边网和导线网等。

1）国家平面控制网

国家控制网又称为基本控制网，是在全国范围内按统一方案建立的控制网。根据天文大地测量方法，首先在全国范围内建立一等天文大地网，然后，在一等控制网下依次建立二、三、四等控制网，从而实现对全国范围测量工作的整体控制。

2）城市平面控制网

城市控制网是在国家控制网的基础上建立的，其主要作用是为城市规划、市政建设等的测量工作服务的。城市控制网的建立方法与国家控制网的建立方法相同。根据城市面积的大小和测量工程的要求，布设不同等级的控制网。城市平面控制网分为二、三、四等三角网和一、二级小三角网、三边网，或一、二、三级导线网。

3）小区域平面控制网

小区域控制网是为满足具体的工程建设需要或大比例尺地形图测绘工作而建立的局部控制网。在全测区范围内建立的控制网称为首级控制网，直接为测图工作建立的控制网称为图根控制网，相应的控制点称为图根控制点。小区域平面控制网原则上应当与城市控制网相连接，从而实现与国家控制网的统一，为满足具体工作需要，也可以建立独立控制网。小区域控制网的等级根据区域的大小而定(表 6-1)。

因为电磁波测距仪和全站仪的广泛应用，目前我国最常用的图根控制测量方法多为导线测量和 GPS 测量。所以本章重点讲述经纬导线测量。

小区域平面控制网的等级　　表 6-1

测区面积	首级控制	图根控制
2～15km²	一级小三角或一级导线	二级图根
0.5～2km²	二级小三角或二级导线	二级图根
0.5km² 以下	图根控制	

6.1.2 高程控制网

高程测量工作也要遵循"由整体到局部"的原则，即先建立高程控制网，再根据高程控制点测定地面其他点的高程。我国已在全国范围内建立了一个统一的高程控制网。它与平面控制网一样分成一、二、三、四等，低等级在高等级基础上建立。由于这些高程控制点的高程都是用水准测量方法测定的，所以高程控制网称为水准网，高程控制点称为水准点。沿水准路线按一定距离和要求埋设固定标石作为水准点，埋设的水准点应根据水准测量的等级，保存时间的长短和地区的自然条件，采用不同的形式与埋设深度。

我国采用 1956 年黄海平均海水面作为高程起算面，实现统一的全国高程基准。但有些地区也采用旧有地区高程系统，如大沽零点、吴松零点、珠江零点等。自 1987 年，我国正式公布改用 1985 年国家高程基准作为统一的新国家高程系统，因此查用高程资料时，应特别注意这方面的问题，以避免由于基准的不同导致错误的发生。在园林工程中进行高程控制测量时，采用的水准测量方法为国家等级之下的等外水准测量及图根水准测量。

当地面起伏较大，很难进行水准测量时，可用三角高程测量方法，来测定地面上两点间的高差，并推算出地面点的高程。

在国家水准测量的基础上，城市水准测量分为二、三、四等及直接用于图根测量的水准测量，其主要技术指标见表 6-2。

城市水准测量与图根水准测量的主要技术指标　　表 6-2

等级	每千米高差中误差(mm)	附合路线长度(km)	水准仪级别	测段往返测高差限差(mm)	往返较差、闭合或附合路线闭合差限差	
					平地(mm)	山地(mm)
二等	±2	400	DS_1	$\pm 4\sqrt{R}$	$\pm 4\sqrt{L}$	
三等	±6	45	DS_3	$\pm 12\sqrt{R}$	$\pm 12\sqrt{L}$	$\pm 4\sqrt{n}$
四等	±10	15	DS_3	$\pm 20\sqrt{R}$	$\pm 20\sqrt{L}$	$\pm 6\sqrt{n}$
图根	±20	8	DS_{10}		$\pm 40\sqrt{L}$	$\pm 12\sqrt{n}$

注：R 为测段长度，L 为线路长度，单位均为千米(km)；n 为测站数。

本章主要讲述小区域平面和高程控制测量的技术和方法。

6.2 平面坐标的基本计算

在测量工作中，经常会遇到平面坐标的基本计算问题。平面坐标的基本计算包括两个方面的内容，分别为坐标正算问题和坐标反算问题。坐标正算是根据坐标方位角和边长推算直角坐标；坐标反算是根据两个点的坐标计算坐标方位角和边长。

6.2.1 坐标正算

如图 6-1 所示，设已知点 A 的坐标为 X_A、Y_A，已知 AB 边的边长 S_{AB} 和坐标方位角 α_{AB}，根据测量坐标系与方位角的关系以及解析几何知识可知 AB 边的坐标增量为：

$$\left.\begin{aligned}\Delta X_{AB}=X_B-X_A=S_{AB}\cos\alpha_{AB}\\ \Delta Y_{AB}=Y_B-Y_A=S_{AB}\sin\alpha_{AB}\end{aligned}\right\}\quad(6\text{-}1)$$

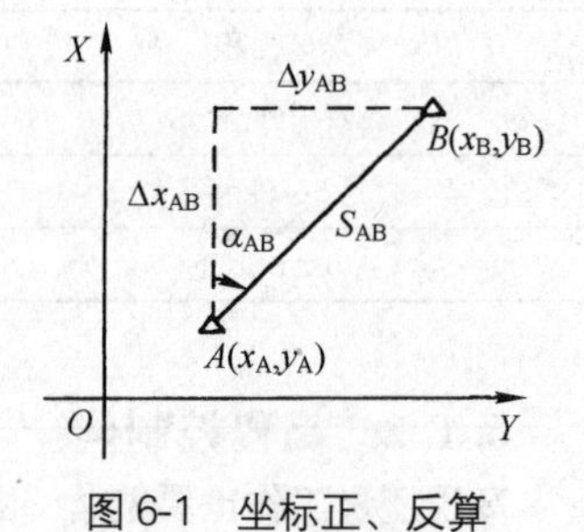

图 6-1 坐标正、反算

待定点 B 的坐标为：

$$\left.\begin{aligned}X_B=X_A+S_{AB}\cos\alpha_{AB}\\ Y_B=Y_A+S_{AB}\sin\alpha_{AB}\end{aligned}\right\}\quad(6\text{-}2)$$

6.2.2 坐标反算

坐标反算是将直角坐标化为极坐标，由图 6-1 可知，即根据两点 A 和 B 的直角坐标(X_A，Y_A)、(X_B，Y_B)计算 AB 边的边长 S_{AB} 和坐标方位角 α_{AB}。根据两个点的坐标可以计算边 AB 的坐标增量：

$$\left.\begin{aligned}\Delta X_{AB}=X_B-X_A\\ \Delta Y_{AB}=Y_B-Y_A\end{aligned}\right\}\quad(6\text{-}3)$$

从而可以计算 AB 边的边长：

$$S_{AB}=\sqrt{\Delta X_{AB}^2+\Delta Y_{AB}^2}\quad(6\text{-}4)$$

坐标方位角的计算可以根据三角函数计算，使用反正切函数计算公式如下：

$$\alpha_{AB}=\arctan\frac{\Delta Y_{AB}}{\Delta X_{AB}}+\begin{cases}0 & \Delta X_{AB}>0,\ \Delta Y_{AB}\geqslant 0\\ \pi & \Delta X_{AB}<0\\ 2\pi & \Delta X_{AB}>0,\ \Delta Y_{AB}<0\end{cases}\quad(6\text{-}5)$$

当坐标增量 $\Delta X_{AB}=0$ 时

$$\alpha_{AB}=\begin{cases}\dfrac{\pi}{2} & \Delta Y_{AB}>0\\ \dfrac{3\pi}{2} & \Delta Y_{AB}<0\end{cases}\quad(6\text{-}6)$$

使用反余弦函数计算的公式如下：

$$\alpha_{AB}=\begin{cases}\arccos\dfrac{\Delta X_{AB}}{S_{AB}} & \Delta Y_{AB}\geqslant 0\\ 2\pi-\arccos\dfrac{\Delta X_{AB}}{S_{AB}} & \Delta Y_{AB}<0\end{cases}\quad(6\text{-}7)$$

可见，在程序设计中，使用反余弦(或正弦)函数计算坐标方位角更加方便。

6.3 导线测量

经纬仪导线测量就是在测区选择若干适用于测图或放样的控制点，并把这些点用直线连接起来，所形成的折线叫做导线。选定的控制点叫做导线点。导线测量工作包括测量起始边方位角、各导线边边长和转折角，并通过计算来确定各导线点的直角坐标。此种形式尤其适用于建筑区、遮蔽地区等。

6.3.1　导线的布设形式

经纬仪导线的形式有闭合导线、附合导线及支导线。

1）闭合导线

是由某点作为起始点，从该点出发，测定若干点，最后又回到起始点，构成一闭合多边形，以便用以校核。如图 6-2(*b*)所示，这种导线一般较适于片状的测区。

2）附合导线

是由一高级控制点(如已知三角点或精度较高的导线点)出发，测定若干点，连接到另一高级控制点，以便作校核。如图 6-2(*a*)中，这种导线较适于狭长地带的测量。

3）支导线

由一起始点引出既无闭合条件也不附合到另一已知点的导线称为支导线。支出点数一次不能超过两点，如图 6-2(*c*)所示。需要说明的是，支导线由于缺少检核条件，所以通常用于图根测量工作，而且要采取足够的校核措施。

图 6-2(*d*)为附合导线网，在小区域控制测量中经常遇到；图 6-2(*e*)是自由导线网，由于这种网形可靠性较差，应避免单独使用。

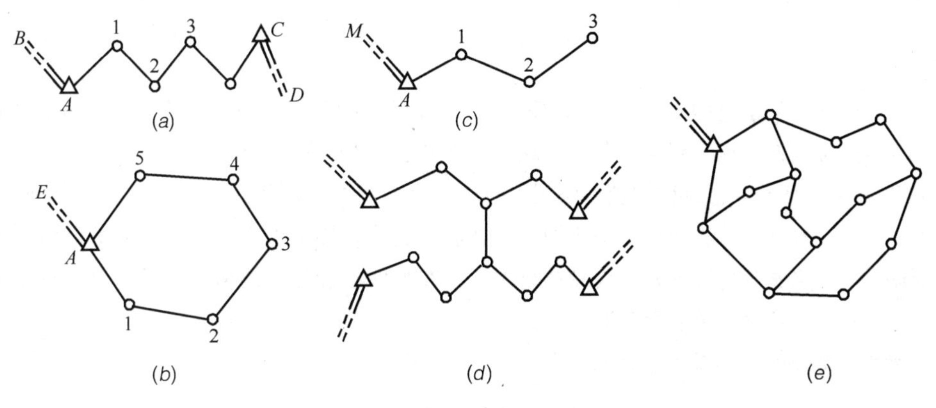

图 6-2　导线布设形式

根据园林工程的特点，在这里主要介绍经纬仪导线测量的技术与相关工作。

经纬仪导线测量的具体工作可分为外业和内业两部分。经纬仪导线的外业工作，一般包括选点、埋桩、测角和量距。内业工作为导线计算。

6.3.2　经纬仪导线的外业工作

1）踏勘选点

在进行测量之前，先到测区进行踏勘，了解测区的范围、地形、周围环境等实地情况，决定导线的形式并选择导线点位。导线点的选定是否恰当，将直接影响测图的速度和质量，为此，选点时应注意下列事项：

(1) 相邻导线点间应通视良好，地面平坦便于测角和量距；

(2) 导线点位应土质坚实，便于保存标志和安置仪器；

(3) 导线点位的四周视野要广阔，便于测绘周围地物和地貌；

(4) 导线边长应大致相等，相邻边长不应悬殊过大，以免影响测角精度；

(5) 导线点应有足够的密度，分布要均匀，便于控制整个测区。

导线点一般都用 5cm×5cm×40cm 大木桩标定，桩顶钉以小钉作为标志。导线点选定后，应顺序编号，并绘制“点之记”。“点之记”除应注明点名、点号及点的坐落地点外，还应绘制一略图(参考图 2-13)，以标明导线点的位置。

2）量距

导线边长可用光电测距仪或电子全站仪测定，观测时应同时测定竖直角以供倾斜改正之用。若采用钢卷尺丈量则须往返丈量或同向丈量两次。当尺长误差大于 1/10000 时，应加尺长改正，量距时平均尺温与检定温度相差 ±10℃时，应进行温度改正，尺面倾斜大于 1.5%时，应进行倾斜改正。丈量结果的相对误差应小于 1/3000。符合限差的成果取两次丈量结果的平均值作为最后成果。

3）测角

(1) 起始边方位角：

① 如与高级控制点联测时，附合导线两端的控制点，根据其已知坐标，反算出方位角。

② 在独立地区，可用罗盘仪测定起始边的磁方位角。亦可采取对向观测，取其平均值作为观测结果。

(2) 转折角：

导线测角一般是观测导线的左角(或右角)。所谓左角是指导线前进方向左测的夹角，如图 6-2 所示若闭合导线以逆时针顺序编号，其左角就是闭合多边形的内角。

导线测角用 J6 级光学经纬仪以测回法观测一个测回，两个半测回之差不得超过 40″。如与高级控制点联测时，尚需测出连接角以传递方向。每站观测完毕，要检查观测成果，在符合精度要求以后，再迁站观测。当整条导线的角度观测结束时，应在野外检查各角的总和是否满足理论要求，如超过闭合差限度，则应找出原因重新观测。

有关量距、测角的观测及记录参照前面章节有关内容。

6.3.3 经纬仪导线的内业工作

经纬仪导线内业工作的主要内容是检查外业成果和计算各导线点的坐标及其精度。

首先，应检查外业量距和测角数据是否满足规范限差要求，并按比例尺绘制草图，作为计算的参考资料。导线计算是根据导线中一个已知点坐标和一条边的方向，来推算出各导线点的坐标。

1）闭合导线的计算

(1) 角度闭合差的计算及其调整：

闭合导线多边形理论上的内角总和应为：

$$\sum\beta_{理} = (n-2)\times 180^\circ \tag{6-8}$$

实测角度总和为$\sum\beta_{测}$，二者之差称为角度闭合差 f_β，即：

$$f_\beta = \sum\beta_{测} - \sum\beta_{理} = \sum\beta_{测} - (n-2)\times 180^\circ \tag{6-9}$$

此误差不应超过式(6-10)所规定的容许闭合差：

$$f_{\beta容} = \pm 40''\sqrt{n} \tag{6-10}$$

式中　n——导线边数或角数，适用于 J6 级光学经纬仪。

如不超过容许闭合差，可将闭合差按相反符号平均分配到各观测角中；如闭合差较小，也可按凑整的方法重点分配在较短边的夹角上。调整后内角的总和应严格等于$(n-2)\times 180°$。

改正数填写在相应观测值的右上方，见计算实例表 6-3。

闭合导线计算表　　**表 6-3**

点号	(改正数) 观测角 ° ′ ″	方位角(α) ° ′ ″	边长(D) (m)	增量计算		改正后增量		坐标	
				(改正数) Δx(m)	(改正数) Δy(m)	Δx(m)	Δy(m)	x(m)	y(m)
1								1000.000	500.000
		38 37 00	88.915	(0.023) 69.473	(−0.008) 55.492	69.496	55.484		
2	+12 122 46 00							1069.496	555.484
		341 23 12	74.160	(0.019) 70.281	(−0.006) −23.670	70.300	−23.676		
3	+12 102 17 30							1139.796	531.808
		263 40 54	146.245	(0.038) −16.095	(−0.012) −145.357	−16.057	−145.369		
4	+12 104 44 00							1123.739	386.439
		188 25 06	114.500	(0.030) −113.266	(−0.011) −16.763	−113.236	−15.773		
5	+12 86 12 00							1010.503	369.666
		94 37 18	130.770	(0.034) −10.537	(−0.011) 130.345	−10.503	130.334		
1	+12 123 59 30							1000.000	500.00
总和	539 59 00	(38 37 00)	554.590	−0.114	0.047	0	0		

辅助计算：

$f_\beta = 539°59'00'' - (5-2)\times 180°$
$= 539°59'00'' - 540°00'00''$
$= -1'00''$
$= -60''$

$f_{\beta容} = \pm 40''\sqrt{5}$
$= \pm 89''$

$|f_\beta| \leqslant |f_{\beta容}|$

$f_x = -0.114$

$f_y = 0.047$

$f = \sqrt{(-0.114)^2 + (0.047)^2}$
$= 0.123$

$K = \dfrac{0.123}{554.590}$
$= \dfrac{1}{4600}$

$K_容 = \dfrac{1}{3000}$

$K \leqslant K_容$

计算者：××　校核者：××　日期：××

(2) 推算各边的坐标方位角：

根据起始边的方位角和改正后的内角来推算各边的坐标方位角。

$$\alpha_{23} = \alpha_{12} + \beta_2 - 180° \qquad \alpha_{34} = \alpha_{23} + \beta_3 - 180° \cdots$$

直到再次计算起始边的方位角与已知的方位角相等，说明计算无误。

(3) 坐标增量的计算及其闭合差的调整：

坐标增量是相邻两点的坐标差。如图 6-3 所示，点 1 的坐标为 x_1、y_1；点 2 的坐标为 x_2、y_2，则有：

$$\left.\begin{aligned} x_2 &= x_1 + \Delta x_{12} \\ y_2 &= y_1 + \Delta y_{12} \end{aligned}\right\} \tag{6-11}$$

式中　Δx_{12}——1、2两点间的纵坐标增量；

Δy_{12}——1、2两点间的横坐标增量。

从直角三角形中，可以得到：

$$\left.\begin{aligned} \Delta x_{12} &= D \cdot \cos\alpha_{12} \\ \Delta y_{12} &= D \cdot \sin\alpha_{12} \end{aligned}\right\} \tag{6-12}$$

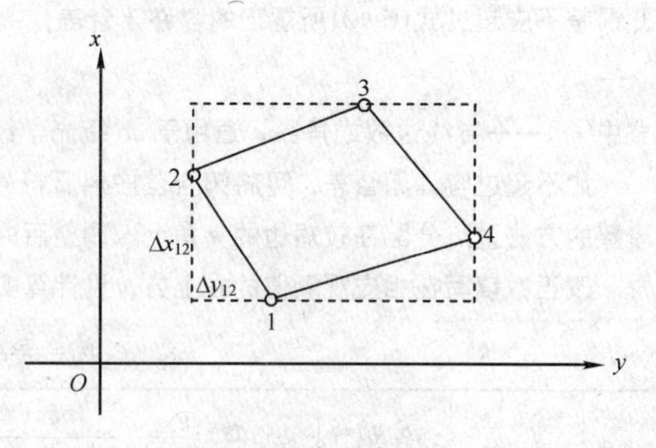

图6-3　闭合导线示例

坐标增量的正负号，由导线各边的方向与方位角而定。从图6-3可看出，闭合导线纵、横坐标增量代数和理论值为零，即：

$$\left.\begin{aligned} \sum \Delta x_{理} &= 0 \\ \sum \Delta y_{理} &= 0 \end{aligned}\right\} \tag{6-13}$$

由于调整后的边长和角度仍然含有误差，所以计算所得纵横坐标增量的代数和不等于零，而产生坐标增量闭合差 f_x、f_y：

$$\left.\begin{aligned} f_x &= \sum \Delta x_{测} - \sum \Delta x_{理} \\ f_y &= \sum \Delta y_{测} - \sum \Delta y_{理} \end{aligned}\right\} \tag{6-14}$$

由于有坐标增量闭合差 f_x 和 f_y，使导线不闭合，11′两点间之长度 f 称为导线全长闭合差，其值为：

$$f = \sqrt{f_x^2 + f_y^2} \tag{6-15}$$

经纬仪导线测量的精度，用相对误差来衡量，以 f 与导线全长 $\sum D$ 之比并以分子为1的分数形式表示相对误差为：

$$K = \frac{f}{\sum D} = \frac{1}{\sum D / f} \tag{6-16}$$

经纬仪导线的相对误差不大于1/3000。如大于此值，应首先检查记录和计算，无误，则进一步检查导线的边长，分析各边丈量情况，找出问题，以便有目的地进行返工。如符合精度要求，则对闭合差进行调整。闭合差调整的原则是将 f_x、f_y 以相反的符号按与各边长度成正比分配到各边的纵、横坐标增量中去。以 V_{xi}、V_{yi} 分别表示第 i 边的纵、横坐标增量改正数（i＝1、2、3…）即：

$$\left.\begin{aligned} V_{xi} &= \frac{f_x}{\sum D} \cdot D_i \\ V_{yi} &= \frac{f_y}{\sum D} \cdot D_i \end{aligned}\right\} \tag{6-17}$$

式中　V_{xi}、V_{yi}——第 i 条边的坐标增量改正值；

D_i——第 i 条边的长。

依式(6-17)计算出各边坐标增量改正数后，可能会出现由于计算取舍的原因使得 $\sum V_{xi} \neq -f_x$；$\sum V_{yi} \neq -f_y$ 的情况，其差值一般在尾数上有微小的差异，此时应将此差值再对某一改正数进行修正，从而使得 $\sum V_{xi} = -f_x$；$\sum V_{yi} = -f_y$。各改正数应填入相应坐标增量的上方。

(4) 坐标推算：

对坐标增量进行改正之后，最后进行坐标推算。其推算公式为：

$$
\begin{aligned}
x_{前} &= x_{后} + \Delta x' \\
y_{前} &= y_{后} + \Delta y'
\end{aligned} \tag{6-18}
$$

式中 $\Delta x'$、$\Delta y'$——坐标增量改正后的数值。

由起始点依次推算出各点坐标，直至终点。对于闭合导线终点即为始点，故推算出的终点坐标与其原始坐标值应一致，否则说明中间的计算有误。闭合导线检核条件不好，通常不单独使用。具体工作中可以加测连接角以提高其可靠性。

2）附合导线计算

附合导线的两端必须为已知点，且还应各另选一个已知点作为定向之用。附和导线与闭合导线的计算步骤方法基本相同，但由于两者布置形式不同，因而几何条件不同。所以角度闭合差和坐标增量闭合差的计算就有所区别，现仅将其不同之处分述如下。

(1) 角度闭合差的计算：

根据导线两端方位角为已知的特点，可由导线的起始方位角 $\alpha_{始}$ 和导线的左角，推算出终边的方位角 $\alpha'_{终}$。

$$
\begin{aligned}
\alpha_{B1} &= \alpha_{AB} + \beta_B - 180^\circ \\
\alpha_{12} &= \alpha_{B1} + \beta_1 - 180^\circ \\
\alpha_{23} &= \alpha_{12} + \beta_2 - 180^\circ \\
\alpha_{3C} &= \alpha_{23} + \beta_3 - 180^\circ \\
+\ \alpha'_{CD} &= \alpha_{3C} + \beta_C - 180^\circ \\
\hline
\alpha'_{CD} &= \alpha_{AB} + \sum\beta - 5 \times 180^\circ
\end{aligned}
$$

上式是以左角为基础推算而得，若写成一般形式应为：

$$
\alpha'_{终} = \alpha_{始} + \sum\beta_{左} - n \cdot 180^\circ \tag{6-19}
$$

若采用右角，公式为：

$$
\alpha'_{终} = \alpha_{始} - \sum\beta_{右} + n \cdot 180^\circ \tag{6-20}
$$

采用式(6-12)或式(6-13)两式，若出现负值，则再加上360°；若结果大于360°，则再减掉360°。

附合导线的角度闭合差为：

$$
f_\beta = \alpha'_{终} - \alpha_{终} \tag{6-21}
$$

改正数的计算与调整方法与闭合导线相同，此处不再赘述。

(2) 坐标增量闭合差的计算：

附和导线的两个端点，始点 B 及终点 C 都是高级控制点，它们的坐标值精度较高，误差可忽略不计，故应有关系式：

$$
\left.
\begin{aligned}
\sum\Delta x_{理} &= x_{终} - x_{始} \\
\sum\Delta y_{理} &= y_{终} - y_{始}
\end{aligned}
\right\} \tag{6-22}
$$

即各边坐标增量代数和理论值应等于终点与始点的已知坐标之差，由于测角和量距包含有误差，故坐标增量不能满足理论上的要求，产生坐标增量闭合差即：

$$\left.\begin{aligned} f_x &= \sum\Delta x_{测} - \sum\Delta x_{理} = \sum\Delta x_{测} - (x_{终} - x_{始}) \\ f_y &= \sum\Delta y_{测} - \sum\Delta y_{理} = \sum\Delta y_{测} - (y_{终} - y_{始}) \end{aligned}\right\} \tag{6-23}$$

求得附合导线的坐标增量闭合差后，计算其绝对闭合差和相对闭合差，在容许范围以内，再调整。将 f_x 和 f_y 分别以反号按边长成正比对各增量进行改正。其余计算与闭合导线相同。

如图 6-4 所示具有两个连接角的附合导线，算例见表 6-4。

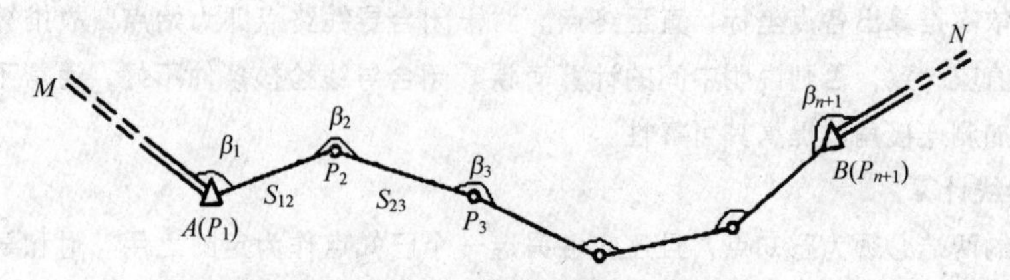

图 6-4　具有两个连接角的附合导线计算

具有两个连接角的附合导线计算　　表 6-4

点名	观测角 (° ′ ″)	坐标方位角 (° ′ ″)	边长 S (m)	Δx (m)	Δy (m)	x (m)	y (m)
		237 59 30					
$A(P_1)$	+7 99 01 00					2507.69	1215.63
		157 00 37	225.85	+4 −207.91	−4 +88.21		
P_2	+7 167 45 36					2299.82	1303.80
		144 46 20	139.03	+2 −113.57	−2 +80.20		
P_3	+7 123 11 24					2186.27	1383.98
		87 57 51	172.57	+3 +6.13	−3 +172.46		
P_4	+7 189 20 36					2192.43	1556.41
		97 18 34	100.07	+2 −12.73	−1 +99.26		
P_5	+7 179 59 18					2179.72	1655.66
		97 17 59	102.48	+2 −13.02	−2 +101.65		
$B(P_6)$	+7 129 27 24					2166.72	1757.29
		46 45 30	$\sum=740.00$	$\sum=-341.10$	$\sum=+541.78$		
N				$f_x=-0.13$m $f_y=+0.12$m $f_S=\sqrt{f_x^2+f_y^2}=0.18$m		x_B-x_A $=-340.97$m	y_B-y_A $=+541.66$m
$\sum$	888 45 18	$\alpha_n-\alpha_0=-191°14'00''$					

$f_\beta=-42''$　　$f_{\beta容}=\pm40''\sqrt{6}=\pm97''$　　$K=\dfrac{f_S}{\sum S}=\dfrac{0.18}{740.00}=\dfrac{1}{4100}<\dfrac{1}{3000}$

6.4　交会定点测量

交会测量是加密控制点常用的方法，它可以在数个已知控制点上设站，分别向待定点观测方向或距离，也可以在待定点上设站向数个已知控制点观测方向或距离，而后计算待定点的坐标。常用的交会测量方法有前方交会、后方交会、测边交会和自由设站法。

6.4.1　前方交会

前方交会即在已知控制点上设站观测水平角，根据已知点坐标和观测角值，计算待定点坐标的一种控制测量方法。

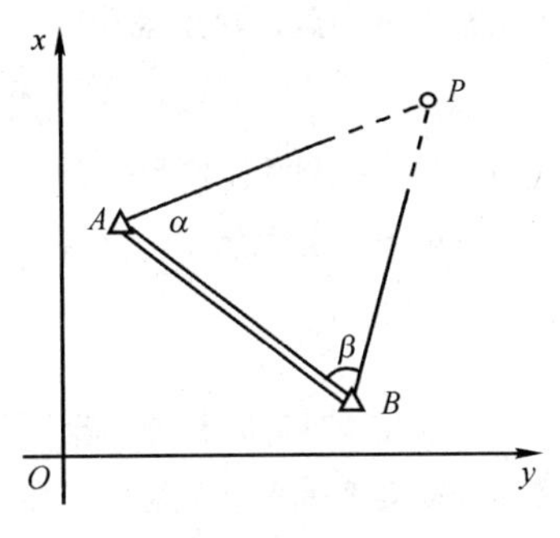

图 6-5　前方交会

如图 6-5 所示，根据已知点 A、B 的坐标(x_A、y_A)和 $B(x_B、y_B)$，通过平面直角坐标反算，可获得 AB 边的坐标方位角α_{AB}和边长 S_{AB}，由坐标方位角 α_{AB}和观测角 α 可推算出坐标方位角α_{AP}，由正弦定理可得 AP 的边长S_{AP}。由此，根据平面直角坐标正算公式，即可求得待定点 P 的坐标，即：

$$\left.\begin{aligned}x_P&=x_A+S_{AP}\cdot\cos\alpha_{AP}\\y_P&=y_A+S_{AP}\cdot\sin\alpha_{AP}\end{aligned}\right\}$$

当 A、B、P 按逆时针编号时，$\alpha_{AP}=\alpha_{AB}-\alpha$，将其代入上式，得：

$$\left.\begin{aligned}x_P&=x_A+S_{AP}\cdot\cos(\alpha_{AB}-\alpha)=x_A+S_{AP}\cdot(\cos\alpha_{AB}\cos\alpha+\sin\alpha_{AB}\sin\alpha)\\y_P&=y_A+S_{AP}\cdot\sin(\alpha_{AB}-\alpha)=y_A+S_{AP}\cdot(\sin\alpha_{AB}\cos\alpha-\cos\alpha_{AB}\sin\alpha)\end{aligned}\right\}$$

顾及到 $x_B-x_A=S_{AB}\cdot\cos\alpha_{AB}$；$y_B-y_A=S_{AB}\cdot\sin\alpha_{AB}$，则有：

$$\left.\begin{aligned}x_P&=x_A+\frac{S_{AP}\cdot\sin\alpha}{S_{AB}}[(x_B-x_A)\cdot\cot\alpha+(y_B-y_A)]\\y_P&=y_A+\frac{S_{AP}\cdot\sin\alpha}{S_{AB}}[(y_B-y_A)\cdot\cot\alpha-(x_B-x_A)]\end{aligned}\right\}\tag{6-24}$$

由正弦定理可知：

$$\frac{S_{AP}\cdot\sin\alpha}{S_{AB}}=\frac{\sin\beta}{\sin P}\sin\alpha=\frac{\sin\alpha\cdot\sin\beta}{\sin(\alpha+\beta)}=\frac{1}{\cot\alpha+\cot\beta}$$

将上式代入式(6-24)，并整理得：

$$\left.\begin{aligned}x_P&=\frac{x_A\cdot\cot\beta+x_B\cdot\cot\alpha+(y_B-y_A)}{\cot\alpha+\cot\beta}\\y_P&=\frac{y_A\cdot\cot\beta+y_B\cdot\cot\alpha-(x_B-x_A)}{\cot\alpha+\cot\beta}\end{aligned}\right\}\tag{6-25}$$

式(6-25)即为前方交会计算公式，通常称为余切公式，是平面坐标计算的基本公式之一，在平面坐标计算中占有重要地位。

在此应指出：式(6-25)是在假定△ABP 的点号 A(已知点)、B(已知点)、P(待定点)按逆时针编号的情况下推导出的。若 A、B、P 按顺时针编号，则相应的余切公式为：

$$\left.\begin{aligned}x_P&=\frac{x_A\cdot\cot\beta+x_B\cdot\cot\alpha-(y_B-y_A)}{\cot\alpha+\cot\beta}\\y_P&=\frac{y_A\cdot\cot\beta+y_B\cdot\cot\alpha+(x_B-x_A)}{\cot\alpha+\cot\beta}\end{aligned}\right\}\tag{6-26}$$

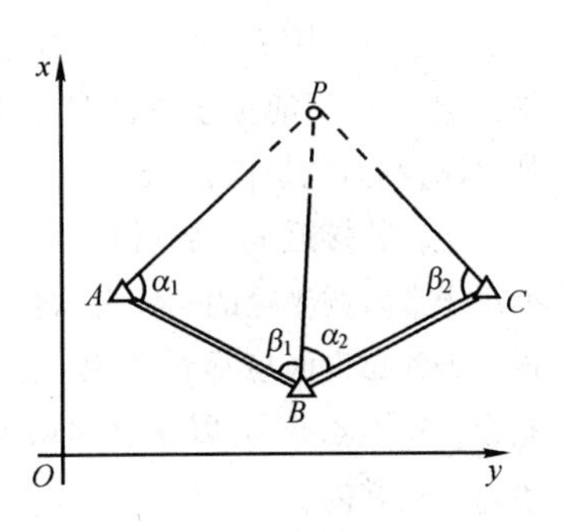

图 6-6　前方交会检核

一般测量中，通常将前方交会布设成三个已知点的情形，如图 6-6 所示。此时，可分两组利用余切公式计算交会点坐标。先按△ABP 由已知点 A、B 的坐标和观测角α_1、β_1 计算交会点 P 的坐标(x'_P、y'_P)，再按△BCP 由已知点 B、C 的坐标和观测角α_2、β_2 计算交会点 P 的坐标(x''_P、y''_P)，若两组坐标的较差 e 在允许限差之内，则取两组坐标的平均值为 P 点的最后坐标。对于图根控制测量，两组坐标较差的限差可按不大于两倍测图比例尺精度来规定，即：

$$e=\sqrt{(x'_P-x''_P)^2+(y'_P-y''_P)^2}\leqslant 2\times 0.1\times M(\text{mm})$$

式中　M——测图比例尺分母。

在前方交会测量中，交会点 P 的点位中误差计算公式(推证略)为：

$$M_P=\frac{m}{\rho}\cdot\frac{S_{AB}}{\sin^2\gamma}\cdot\sqrt{\sin^2\alpha+\sin^2\beta} \tag{6-27}$$

由式(6-27)可以看出：除了测角中误差 m 和已知边长 S_{AB} 对交会点精度产生影响外，交会点精度还受交会图形形状的影响。由未知点至两相邻已知点方向间的夹角称为交会角(γ)。前方交会测量中，要求交会角一般应大于30°并小于150°。前方交会算例见表6-5。

前方交会计算 　　　　　　**表6-5**

点名	观测角值(° ′ ″)		角之余切值		纵坐标(m)		横坐标(m)	
P					x'_P	52396.761	y'_P	86053.636
A	α_1	72 06 12	$\cot\alpha_1$	0.322927	x_A	52845.150	y_A	86244.670
B	β_1	69 01 00	$\cot\beta_1$	0.383530	x_B	52874.730	y_B	85918.350
			Σ	0.706457				
P					x''_P	52396.758	y''_P	86053.656
B	α_2	55 51 45	$\cot\alpha_2$	0.678006	x_B	52874.730	y_B	85918.350
C	β_2	72 36 57	$\cot\beta_2$	0.313078	x_C	52562.830	y_C	85656.110
			Σ	0.991083	x_P	52396.760	y_P	86053.646

$$e=\sqrt{(x'_P-x''_P)^2+(y'_P-y''_P)^2}=0.01\text{m}\leqslant 0.2\text{m}(M\text{ 取 }1000)$$

6.4.2　后方交会

仅在待定点设站，向三个已知控制点观测两个水平夹角 α、β，从而计算待定点的坐标，称为后方交会。

后方交会如图6-7所示，图中 A、B、C 为已知控制点，P 为待定点。如果观测了 PA 和 PC 之间的夹角α，以及 PB 和 PC 之间的夹角β，这样 P 点同时位于△PAC 和△PBC 的两个外接圆上，必定是两个外接圆的两个交点之一。由于 C 点也是两个交点之一，则 P 点便惟一确定。后方交会的前提是待定点 P 不能位于由已知点 A、B、C 所决定的外接圆(称为危险圆)的圆周上，否则 P 点将不能惟一确定，若接近危险圆(待定点 P 至危险圆圆周的距离小于危险圆半径的1/5)，确定 P 点的可靠性将很低，野外布设时应尽量避免上述情况。后方交会的布设，待定点 P 可以在已知点组成的△ABC 之外，也可以在其内。

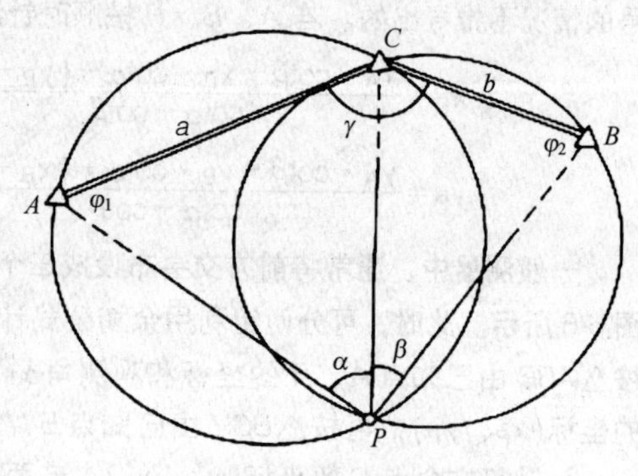

图6-7　后方交会

图6-7中，可由 A、B、C 三点的坐标，反算其

边长和坐标方位角，得到边长 a、b 以及角度γ，若能求出 φ_1 和 φ_2 角，则可按前方交会求得 P 点的坐标。由图 6-7 可知：

$$\varphi_1+\varphi_2=360^\circ-(\alpha+\beta+\gamma) \tag{6-28}$$

由正弦定理可知：

$$\frac{a\cdot\sin\varphi_1}{\sin\alpha}=\frac{b\cdot\sin\varphi_2}{\sin\beta}$$

则：

$$\frac{\sin\varphi_1}{\sin\varphi_2}=\frac{b\cdot\sin\alpha}{a\cdot\sin\beta}$$

令

$$\theta=\varphi_1+\varphi_2=360^\circ-(\alpha+\beta+\gamma)$$

$$\kappa=\frac{\sin\varphi_1}{\sin\varphi_2}=\frac{b\cdot\sin\alpha}{a\cdot\sin\beta}$$

即：

$$\kappa=\frac{\sin(\theta-\varphi_2)}{\sin\varphi_2}=\sin\theta\cdot\cot\varphi_2-\cos\theta$$

$$\tan\varphi_2=\frac{\sin\theta}{\kappa+\cos\theta} \tag{6-29}$$

由式(6-29)求得 φ_2 后，代入式(6-28)求得 φ_1，即可按前方交会计算 P 点坐标。

后方交会的计算方法很多，下面给出另一种计算公式(推证略)。这种计算公式的形式与广义算术平均值的计算式相同，故又被称之为仿权公式。

P 点的坐标按式(6-30)计算：

$$\left.\begin{aligned}x_P&=\frac{P_A\cdot x_A+P_B\cdot x_B+P_C\cdot x_C}{P_A+P_B+P_C}\\ y_P&=\frac{P_A\cdot y_A+P_B\cdot y_B+P_C\cdot y_C}{P_A+P_B+P_C}\end{aligned}\right\} \tag{6-30}$$

式中：

$$\left.\begin{aligned}P_A&=\frac{1}{\cot A-\cot\alpha}\\ P_B&=\frac{1}{\cot B-\cot\beta}\\ P_C&=\frac{1}{\cot C-\cot\gamma}\end{aligned}\right\} \tag{6-31}$$

为计算方便，采用以上仿权公式计算后方交会点坐标时规定：已知点 A、B、C 所构成的三角形内角相应命名为 A、B、C(如表 6-6 中的示意图所示)，在 P 点对 A、B、C 三点观测的水平方向值为 R_a、R_b、R_c，构成的三个水平角为 α、β、γ。三角形三内角 A、B、C 由已知点坐标反算的坐标方位角相减求得，P 点上的三个水平角 α、β、γ 由观测方向 R_a、R_b、R_c 相减求得，则：

$$\left.\begin{aligned}A&=\alpha_{AC}-\alpha_{AB}\\ B&=\alpha_{BA}-\alpha_{BC}\\ C&=\alpha_{CB}-\alpha_{CA}\end{aligned}\right\} \tag{6-32}$$

$$\left.\begin{aligned}\alpha&=R_c-R_b\\ \beta&=R_a-R_c\\ \gamma&=R_b-R_a\end{aligned}\right\}\tag{6-33}$$

在采用式(6-30)和式(6-31)计算后方交会的坐标时，A、B、C 和 P 的排列顺序可不作规定，但 α、β、γ 的编号必须与 A、B、C 的编号相对应。后方交会点坐标按仿权公式计算的算例见表 6-6。

后方交会计算 **表 6-6**

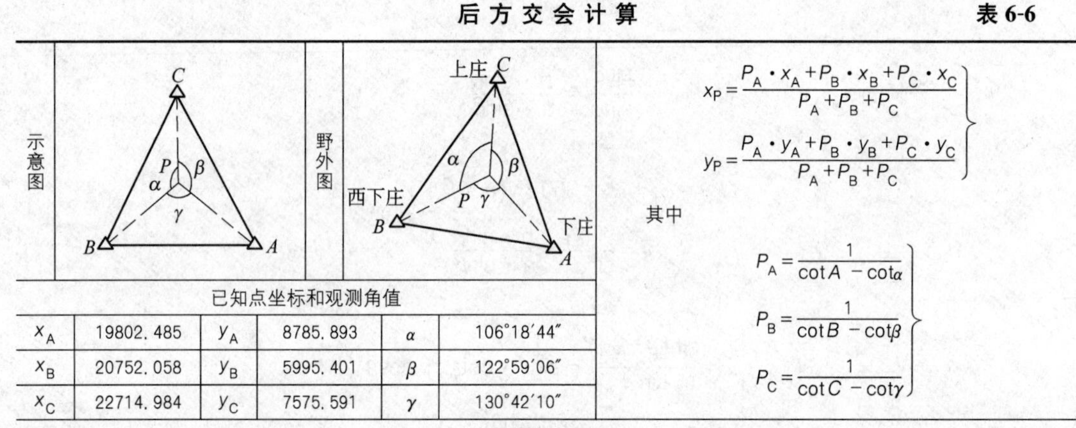

$$\left.\begin{aligned}x_P&=\frac{P_A\cdot x_A+P_B\cdot x_B+P_C\cdot x_C}{P_A+P_B+P_C}\\ y_P&=\frac{P_A\cdot y_A+P_B\cdot y_B+P_C\cdot y_C}{P_A+P_B+P_C}\end{aligned}\right\}$$

其中

$$\left.\begin{aligned}P_A&=\frac{1}{\cot A-\cot\alpha}\\ P_B&=\frac{1}{\cot B-\cot\beta}\\ P_C&=\frac{1}{\cot C-\cot\gamma}\end{aligned}\right\}$$

已知点坐标和观测角值

x_A	19802.485	y_A	8785.893	α	106°18′44″
x_B	20752.058	y_B	5995.401	β	122°59′06″
x_C	22714.984	y_C	7575.591	γ	130°42′10″

待定点坐标之计算

坐标方位角		固定角		仿权值		待定点坐标	
α_{AB}	288°47′34″	A	48°38′30″	P_A	0.8525302	x_P	20982.269
α_{BC}	38°50′05″	B	69°57′29″	P_B	0.9863538	y_P	7369.033
α_{CA}	157°26′04″	C	61°24′01″	P_C	0.7115253		

实际作业时，为避免错误发生，通常应从 A、B、C、D 四个已知点来观测三个交会角 α、β、γ，以进行检核，计算时将四个已知点和三个观测角分成两组，分别计算 P 点的两组坐标值，求其较差。若较差在限差之内，即可将两组坐标的均值作为其平差值。

6.4.3 测边交会

在交会测量中，除了观测水平角外，也可测量边长交会定点，通常采用三边交会法。如图 6-8 所示，A、B、C 为已知点，P 为待定点，A、B、C 按逆时针排列，a、b、c 为边长观测值。

图 6-8 测边交会

由已知点反算边的坐标方位角和边长为 α_{AB}、α_{CB} 和 S_{AB}、S_{CB}。在△ABP 中，由余弦定理得：

$$\cos A=\frac{S_{AB}^2+a^2-b^2}{2a\cdot S_{AB}}$$

顾及到 $\alpha_{AP}=\alpha_{AB}-A$，则：

$$\left.\begin{aligned}x'_P&=x_A+a\cdot\cos\alpha_{AP}\\ y'_P&=y_A+a\cdot\sin\alpha_{AP}\end{aligned}\right\}\tag{6-34}$$

同理，在△BCP 中，

$$\cos C=\frac{S_{CB}^{2}+c^{2}-b^{2}}{2c\cdot S_{CB}}$$

$$\alpha_{CP}=\alpha_{CB}+C$$

$$\left.\begin{aligned}x''_{P}&=x_{C}+c\cdot\cos\alpha_{CP}\\y''_{P}&=y_{C}+c\cdot\sin\alpha_{CP}\end{aligned}\right\}\tag{6-35}$$

按式(6-34)和式(6-35)计算的两组坐标，其较差在容许限差内，则取它们的平均值作为 P 点的最后坐标。

6.5　小区域高程控制测量

小区域高程控制测量，一般先布设三等或四等水准网，再用图根水准测量和三角高程测量进行加密。三、四等水准点的高程应从附近的高等级水准点引测。独立测区也可以采用闭合水准路线。

6.5.1　三、四等水准测量

三、四等水准路线应选在土质坚实、施测方便的道路附近，水准点应选在坚实稳固、能长期保存之处，点位应便于寻找和引测。三、四等水准点的间距可根据实际需要决定，应埋设普通水准标石或临时水准点标志，也可利用平面控制点作为水准点。

1）三、四等水准测量的技术要求

三、四等水准测量采用 DS3 级水准仪观测，每一测站的技术要求见表 6-7 所列。

三、四等水准测量测站技术要求　　　　**表 6-7**

等级	视线长度(m)	视线离地面最低高度(m)	前后视距离差(m)	前后视距离累积差(m)	红黑面读数差(mm)	红黑面所测高差之差(mm)
三等	≤65	≥0.3	≤3	≤6	≤2	≤3
四等	≤80	≥0.2	≤5	≤10	≤3	≤5

注：当成像清晰、稳定时，观测视线长度可以放长 20%。

2）三、四等水准测量的观测

三、四等水准测量使用的水准尺为双面水准尺。两根标尺黑面的尺底均为 0，红面的尺底一根为 4.687m，一根为 4.787m。

由于三、四等水准测量的精度要求较高，因而要求每站都要读后、前视距离，以检查仪器是否安置在接近两个水准尺的中间，为了提高效率，可先用步量。然后安置仪器于大致中间的位置。进行一个测站的观测工作。在观测过程中，一定要注意视差的消除。若是微倾式水准仪，在每次读取中丝读数前，都应做好精平工作，使符合气泡的两个半像严密重合。

在一个测站上，三、四等水准测量的观测顺序(表 6-8)为“后、前、前、后”。即：

照准后视尺黑面，读取下、上、中丝读数(1)、(2)、(3)；

照准前视尺黑面，读取下、上丝读数(4)、(5)及中丝读数(6)；

照准前视尺红面，读取中丝读数(7)；

照准后视尺红面，读取中丝读数(8)。

这种“后—前—前—后”的观测顺序，主要是为抵消水准仪与水准尺下沉产生的误差。四等水准测量每站的观测顺序也可以为“后—后—前—前”，即“黑—红—黑—红”。

3）三、四等水准测量的计算

每一测站观测完毕，应该及时计算，并进行检核，在各项限差符合要求后，方可进行下一测站的工作。

(1) 视距计算：

后视距离：(9) = (1) − (2)

前视距离：(10) = (4) − (5)

前、后视距差：(11) = (9) − (10)

前、后视距累积差：本站(12) = 前站(12) + 本站(11)

(2) 同一水准尺黑、红面读数差：

同一水准尺红黑面尺零点差 K 称为尺常数。两根水准尺的尺常数也不一样，一根为 4.687m，一根为 4.787m。其目的是为了避免观测者对读数产生印象差错。

前尺：(13) = (6) + K − (7)

后尺：(14) = (3) + K − (8)

(3) 高差计算：

黑面高差：(15) = (3) − (6)

红面高差：(16) = (8) − (7)

检核计算：(17) = (14) − (13) = (15) − (16) ± 0.100

高差中数：(18) = 1/2{(15) + [(16) ± 0.100]}

上述各项记录、计算见表 6-8 所列。

三(四)等水准测量观测手簿 **表 6-8**

测段：A～B　　日期：××年××月××日　　仪器：××××

开始：×时×分　　天气：××××　　观测者：××

结束：×时×分　　成像：××××　　记录者：××

测站编号	点号	后尺 下丝/上丝	前尺 下丝/上丝	方向及尺号	中丝水准尺读数		K+黑−红	平均高差	备注
					黑色面	红色面			
		(1)	(4)	后	(3)	(8)	(14)	(18)	
		(2)	(5)	前	(6)	(7)	(13)		
		(9)	(10)	后−前	(15)	(16)	(17)		
		(11)	(12)						
1	A～转1	1.587	0.755	后	1.400	6.187	0	+0.8325	
		1.213	0.379	前	0.567	5.255	−1		
		37.4	37.6	后−前	+0.833	+0.932	+1		
		−0.2	−0.2						

续表

测站编号	点号	后尺 下丝	前尺 下丝	方向及	中丝水准尺读数		K+黑-红	平均高差	备注
		后尺 上丝	前尺 上丝	尺号	黑色面	红色面			
2	转1～转2	2.111	2.186	后02	1.924	6.611	0	−0.0745	
		1.737	1.811	前02	1.998	6.786	−1		
		37.4	37.5	后−前	−0.074	−0.175	+1		
		−0.1	−0.3						
3	转2～转3	1.916	2.057	后01	1.728	6.515	0	−0.1405	
		1.541	1.680	前02	1.868	6.556	−1		
		37.5	37.7	后−前	−0.140	−0.041	+1		
		−0.2	−0.5						
4	转3～转4	1.945	2.121	后02	1.812	6.499	0	−0.1745	
		1.680	1.854	前01	1.987	6.773	+1		
		26.5	26.7	后−前	−0.175	−0.274	−1		
		−0.2	−0.7						
5	转4～B	0.675	2.902	后01	0.466	5.254	−1	−2.2175	
		0.237	2.466	前02	2.684	7.371	0		
		43.8	43.6	后−前	−2.218	−2.117	−1		
		+0.2	−0.5						

4）三、四等水准测量的成果整理

三、四等附合或闭合水准路线高差闭合差的计算、调整方法与普通水准测量相同(见第2章)。

6.5.2　三角高程测量

在地形起伏较大的地区，或高差较大不便于进行水准测量时，可应用三角高程测量的方法测定两点间的高差，继而推算各点的高程。

1）三角高程测量原理

三角高程测量是根据竖直角和水平距离或倾斜距离，计算两点间的高差。如图6-9所示，已知A点的高程H_A，欲求B点的高程H_B，可在A点安置经纬仪，量取仪器高i；在B点竖立标杆，量取其高度V；用中丝照准M，测定竖直角τ。若已知A、B两点间的水平距离D，则B点对A点的高差：

$$h_{AB}=D\tan\tau+i-v \tag{6-36}$$

若由测距仪测定两点间的倾斜距离D'，则：

$$h_{AB}=D'\sin\tau+i-v \tag{6-37}$$

使用上述公式时，须注意竖直角的正、负号。B点的高程：

$$H_B=H_A+h_{AB}$$

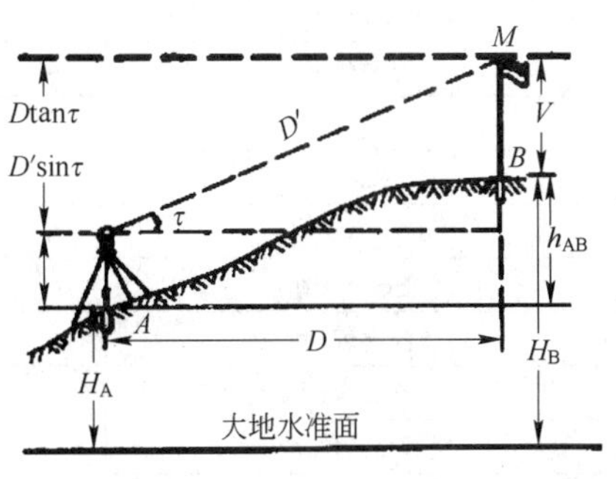

图6-9　三角高程测量

2）地球曲率和大气折光对高差的影响

由式 (6-36)、式(6-37)计算的高差还需考虑地球曲率和大气折光影响的改正，两者的综合影响称为两差改正。若取 $R=6371$km，则得两差改正

$$f=67D^2 \tag{6-38}$$

式中　D 以千米为单位，f 的单位为毫米。

当 $D=300$m 时，$f=6$mm，实际上可不予考虑。只有当 $D>300$m 时，才须施加两差改正。如果在两点间进行对向观测，即由 A 点向 B 点观测，测定 h_{AB}；又由 B 点向 A 点观测，测定 h_{BA}；取两者的平均值可抵消两差影响，因为应以 h_{BA}的相反数与 h_{AB}取平均，并且在短时间内大气条件变化不大。因此，当采用三角高程测量方法来建立高程控制点时，必须进行对向观测。

3）三角高程测量的观测和计算

(1) 在测站安置经纬仪，在目标点安置标杆和觇标。

(2) 量取仪器 i 与现标高 v，均应用钢尺丈量两次，读至 5mm，当其较差不大于 10mm 时取平均值。注意，量取觇标高的位置，必须与竖直角观测时中丝照准的位置一致。

(3) 测定竖直角 τ，测回数与限差应符合表 6-9 的规定。

竖直角观测测回数与限量　　**表 6-9**

项　目		等　级				
		四等和一、二级小三角		一、二、三级导线		图根控制
		DJ2	DJ6	DJ2	DJ6	DJ6
测回数		2	4	1	2	1
各测回	竖直角较差 指标差较差	15″	25″	15″	25″	25″

(4) 若用电磁波测距仪测定两点间的倾斜距离 D'，则应遵循相应平面控制网等级的测距规定；或者以导线测量、交会定点测量的成果确定两点间的水平距离 D。

(5) 高程计算，见表 6-10 所列。

三角高程测量记录与成果计算表　　**表 6-10**

起算点	A	
待定点	B	
往返测	往	返
平距 D (m)	503.25	503.25
竖直角 τ	+2°47′50″	−2°45′23″
$D\tan\tau$ (m)	+24.59	−24.23
仪器高 i (m)	1.41	1.43
觇标高 v (m)	1.60	1.66
两差改正 f (m)	+0.02	
单向高差(m)	+24.42	−24.44
平均高差(m)	+24.43	
起算点高程(m)	417.58	
待定点高程(m)	442.01	

经两差改正后的高差应满足下列要求：由两个单方向所算得的高程不符值的容许值为 $\pm 7\sqrt{D_1^2+D_2^2}$cm，式中 D_1、D_2为两个单方向的边长；由对向观测所算得高差之较差的容许值为 $\pm 10D$cm，式中 D 为边长；由对向观测所算得的高差平均值，计算闭合或附合路线的高程闭合差的容许值 $\pm 5\sqrt{\sum D^2}$ cm；以上各式中的边长均以千米为单位。

当路线闭合差符合要求时，将高差闭合差的相反数按边长成正比例的原则进行调整。

6.6　GPS 控制测量简介

全球定位系统(Global Positioning System，简称 GPS)是美国自 20 世纪 70 年代开始研制的新一代卫星导航与定位系统，于 1994 年建成投入使用。GPS 是以卫星为基础的无线电卫星导航定位系统，具有全能性、全球性、全天候、连续性和实时性的精密三维导航与定位功能，而且具有良好的抗干扰能力和保密性。自 GPS 投入使用开始，就在大地测量、工程测量、航空摄影测量、海洋测量、城市测量等测绘领域得到了广泛的应用。测量工程中所用的 GPS 接收机为高精度的大地型 GPS 接收机。

6.6.1　GPS 系统的组成

GPS 系统主要由空间卫星星座、地面监控站及用户设备三部分构成。

(1) GPS 空间卫星星座由 24 颗工作卫星组成。24 颗卫星均匀分布在 6 个轨道平面内，轨道平面的倾角为 55°，卫星的平均高度为 20200km，运行周期为 11h58min。卫星用 L 波段的两个无线电载波向广大用户连续地发送导航定位信号，导航定位信号中含有卫星的位置信息，使卫星成为一个动态的已知点。在地球的任何地点、任何时刻，在高度角 15°以上，平均可同时观测到 6 颗卫星，最多时可同时观测 9 颗以上卫星。

(2) GPS 地面监控站主要由一个主控站、分布在全球的三个注入站和五个监测站组成。主控站根据各监测站对 GPS 卫星的观测数据，计算各卫星的轨道参数、钟差参数等，并将这些数据编制成导航电文，传送到注入站，再由注入站将主控站发来的导航电文注入到相应卫星。地面监控站是保证和维持 GPS 系统正常运行的主要机构。

(3) GPS 用户设备由 GPS 接收机、数据处理软件及其终端设备(如计算机)等组成。GPS 接收机可接收到按一定卫星高度截止角所选定的卫星信号，跟踪卫星的运行，并对信号进行交换、放大和记录，再通过计算机和相应软件，经基线解算、网平差，求出 GPS 接收机中心(测站点)的三维坐标。

6.6.2　GPS 定位基本原理

GPS 定位是根据测量中距离空间后方交会定点的原理实现的。如图 6-10 所示，在待测点设置 GPS 接收机，在某一时刻 t_k 同时接收到 3 颗(或 3 颗以上)卫星 S_1、S_2、S_3 所发出的信号。通过数据处理和计算，可求得该时刻接收机天线中心(测站点)至卫星的距离 ρ_1、ρ_2、ρ_3。根据卫星星历可计算该时刻 3 颗卫星的三维坐标(X_j，Y_j，Z_j)，$j=1$，2，3，从而由式(6-39)解算出待测点的三维坐标(X，Y，Z)：

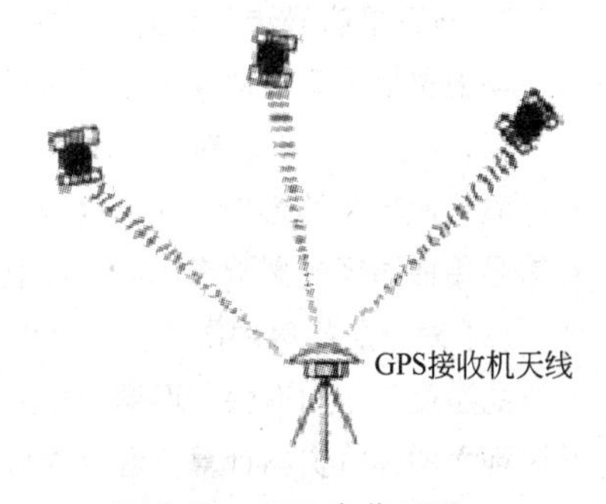

图 6-10　GPS 定位原理

$$
\begin{aligned}
\rho_1 &= \sqrt{(X-X_1)^2+(Y-Y_1)^2+(Z-Z_1)^2} \\
\rho_2 &= \sqrt{(X-X_2)^2+(Y-Y_2)^2+(Z-Z_2)^2} \\
\rho_3 &= \sqrt{(X-X_3)^2+(Y-Y_3)^2+(Z-Z_3)^2}
\end{aligned} \tag{6-39}
$$

GPS 测量主要有以下特点：

(1) 测量精度高。GPS 观测的精度明显高于常规测量，GPS 基线测量的相对定位精度可达 $1\times10^{-6}\sim1\times10^{-8}$，随着 GPS 技术的不断发展，其高程精度已经可以满足四等水准测量的要求。

(2) 测站之间无需通视。只要接收机具有良好的对空观测条件，GPS 测量不需要考虑测站之间的相互通视，所以可根据实际需要确定点位，使得选点工作更加灵活方便。

(3) 观测时间短。随着 GPS 测量技术的不断进步，在进行 GPS 测量时，静态相对定位每站仅需 20min 左右，动态相对定位仅需几秒钟。

(4) 操作简便、自动化程度高。目前 GPS 接收机自动化程度越来越高，操作智能化，观测人员只需对中、整平、量取天线高及开机后设定参数，接收机即可进行自动、连续观测和记录。

(5) 全天候作业。GPS 卫星数目多，且分布均匀，可保证在任何时间、任何地点连续进行观测，一般不受天气状况的影响。

(6) 提供空间三维坐标。GPS 测量可同时精确测定测站点的三维坐标。

6.6.3 GPS 测量误差

GPS 测量的误差主要来源于卫星相关误差、信号传播误差和接收机误差三个方面。

1) 与 GPS 卫星有关的误差

与 GPS 卫星有关的误差主要包括卫星的轨道误差和卫星钟的误差。

(1) 卫星钟差。在 GPS 定位中，均要求卫星钟与接收机时钟保持严格的同步。实际上，尽管 GPS 卫星均设有高精度的原子钟(铷钟和铯钟)，但是它们与理想的 GPS 时间之间，仍存在着难以避免的偏差和漂移。这种偏差的总量约在 1ms 以内。

对于卫星钟的这种偏差，一般可由卫星的主控站，通过对卫星钟运行状态的连续监测确定，并通过卫星的导航电文提供给接收机。经钟差改正后，各卫星之间的同步差，即可保持在 20ns 以内。在相对定位中，卫星钟差可通过差分法得以消除。

(2) 卫星轨道误差。卫星的轨道误差指卫星轨道模型由于各种因素影响所造成的误差。应该说，卫星轨道误差是当前 GPS 测量的主要误差来源之一。测量的基线长度越长，此项误差的影响就越大。

2) 与卫星信号传播有关的误差

与卫星信号有关的误差主要包括大气折射误差和多路径效应。

(1) 电离层折射的影响。GPS 卫星信号和其他电磁波信号一样，当其通过电离层时，将受到这一介质弥散特性的影响，使其信号的传播路径发生变化。当 GPS 卫星处于天顶方向时，电离层折射对信号传播路径的影响最小，而当卫星接近地平线时，则影响最大。

(2) 对流层折射的影响。对流层折射对观测值的影响，可分为干分量与湿分量。干分量主要与大气的湿度与压力有关，而湿分量主要与信号传播路径上的大气湿度有关。对于干分量的影响，可通过地面的大气资料计算；湿分量目前尚无法准确测定。对于较短的基线，湿分量的影响较小。

(3) 多路径效应影响。多路径效应亦称多路径误差，是指接收机天线除直接收到卫星发射的信号外，还可能收到经天线周围地物一次或多次反射的卫星信号，信号叠加将会引起测量参考点(相位中心点)位置的变化，从而使观测值产生误差，而且这种误差随天线周围反射面的性质而异，难以控制。因此，在精密 GPS 导航和测量中，多路径效应的影响是不可忽视的。

3) 与接收设备有关的误差

与 GPS 接收机设备有关的误差主要包括观测误差，接收机钟差，天线相位中心误差和载波相位观测的整周不定性影响。

(1) 观测误差。包括观测的分辨误差及接收机天线相对于测站点的安置误差等。

根据经验，一般认为观测的分辨误差约为信号波长的 1%。故知道载波相位的分辨误差比码相位小，由于此项误差属于偶然误差，可适当地增加观测量，将会明显地减弱其影响。接收机天线相对于观测站中心的安置误差，主要是天线的置平与对中误差以及量取天线高的误差，在精密定位工作中，必须认真，仔细操作，以尽量减小这种误差的影响。

(2) 接收机的钟差。尽管 GPS 接收机设有高精度的石英钟，其日频率稳定度极高，但对载波相位观测的影响仍是不可忽视的。

处理接收机钟差较为有效的方法是将各观测时刻的接收机钟差间看成是相关的，由此建立一个钟差模型，并表示为一个时间多项式的形式，然后在观测量的平差计算中统一求解，得到多项式的系数，因而也得到接收机的钟差改正。

(3) 天线的相位中心位置偏差。在 GPS 定位中，观测值是以接收机天线相位中心位置为准的，因而天线的相位中心与其几何中心理论上保持一致。可是，实际上天线的相位中心位置随着信号输入的强度和方向不同而有所变化，即观测时相位中心的瞬时位置(称为视相位中心)与理论上的本单位中心位置将有所不同，天线相位中心的偏差对相对定位结果的影响，根据天线性能的优劣，可达数毫米至数厘米。所以对于精密相对定位，这种影响是不容忽视的。

6.6.4　GPS 控制网的布设形式

为保证控制网的精度，GPS 控制测量通常采用多台 GPS 同步作业的方式进行，同步测量的图形称为 GPS 同步环。GPS 同步环间采用边连接方式测量。如图 6-11 所示，测区有 *A*、*B*、*C*、*D*、*E* 和 *F* 六个控制点，若采用四台 GPS 接收机进行测量，则可以布设成两个大地四边形同步环测量两个时段。两个同步环分别为 *ABCD* 和 *CDEF*，其中每个同步环分别测量一次。两次测量都测量 *CD* 基线，以保证控制网方位与长度基准的统一，CD 边为两个同步环的连接边。

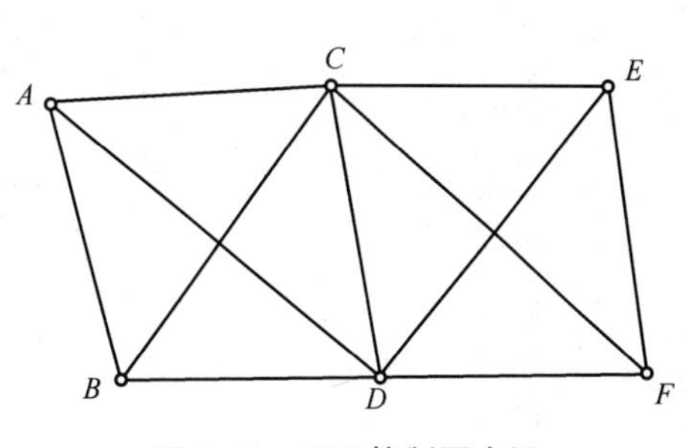

图 6-11　GPS 控制网布设

对于不同精度控制网的要求，可以选择不同精度等级 GPS 接收机、不同观测时间长度进行作业，相关内容见 GPS 控制测量国家规范要求。

6.6.5　GPS 控制网的外业观测

GPS 控制网的外业观测包括 GPS 接收机天线安置和接收机参数设置等内容。观测时，GPS 天线安置在待测点位上，操作过程主要包括对中、整平、天线定向和量测天线高等内容。由于GPS接收机自动化程度很高，所以接收机的操作通常比较简单，主要操作包括开机，测站点信息(点名、天线高等)输入，接收机自动记录相关观测值，在测量完成后，关闭接收机就可以完成一个测站的GPS测量工作。

应当注意的是，GPS控制测量通常采用同步测量的方式进行，所以要求几个测站同时开始和结束测量工作。

6.6.6 GPS控制网的数据处理

GPS控制网的数据处理工作包括GPS基线解算和网平差两个方面的内容。由于GPS测量数据量很大，所以GPS控制网的数据处理工作一般采用计算机软件进行解算。

根据《全球定位系统(GPS)测量规范》(GB/T 18341—2001)要求，在计算前，应该对各项检查内容进行严格检查，确保数据的正确性与可靠性，然后才可以开始数据处理工作。

需要注意的是，GPS直接测量的坐标为WGS84坐标系坐标，我们国家通常采用北京54或西安80坐标系(工程控制网通常采用独立坐标系)，所以还需要进行相关的坐标转换。对于高程控制测量工作，由于GPS测量的直接结果为大地高，其基准面为椭球面，而实际应用中通常采用基于大地水准面的海拔高度，所以，也应当进行相应的数据转换工作。需要说明的是，目前，各种计算工作都有成熟的计算机软件可供选择和应用。

由于GPS测量的高精度、自动化、全天候等优点，目前，已经成为控制测量与工程测量等工作中的主要测量方法。

第 7 章　地形图及其应用

7.1　地理空间信息与地形图

7.1.1　地理空间信息

地理空间信息是关于地理实体的性质、特征和运动状态的表征和一切有用的知识，是对表达地理特征与地理现象之间关系的地理数据的解释。

地理数据是各种地理特征和现象间关系的符号化表示，包括空间位置、属性特征及时域特征三部分。空间位置数据表示地物所在的位置。这种位置可以根据大地坐标系定义，如大地经纬度坐标，也可以定义为物体的相对位置关系，如空间上的相邻、包含等；属性数据又称为非空间数据，是对特定的地物、地貌特征的定性或定量指标；时域数据描述地理数据采集的时刻。

地理空间信息除具有共享性、客观性外，还有以下重要特征：

(1) 区域分布性。地理空间信息具有空间定位的特点。先定位后定性，并在区域上表现出分布式特点，不可重叠，其属性表现为多层次特征。

(2) 数据量巨大。地理空间数据既表示物体的位置、状态，又有属性数据，并且包含时间变化导致的相关更新，所以地理空间信息具有巨大的数据量。这对于信息的管理与分析工作带来巨大的压力。

(3) 信息载体的多样性。地理信息的直接载体是地理实体本身，另外所有描述地理实体的文件、数据、影像图片等符号信息载体以及纸制、磁带、光盘等介质载体。这些载体表示地理实体的相关信息及其关系。

7.1.2　地理信息系统

地理信息系统是一种地理空间信息的采集、存储、管理、分析、显示与应用的计算机系统，是分析和处理海量地理空间信息的通用技术。

依据应用领域不同，地理信息系统可分为土地信息系统、资源管理信息系统、地学信息系统等；根据使用的数据模型不同，可分为矢量、栅格与混合型信息系统；根据其服务对象，可分为专题信息系统和区域信息系统。

典型的地理信息系统包括三个基本部分：计算机系统(软、硬件)、地理数据库系统、应用人员与组织机构。这几个系统的有机结合形成了地理空间信息采集、分析、管理、存储与应用的主要模块，是实现系统的物质与结构基础。

7.1.3　地理信息系统与地形图

地图是表达、描述地理信息的一种图形语言形式；地形图不仅表示测区内地物的平面位置，而且还用等高线等方式表示地势的起伏状态(地貌)与最直接的相关属性。从这一方面看，地图和地形图是地理信息系统的鼻祖，或者说地理信息系统是在地图学的概念上发展而来的。目前，地形图仍然是地理信息系统的重要信息、数据来源之一。严格讲，这两者是有很大差别的：地图强调的是数据载体、符号化表示，地理信息系统更强调信息的管理、分析与显示。

随着计算机技术的不断发展，出现了电子制图系统和电子地图集。这样的电子地图集具有很多新的特征：声音、图文和数据的多媒体集成；查询检索和分析决策功能；图形的全方位、多模式、动态显示；友好、人性化的用户界面；多级比例尺间的相互转换等。这种技术革命性地改变了地图的原始概念，同时使得地形图的很多性质随之发生了改变。

地形图主要描述地球面上地物、地貌位置、形状、大小以及基本属性信息，表示了一定区域的自然、社会、经济与文化等重要信息，是国家政治、军事、经济建设的重要信息资源文件。

地形图属于国家机密，应当注意相关地形图资料、数据的保存与保密工作。

7.1.4　地形图

反映地球表面形状与大小的图，有平面图、地形图、地图和断面图四种。当测区面积较小时，将地物轮廓沿铅垂线方向投影到平面，按一定的比例缩绘成与实地相似的图称为平面图(也称地物图)。

若图上不仅表示出测区内地物的平面位置，而且还用等高线等方式表示地势的起伏状态(地貌)，这种图称为地形图。

当需要将大面积地区或整个地球表面绘制成图时，必须考虑地球曲率的影响，采用特殊的投影方法，这种利用地图投影的方法获得的描绘大面积地区形状和大小的图称为地图，例如全国地图、世界地图等。

在进行渠道、道路等带状工程建设时，需要了解工程沿线的地面起伏状况，为此目的而测绘的表示地面上某一方向起伏的图，称为断面图。

7.1.5　地形图的比例尺

无论是平面图、地形图、地图或断面图都不能按照实地真实的大小进行绘制，必须依一定的比例加以缩小，经缩小后图上的直线长度 d 与地面上相应的直线水平距离 D 之比，称为图的比例尺。通常以 $1/M$ 形式表示，则可得下列关系：

$$1/M = d/D = 1/(D/d) = 1:M \tag{7-1}$$

式中　M——比例尺分母，即图的缩小倍数。地形图的比例尺通常用数字比例尺和直线比例尺来表示。

1) 数字比例尺

以分子为1的分数形式表示，其分母表示地面直线在平面图上缩小的倍数，比例尺的大小取决于数字比例尺分数值的大小，分母愈小，分数值愈大，比例尺也愈大。即在同一块地面测绘到纸上的图形就愈大。显示的地物、地貌亦愈详细，地形图的精度就愈高。反之，分母愈大，分数值愈小，比例尺也愈小。采用哪一种比例尺要根据测图的目的和要求来决定，比例尺越大，测图所需的人力、物力和时间就越多。

测量上将比例尺为1∶5000和1∶5000以上的图称为大比例尺图，比例尺为1∶10000～1∶100000的图称为中比例尺图，比例尺为1∶100000以下的图称为小比例尺图。

2) 直线比例尺

为了使用上的方便，并且避免由于图纸伸缩而引起的误差。往往在地形图图廓的下方画上直线比例尺。图7-1是1/1000的直线比例尺。把全长分成2cm的基本单位，再把左端的一个基本单位又分成十等份。直线比例尺上所注的数字代表以米为单位的实际水平距离。

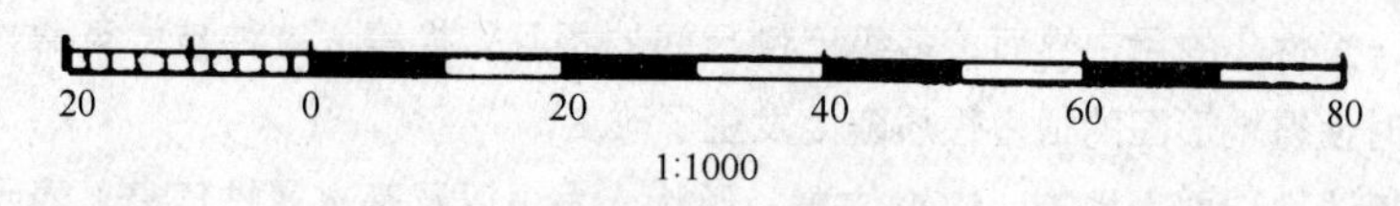

图 7-1　直线比例尺

3）比例尺的精度

因为人用肉眼在图上分辨能力为 0.1mm，因此图上 0.1mm 所表示的地面直线长度称为比例尺精度，即：

$$1/M\ 比例尺的精度 = 0.1M(\text{mm}) \tag{7-2}$$

例如：对于比例尺为 1/500 时，比例尺精度为 0.05m，对于比例尺为 1/2000 时，比例尺的精度为 0.2m。

根据比例尺精度，就可了解图上所显示的最小尺寸。如地物尺寸小于比例尺的精度，就不能在图上表示出来。反之，如果规定了图上必须显示的尺寸就可以确定测绘地形图所需要的比例尺。

7.2　地物与地貌的表示方法

7.2.1　地形图图式

地物与地貌通常用惯用符号表示在地形图上，惯用符号分地物符号、地貌符号和注记三大类。其大小和形状根据不同的测图比例尺有不同规格，总称为地形图图式，图式一般应采用国家测绘机关制定的标准，作为地形测图的依据。表 7-1 为图式中的部分示例。

地 形 图 图 式　　**表 7-1**

编号	符号名称	1∶500　1∶1000　1∶2000	编号	符号名称	1∶500　1∶1000　1∶2000
1	导线点 Ⅰ16—等级、点号 84.46—高程	Ⅰ16 / 84.46	9	消火栓	
2	水准点 Ⅱ京石 5—等级、点号 32.804—高程	Ⅱ京石5 / 32.804	10	公路	沥　砾
3	一般房屋 砖—建筑材料 3—房屋层数	砖3	11	铁路	
4	简单房屋		12	高压电力线	
5	特种房屋		13	低压电力线	
6	建筑中房屋	建	14	等高线 *a* 首曲线 *b* 计曲线　*c* 间曲线	a b c
7	破坏房屋	破	15	高程点	
8	水塔		16	土堆 3.5—比高	35

7.2.2 地物符号

表示地物的符号有依比例符号、非依比例符号、半依比例符号、地类符号和注记等。现以大比例尺图式为例作一简要说明。

1）依比例符号

如果地物的轮廓尺寸按测图的比例尺绘在图上后，既表示出地物的位置，也表明了地物的形状和大小，就是依比例符号。如图式中的房屋、湖泊、池塘、宽阔的河流等。它在图上不仅表示了形状、大小、位置等而且还能用特定的符号表示其性质。

2）非依比例符号

有些地面物体，按比例尺缩小后已不能在图上表示出来，如小路、纪念碑、独立的树木、电线杆等地物，以及测量控制点，如三角点、导线点、水准点等，可用一种规定的象形符号以其中心位置为准进行表示。这种只表示位置而不表示形状大小的符号称为非依比例符号。

3）半依比例符号

依比例符号和非依比例符号的使用界限不是固定不变的，如道路、河流等地物，其宽度在小比例尺图上往往不能按比例绘出，但其长度却能依比例绘出。故此类符号一般称为半依比例符号。

4）地类符号

主要是用来反映地面的植被情况，如水田、旱地、菜园、果园、圃地等，除测出它们的边界(地类界)外，尚需用相应的符号来表示其地类性质。

5）注记

地形图上除了应用图式表示地物外，尚需用必要的文字、数字等加以注记，例如地名、河名、道路走向、高程等，以对图中内容进行说明。

各种符号与注记的大小、间距、绘制方法等在各种比例尺的图式中，均有详细的说明。

7.2.3 地貌符号

这部分主要叙述地貌及其表示法。

1）地貌概念

地貌是指地面上高低起伏变化的形态，一般可分为下列几类。

(1) 平原。大多数地面坡度在2°以下的地区，如华北平原等。

(2) 高地。高地的起伏较大，可分成丘陵(坡度在2°～6°)，山地(坡度在6°～25°)和高山地。山的最高部分称为山顶，山的侧面部分称为山坡，山坡与平地连接部分称为山脚或山麓，连绵伸展的高地称为山脊，山脊最高点的连线称为山脊线或分水线。

(3) 盆地(洼地)。凡周围高起、中部凹下的为盆地。沿一方向延伸的洼地称为山谷。山谷最低点的连线称为山谷线或集水线。

山脊线、山谷线及山脚线统称为地性线，根据地性线的延伸走向，可看出地貌总的趋势。

(4) 鞍部和阶地。凡介于两个山头之间的马鞍状地区，称为鞍部(垭口)。山坡上近于水平的场地称为阶地或台地；近于竖直的山坡称为峭壁；峭壁上部向一侧突出的地方称为悬崖。

2）地貌表示法——等高线

等高线是由高程相同的相邻各点所连成的闭合曲线。因此，等高线就是水平面与地表面的交线。

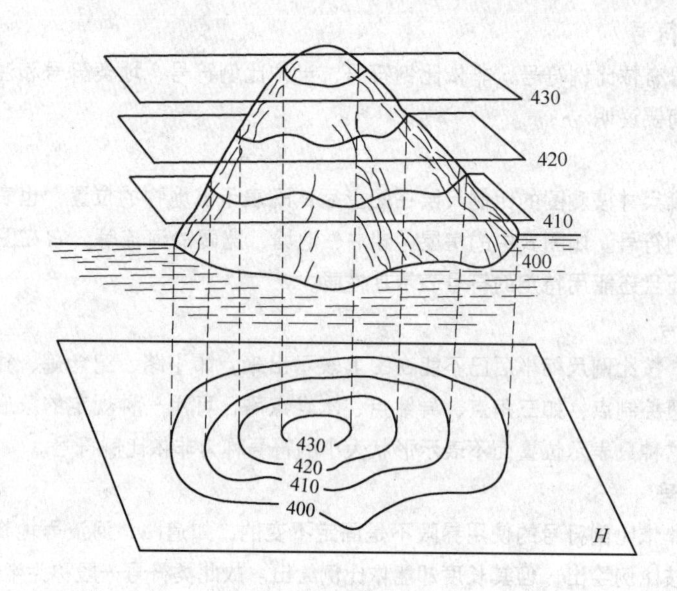

图 7-2 等高线

用等高线表示地面高低和坡度陡缓比较精确，又便于解决工程问题，因而被广泛采用。

如图 7-2 所示，一山丘被高程为 430m 的水面所围，水面与土丘的交线高程为 430m；若水面下降 10m，则水面与土丘的交线为 420m 等高线；如水面继续下降，便可获得一系列的等高线。这些等高线应该是闭合的曲线，曲线形状根据土丘的形状而定。把这些曲线的水平投影按一定比例尺缩绘在图上，就是相应的等高线图。

地形图上相邻等高线间的高差称为等高距，以 h 表示。在一个测区或一幅地形图上，根据地形图的比例尺，地面坡度情况及用图的目的，通常选用统一的等高距。相邻等高线在平面上的距离称为等高线平距，以 d 表示。等高线平距是随地势起伏而变化的。

图 7-3 是用等高线表示的各种基本地貌。

(1) 等高线的分类。首曲线(基本等高线)是按规定的基本等高距绘制的(0. 15mm 粗的细实线)；计曲线(加粗等高线)是从高程基准面起算每隔 4 根基本等高线作加粗的等高线(0. 3mm 的粗实线)；间曲线(半距等高线)是按 1/2 基本等高距加绘的虚线，用来显示首曲线不能显示的地貌特征。只在特殊地貌上用之。为了在地形图上区别山丘和洼地，除应用高程注记外，还可在等高线上倾下坡方向加绘短线，称为示坡线。

(2) 等高线的特性：

① 同一等高线上各点高程必相等。

② 等高线是闭合的曲线，不在图内闭合，就在图外闭合，不能在图中间断，而应断于图廓。

③ 等高线不能相交或分支。但遇特殊地貌如峭壁、陡坎处，等高线交集于峭壁或陡坎符号的两端。在悬崖处等高线可以相交，其交点必成偶数，且将被覆盖部分以虚线表示。

④ 地面坡度 i 是等高距 h 及平距 d 之比，(即地面点间高差与水平距离之比)其公式为：

$$i = h/d \tag{7-3}$$

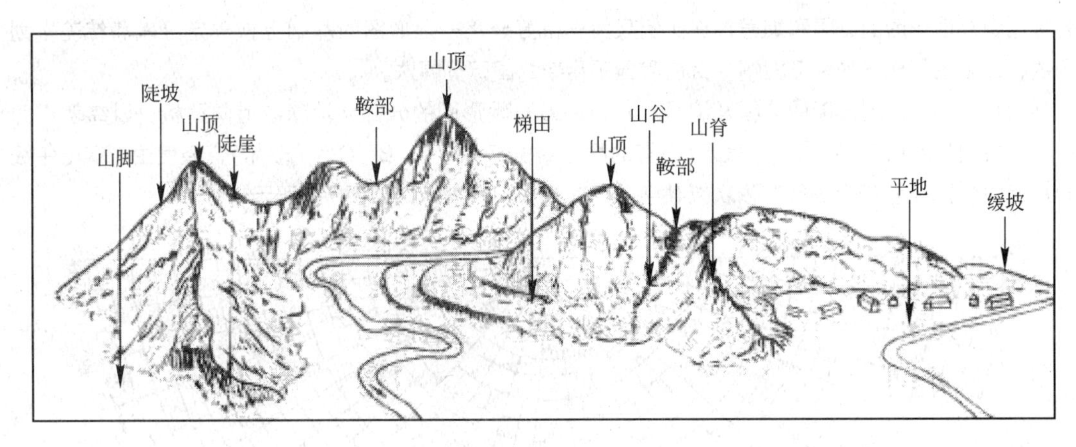

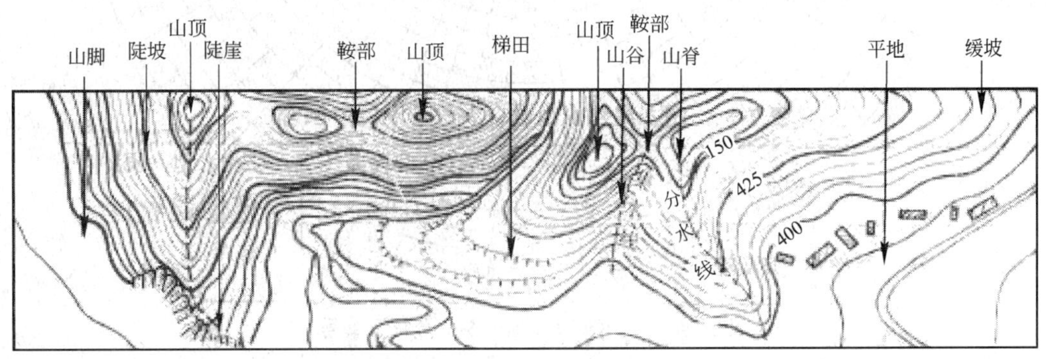

图 7-3　基本地貌等高线表示

在等高距 h 不变的情况下，平距 d 愈小，即等高线愈密，则坡度 i 愈陡。反之，如果平距 d 愈大，即等高线愈疏，坡度 i 愈缓。当相邻几条等高线的平距相等时，则表示该处坡度均匀。

⑤ 等高线与山脊线、山谷线成正交。山脊处等高线应凸向低处，山谷处等高线应凸向高处。

7.3　地形图的分幅与编号

在园林绿化的规划与设计中，尽可能利用已有控制点的坐标、高程以及各种比例尺的地形图等测绘资料，这些资料需向测绘部门查询购买。为了掌握地形图的工程应用，必须了解各种比例尺图的分幅与编号方法。在我们国家，有过两种地形图分幅方法，1993 年以前的国家基本地图采用旧分幅方法；1992 年 12 月，我国颁布了《国家基本比例尺地形图分幅和编号 GB/T 13989—92》新标准，1993 年 3 月开始实施。为了解新旧地图分幅、编号的标准，本节简要介绍这两种分幅、编号方法。

7.3.1　1993 年以前的地形图分幅与编号方法

1）国际分幅法

地形图的分幅与编号有两种方法：一种是国际分幅法，一种是正方形分幅法。国际分幅法是把各种比例尺地形图的分幅和编号，在比例尺为一百万分之一地形图的基础上按一定经差和纬差来划分的，每幅图构成一张梯形图幅。目前我国采用新的国际分幅法。

(1) 1∶100万地形图的分幅及编号。1∶1000000地形图的分幅从地球赤道向两极，以纬差4°为一列，每列依次以1、2、3……表示(旧有的图曾用拉丁字母A、B、C……表示)，经度由180°子午线起从西向东以经差6°为一行，依次以数字1、2、3……60表示，如图7-4所示。

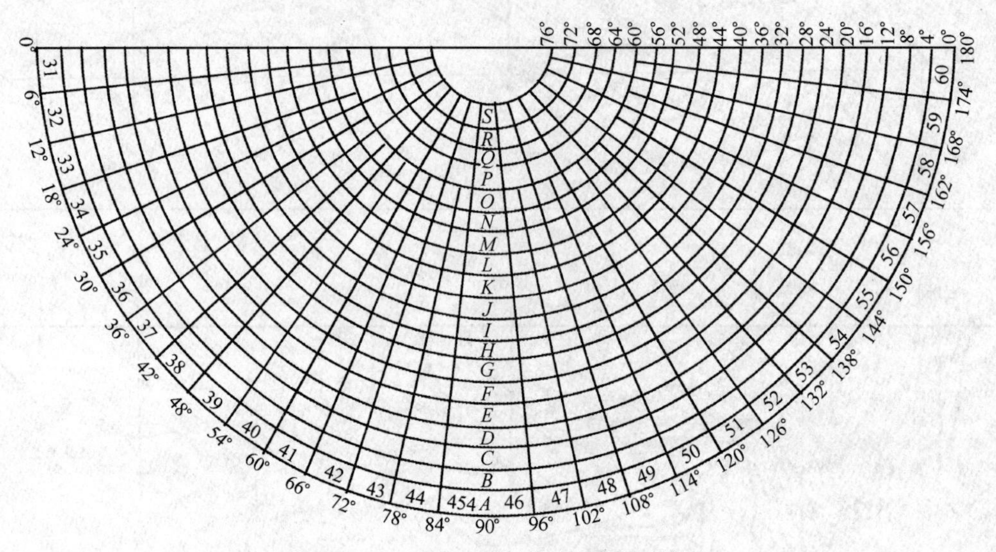

图7-4　1∶1000000地形图的分幅及编号

每幅1∶1000000的地形图图号，由该图的列数与行数组成，如北京所在的1∶1000000地形图的编号为J-50。

(2) 1∶100000地形图的分幅与编号。将一幅1∶1000000图分成144幅，分别以1、2、3……144表示，其纬差为20′，经差为30′，即为1∶100000的图幅，如图7-5所示。

表7-2中列出各种比例尺图幅的分幅和新、旧编号的方法。

新旧图幅编号对照表　　**表7-2**

比例尺	图幅大小		分幅方法		新编号方法		旧编号方法	
	经差	纬差	分幅基础	分幅数	代字	举例(北京)	代字	举例(北京)
1∶1000000	6°	4°			纬列1-22 经列1-60	10-50	纬列A-V 经列1-60	J-50
1∶500000	3°	2°	1∶1000000	4	甲、乙、丙、丁	10-50-甲	А、Б、В、Г	J-50-А
1∶200000	1°	40′	1∶1000000	36	(1)-(36)	100-50-(3)	Ⅰ……ⅩⅩⅩⅥ	J-50-Ⅱ
1∶100000	30′	20′	1∶1000000	144	1-144	10-50-5	1-144	J-50-5
1∶50000	15′	10′	1∶100000	4	甲、乙、丙、丁	10-50-5-乙	А、Б、В、Г	J+50-5-Б
1∶25000	7′30″	5′	1∶50000	4	1、2、3、4	10-50-5-乙-4	а、σ、В、ζ	J-50-5-Б-ζ
1∶10000	3′45″	2′30″	1∶25000	4	(1)、(2)、 (3)、(4)	10-50-5-乙-4-(2)	1234	J-50-5-Б-ζ-2
1∶5000	1′52″.5	1′15″	1∶100000	256	(1)-(256)	10-50-5-(80)	(1)-(256)	J-50-5-(80)
1∶2000	37″.5	25″	1∶5000	9	12345 6789	10-50-5-(80)-4	а、σ、В、ζ、э	J-50-5-(80)-ζ

(3) 1∶50000、1∶25000 万、1∶10000 地形图的分幅和编号。这三种比例尺的地形图是在 1∶100000 图幅基础上分幅和编号的。如图 7-6 所示，一幅 1∶100000 的地形图分成四幅 1∶50000 的地形图，每幅以甲、乙、丙、丁表示。一幅 1∶50000 的地形图分成四幅 1∶25000 的地形图，分别以 1、2、3、4 表示；一幅 1∶25000 的地形图分为四幅 1∶10000 的地形图，分别以(1)、(2)、(3)、(4)表示。

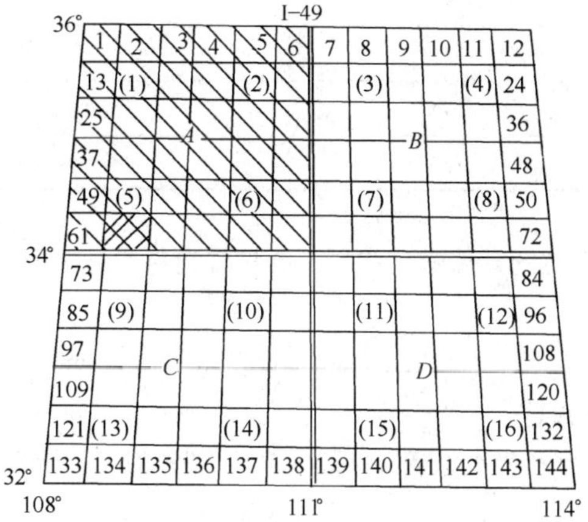

图 7-5　1∶100000 地形图分幅

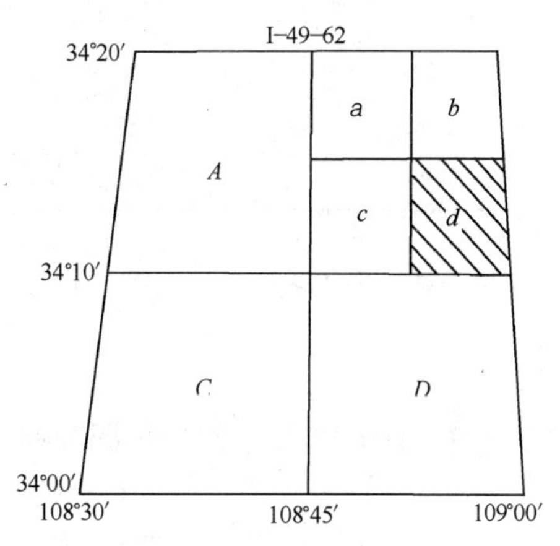

图 7-6　1∶50000 地形图分幅

1∶10000 地形图的另一种分幅编号法是把一幅 1∶100000 的地形图划分成 8 行、8 列，共分为 64 幅，其代号以 1∶50000～1∶10000 地形图的编号(1)、(2)、(3)……(64)表示，如图 7-7 所示。每幅图的纬差为 2′30″，经差为 3′45″。其图幅编号是在 1∶100000地形图编号后加上各自代号，如图 7-7 所示。斜线标识的图幅号为 1-49-62。这种方法的编号与 1∶50000 和1∶25000地形图编号无关。

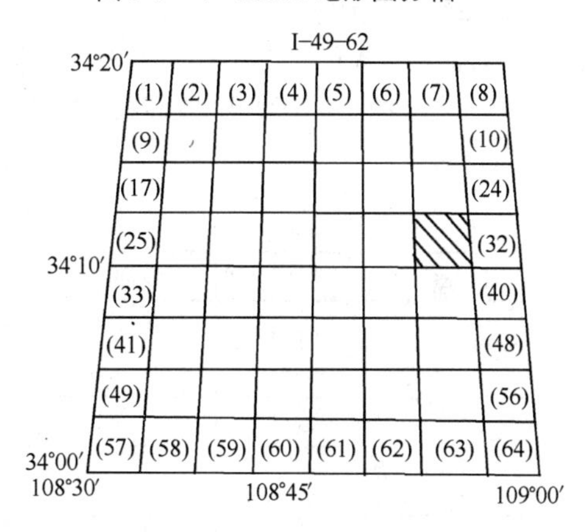

图 7-7　1∶1 万地形图分幅

(4) 1∶5000，1∶2000 地形图的分幅和编号 1∶5000、1∶2000 地形图的分幅与编号也是以 1∶100000 地形图的编号为基础的。将一幅 1∶100000 的地形图分为 256 幅(即 16×16)，即为 1∶5000 的图幅。再将一幅 1∶5000 的地形图分为 9 幅，即得 1∶2000 的地形图，表 7-2 为图幅的新旧编号，北京所在1∶2000图幅的新编号为 10-50-5-(80)-4。

2）正方形分幅法

国际分幅主要应用于国家基本图，工程建设中使用的大比例尺地形图，一般采用正方形分幅。当采用国家统一坐标时，正方形图幅编号主要由下列两项组成：

(1) 图幅所在带的中央子午线的经度；

(2) 图幅西南角以千米计的坐标值 X、Y。

例如：117+190.4−284.8，表示中央子午线为 117°，图幅西南角的坐标为 X=+190.4km，Y=−284.8km。它是一幅 1∶5000 的地形图。

当测区未与全国性统一坐标联系，可采用假定直角坐标进行分幅及编号。

有关正方形图幅的大小及尺寸等参见表 7-3 所示。

正方形分幅　　表 7-3

比例尺	内图廓尺寸(cm)	实地面积(km^2)	$4km^2$ 的图幅数
1：5000	40×40	4	1
1：2000	50×50	1	4
1：1000	50×50	0.25	16
1：500	50×50	0.0625	64

各种比例尺图的编号，是根据统一规定，按照一定的规律进行编排，并按规定将其注在北图廓之上。

7.3.2　1993 年以后的地形图分幅与编号方法

1992 年 12 月，我国颁布了《国家基本比例尺地形图分幅和编号》GB/T 13989—92 新标准，1993 年 3 月开始实施。新的分幅与编号方法如下。

1）地形图的分幅

各种比例尺地形图均以 1：1000000 地形图为基础图，沿用原分幅各种比例尺地形图的经纬差(表7-4)，全部由 1：1000000 地形图按相应比例尺地形图的经纬差逐次加密划分图幅，以横为行，纵为列。

新地形图分幅方法　　表 7-4

比例尺		1：1000000	1：500000	1：250000	1：100000	1：50000	1：25000	1：10000	1：5000
图幅范围	经差	6°	3°	1°30′	30′	15′	7′30″	3′45″	1′52.5″
	纬差	4°	2°	1°	20′	10′	5′	2′30″	1′15″
行列数量关系	行数	1	2	4	12	24	48	96	192
	列数	1	2	4	12	24	48	96	192
图幅数量关系		1	4	16	144	576	2304	9216	36864

2）地形图的编号

① 1：1000000 地形图新的编号方法，除行号与列号改为连写外，没有任何变化，如北京所在的 1：1000000 地形图的图号由 J-50 改写为 J50。

② 1：500000～1：5000 地形图的编号，均以 1：1000000 地形图编号为基础，采用行列式编号法，将 1：1000000 地形图按所含各种比例尺地形图的经纬差划分成相应的行和列，横行自上而下，纵列从左到右，按顺序均用阿拉伯数字编号，皆用 3 位数字表示，凡不足 3 位数的，则在其前补 0。

各大中比例尺地形图的图号均由五个元素 10 位码构成。从左向右，第一元素 1 位码，为 1：1000000 图幅行号字符码；第二元素 2 位码，为 1：1000000 图幅列号数字码；第三元素 1 位码，为编号地形图相应比例尺的字符代码；第四元素 3 位码，为编号地形图图幅行号数字码；第五元素 3

位码，为编号地形图图幅列号数字码；各元素均连写(图 7-8)。比例尺代码见表 7-5 所列。

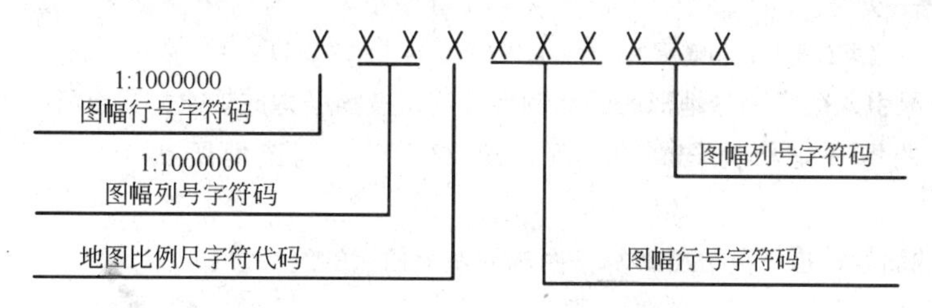

图 7-8　国家基本地形图编号

国家基本地形图比例尺代码　　　　**表 7-5**

比例尺	1：500000	1：250000	1：100000	1：50000	1：25000	1：10000	1：5000
代码	B	C	D	E	F	G	H

新分幅编号系统的主要优点是编码系列统一于一个根部，编码长度相同，便于计算机处理。

3）新编号系统的应用

(1) 由已知某地坐标(x，y)，则按下列程序计算其所在某比例尺地形图的图号：

① 按下列公式求出基础图 1：1000000 图幅的图号：

$$H=[y/\Delta y]+1$$

$$L=[x/\Delta x]+1$$

式中　y——纬度；

Δy——百万分之一地图的纬差；

x——经度；

Δx——百万分之一地图的经差；

[ ]——商取整符号，如 9.3 则取 9；

H——行号；

L——列号。

我国疆域位于东半球，故纵列号大于 30，上式改写为：

$$\left.\begin{aligned}H&=[y/\Delta y]+1\\L&=[x/\Delta x]+31\end{aligned}\right\}\tag{7-4}$$

② 按下式计算所求图号的地形图在基础图幅内位于的行号和列号：

$$\left.\begin{aligned}H'&=\Delta y/\Delta y'-[(y/\Delta y)/\Delta y']\\L'&=[(x/\Delta x)/\Delta x']+1\end{aligned}\right\}\tag{7-5}$$

式中　Δy、Δx——百万分之一地形图的纬差、经差；

$\Delta y'$、$\Delta x'$——所求图号的地形图图幅的纬差与经差；

H'——行号；

L'——列号。

备注：其中［］为商取整符号，()表示求余数如(39°22′30″/4°)=3°22′30″。

③ 计算的结果引入欲求图号地形图的比例尺代码，按图号构成规律，写出所求的图号。

如北京某地的地理坐标为(114°33′45″，39°22′30″)，则该地所在1∶10万地形图的图号为：J50D002002。

(2) 由已知的图号，按下列公式计算该图幅的左上角点的经纬度：

$$\left.\begin{aligned} y &= H \times \Delta y - (H' - 1) \times \Delta y' \\ x &= (L - 31) \times \Delta x + (L' - 1) \times \Delta x' \end{aligned}\right\} \tag{7-6}$$

其中 y，x 表示左上角点的纬度与经度，H，L 分别为已知图号地形图的基础图百万分之一图幅所在的行号与列号；Δy、Δx 表示百万分之一地形图的纬差与经差，$\Delta y'$、$\Delta x'$表示已知比例尺地形图图幅的纬差与经差；H'、L'表示地形图幅在基础图1∶1000000图幅内位于的行号与列号。

7.4 地形图信息的判读

地形图特别是大比例尺地形图(图7-9)的内容十分丰富，有地物、地貌、有关注记及自然地理和社会经济等要素。而在地形图图廓外的各种标志和注记说明，对地形图的使用亦是非常重要的。所以，要正确地应用地形图，必须熟悉各种图式符号和各种注记说明的意义。

7.4.1 地形图上的标志

1) 图幅名称及图号

各幅图的图名，是以这幅图内最著名、最重要的地名来命名的，而图幅编号有新旧两种编号方法。如图7-9所示，图名为大后村，图号为26.6-72.6。

2) 接图表

为便于接图，在北图廓左上方绘有接图表，此表附有与本幅图相邻各个图幅的图名，接图表中打斜线部分为本幅图。

3) 测图日期等说明

(1) 测图日期、成图方法及制图出版日期。说明注记是为了便于用图单位了解该图适用程度，如注记说明1991年大平板测图，就能够知道，本幅图的测量方法与大致精度。随着经济的发展，城市的改造(包括园林建设)都会造成现状与测图时不相符的情况。所以用图时必须注意。测图日期及现时交通和地形等的变化。

(2) 坐标系和高程系。国家基本图采用1954北京坐标系和1985国家高程基准作为全国平面位置和高程基准。对于园林工程大比例尺测图既可采用国家统一的平面和高程基准，又可采用城市或地区坐标及当地零点(高程基准)，也可完全建立独立控制基准(图7-9)，采用平面投影成图。对此在图廓外下部的坐标系及高程基准说明中均有注明。

(3) 等高距。在基本图的图廓外有注明，我们可以根据图上的高程注记点和等高距来确定任一部位点的高程。

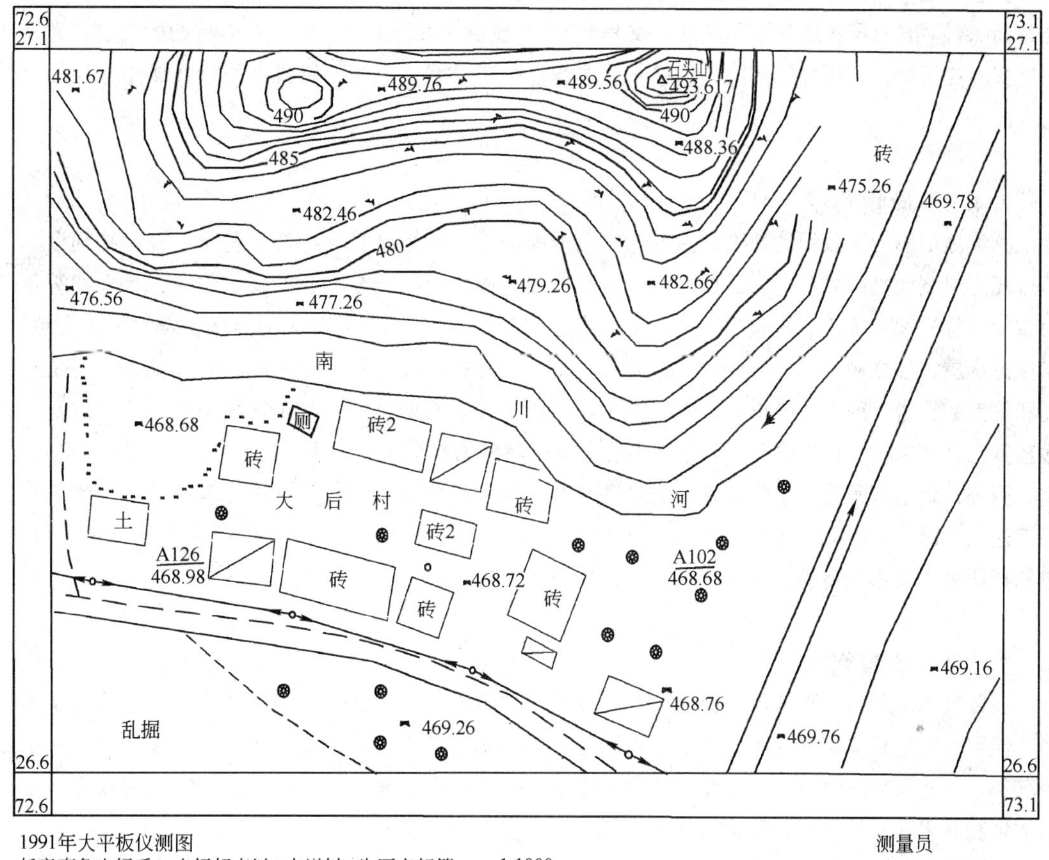

图 7-9　大比例地形图

(4) 图式版本说明。如图中注明为 1988 年版图式，则用图者在阅读图上符号时，应参阅 1988 年出版的地形图图式，才能正确了解各种符号的意义。

4）比例尺

一般用数字比例尺和直线比例尺表示，是图上与实地换算关系的依据。图 7-9 中比例尺为1∶1000。

5）千米方格网

即平面直角坐标格网，由于它们之间的间隔一般以千米为单位，因而叫千米方格网。千米数的注记，是注在内外图廓线之间，纵横注记的字头一律向北。例如 21731 中的 21 是说明该幅图按投影带的编号(带号)，因其经度是 125°52′30″，位于 120°和 126°之间，所以在 21 带内。731 是 731km。纵横公里网的注记，在图幅四边均应注记，规定第一条和最末一条格网注全值，而中间各条千米线只注个位和十位千米数。

6)"三北"关系，子午线收敛角及磁偏角

在基本图下方注有三北关系图。该图所注的角度数值，是子午线收敛角(真子午线与坐标纵线的交角)和磁偏角(真子午线与磁子午线的交角)的实际数值，表示真北、磁北、坐标北的三者关系。在野外实际应用时，若用罗针定向，需将罗针边框置于磁北线上，而不能置于图廓线或坐标纵线上进行定向。

7.4.2 地物判读

判读地形图上所表示的地物，主要依靠地形图图式中的地物符号和注记符号。在地物判读和在地形图上量测地物间的距离、面积时，一定要搞清各种地物符号在图上的真实位置，因地物符号分为依比例符号和非依比例符号等，更应引起注意，如非比例符号是用扩大的方法将地物表示在图上，如独立房屋、独立树、井、电杆等。其符号在图上所占的位置，要比应占范围大几倍。特别是有路堤和路堑的符号，图上相应位置扩大的更多。所以，在这些地物的两侧求算面积时，不能以符号边线量算，必须确定其相应位置后才能量测，否则求算的面积就不会准确。

另外，就是符号主次让位问题，例如铁路和公路并行，按比例绘制在图上有时会出现重叠，按规定应以铁路为主，公路为次。所以图上是以铁路中心位置绘铁路符号，使公路符号让位。总之，应掌握符号之间不准重叠，低级给高级让位的原则。

7.4.3 地貌判读

在国家基本图中，判读地貌应当从客观存在的实际出发，分清等高线所表达的地貌要素及地性线，便可找出地貌变化的规律。由山脊线即可看出山脉连绵；由山谷线便可看出水系的分布；由山峰鞍部、洼地和特殊地貌，则可看出地貌的局部变化。分辨出地性线(分水线和集水线)就可以把个别的地貌要素有机地联系起来，对整个地貌有个比较完整的概念。

当要想了解某一地区的地貌，先要看一下总的地势。例如何处最高，哪里是山地，哪里是丘陵、平地；主要山脉和水系的位置和走向，以及道路网的布设情况等。由大到小、由整体到局部地进行判读，就可掌握整体地貌的情况。

7.5 地形图的一般应用

7.5.1 地形图的基本应用

1) 求图上某点的坐标

如图7-10所示，欲求图上2点的平面直角坐标，可利用该图廓坐标格网的坐标值来求出。首先找出2点所在方格的西南角坐标 x_o、y_o，图中 $x_o=5500$、$y_o=8500$m。然通过2点作坐标格网的平行线 ab、cd，再按测图比例尺(1∶2000)量出 $a2$ 和 $c2$ 的长度分别为8mm和6mm，则

$$X_2=x_o+c2\times2000=5600+12=5612\text{m}$$
$$Y_2=y_o+a2\times2000=8600+16=8616\text{m}$$

2）求图上两点间的距离和方向

在测量工作中，根据一点坐标和两点的距离、方位角，推算另一点的坐标，属于坐标正算问题。如果根据已知直线，起、终点坐标值，推算该直线的方向和距离，则为坐标反算问题。

(1) 求图上某直线的方位角。设由图上量得 A 和 B 两点的坐标为 X_A、Y_A，X_B、Y_B，则直线 AB 的方位角 α_{AB} 可以用第 6 章坐标反算公式计算。

若精度要求不高，可过 A 点作 X 轴的平行线，用量角器直接量取直线 AB 的方位角。

(2) 求图上两点间的距离。已知 A、B 两点的坐标，根据下式即可求得 AB 两点间的距离 D。

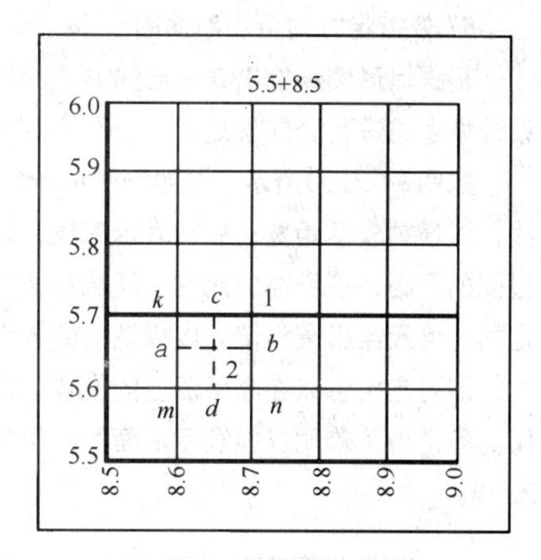

图 7-10　图上量算坐标

$$D_{AB}=\sqrt{(X_B-X_A)^2+(Y_B-Y_A)^2}=\sqrt{\Delta X_{AB}^2+\Delta Y_{AB}^2} \tag{7-7}$$

或

$$D_{AB}=\frac{X_B-X_A}{\cos\alpha}=\frac{Y_B-Y_A}{\sin\alpha}=\frac{\Delta X_{AB}}{\cos\alpha}=\frac{\Delta Y_{AB}}{\sin\alpha} \tag{7-8}$$

若精度要求不高，则可用比例尺直接发在图上量取。

3）求图上某点高程

如所求点恰好在等高线上，则该点的高程就等于等高线的高程。当所求 p 点恰好在某一条等高线上，则该点高程即为该等高线的高程。如果所求点位于两等高线之间(图 7-11)，则可根据等高线内插的方法，即通过该点 p 作相邻等高线的垂线 mn，从图上量取平距 $mn=d$，$mp=d_1$。则 p 的高程：

$$H_p=H_m+\Delta h=H_m+d_1\times h/d \tag{7-9}$$

式中　H_m——点 m 的高程；

h——基本等高距。

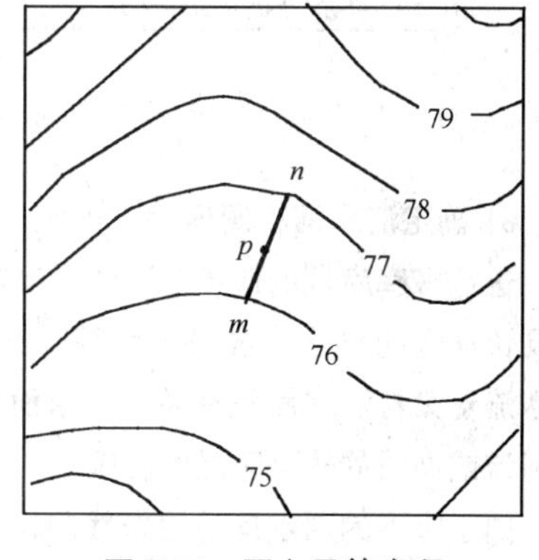

图 7-11　图上量算高程

4）按规定的坡度在图上确定路线

设从公路边 A 到山头 B 定出一条路线，如图 7-12(a)所示，规定其坡度不得超过 8%。地形图的比例尺为 1∶1000，等高距为 1m。按所规定的坡度，路线通过两相邻等高线的最短距离为：

$$d=h/i=1/8\%=12.5m$$

图上距离应为 12.5mm，然后用两脚规使其张开度等于 12.5mm，先以 A 点为圆心作圆弧，交 81m 等高线于 1 点。再以 1 点为圆心，用同样的半径交 82m 等高线于 2 点。依此类推，一直到 B。由图 7-12(a)中的可选两条路线符合路线坡度的要求，至于最后确定哪一条路线，可以参考工程上其他条件而定。

若相邻等高线间平距较大，按规定坡度所取的半径不能与等高线相交，则说明地面的坡度小于规定的坡度，路线可任意选择。

5）依指定方向绘制断面图

根据地形图绘制出某一已知方向的纵断面图，可以更好地反映地势起伏的状况，并可依此作出设计坡度或进行竖向规划。

如图7-12(*a*)所示，要绘制图中*MN*方向的纵断面图，可在方格纸或绘图纸上绘出互成正交的直线，以横轴表示距离，纵轴表示高程，如图7-12(*b*)所示。然后在地形图上沿*MN*方向量取相邻等高线间的平距，按所需的比例尺展绘在横坐标轴上，得相应的点*M*、*a*、*b*……*N*点。在纵轴上再按一定的比例尺绘出高程值。以横轴上的各点，作垂直于横轴的垂线，根据各点的高程，在相应的垂线上，即可定出各点在断面图上的位置。最后将各点用曲线或折线连接，即得*MN*方向线上的纵断面图。通常为了较明显地表示地面的起伏状况，纵断面图上的高程比例尺往往比平距比例尺大10倍或20倍。

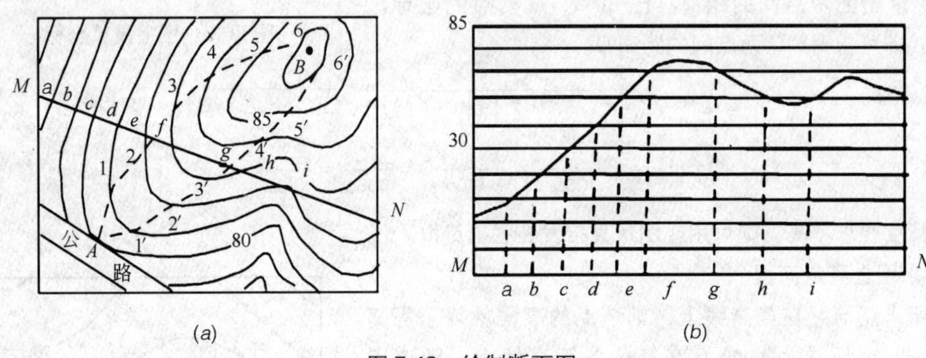

图7-12 绘制断面图

6）确定汇水面积周界

进行水库库址的选择与设计，确定桥梁或涵洞的孔径大小，以及该地区的排水，灌溉工程等，必须知道该地区的水流量，而水流量又与汇水面积有关。汇水面积是指降雨时雨水汇集于某河流或湖泊的一个区域的面积。

由于降下的雨水是沿山脊线向两侧分流，所以汇水面积周界的确定，可从地形图上自选定的断面起，沿山脊线而求得，如图7-13所示。*m*为公路涵洞，自*m*起沿*b*、*c*、*d*、*e*、*f*、*a*、*g*等而回到*m*的山脊线连成的虚线，就是*ab*上游的汇水面积周界。图中汇水面积周界确定后，可用面积求算的方法获得汇水面积的大小。

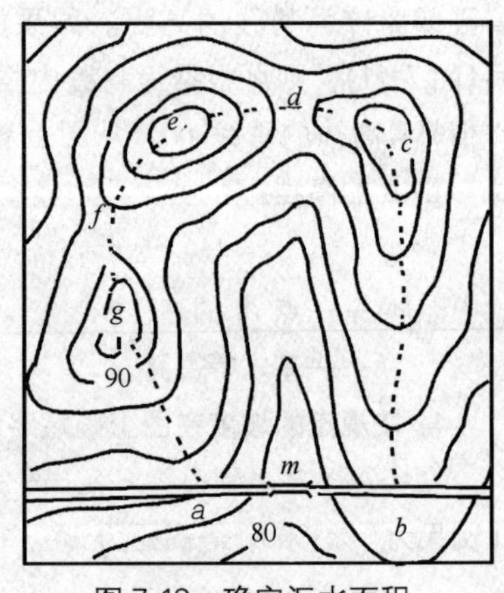

图7-13 确定汇水面积

7.5.2 图形面积的计算

在规划设计和工程建设中，常需要计算一定范围内的面积。下面介绍四种图形面积测定的方法。

1）解析法

如果图形是任意多边形，且各顶点坐标已知，则可以用解析方法求解面积。

如图7-14(*c*)所示，*ABCD*为一多边形，各顶点坐标已知，则该多边形面积*P*为：

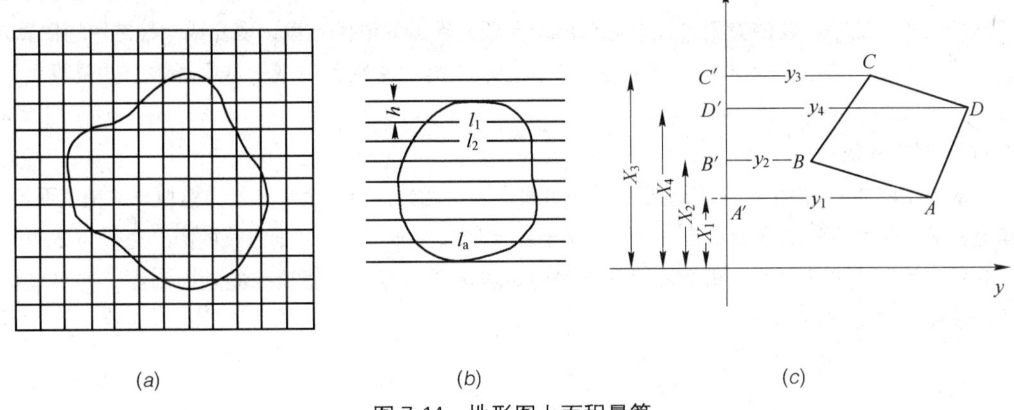

图7-14　地形图上面积量算

$$P=[(y_3+y_4)(x_3-x_4)+(y_4+y_1)(x_4-x_1)-(y_3+y_2)(x_3-x_2)-(y_2+y_1)(x_2-x_1)]/2$$
$$=[x_1(y_2-y_4)+x_2(y_3-y_1)+x_3(y_4-y_2)+x_4(y_1-y_3)]/2$$

当图形有 n 个点时，则可知其面积 P 为：

$$P=\sum x_i(y_{i-1}-y_{i+1})\quad (i=1,\ 2,\ \cdots\cdots,\ n) \tag{7-10}$$

2）透明方格纸法

如图7-14(a)所示，用方格法量算面积就是用1mm透明方格纸覆盖在待量测的图形上，然后数出图形内整方格数 n_1 和不足一整格的方格数 n_2，则待量测的面积 S 为：

$$S=(n_1+n_2/2)\times M^2/10^6(m^2) \tag{7-11}$$

式中　M——地形图比例尺分母。

3）平行线法

平行线法就是将绘有等距平行线的透明纸覆盖在图形上，并使图形边缘与两条平行线相切，如图7-14(b)所示。则相邻平行线间被截割的图形可近似看作梯形，而梯形的高为平行线间距 h，图形截割的各平行线的长度为 L_i，则各梯形面积分别为：

$$s_1=h\times(0+L_1)/2$$
$$s_2=h\times(L_1+L_2)/2$$
$$\cdots\cdots$$
$$s_n=h\times(L_{n-1}+L_n)/2$$
$$s_{n+1}=h\times(L_n+0)/2$$

则总面积

$$S=s_1+s_2+\cdots\cdots+s_n+s_{n+1}=h\sum L_i \tag{7-12}$$

7.6　地形图在园林工程中的应用

在园林规划和设计中，除了对各项园林建筑及植物进行合理地平面布置外，对建设用地的地面高度也要进行规划设计，对原地形作必要的改造，使之适合于布置和修建各类建筑物，有利于排除地面水，满足保土、保肥及制造地貌的起伏形成竖向景观。这种立面的规划设计，通常称为竖向设计(或叫垂直设计和竖向布置)。有了地形图，可以在图上进行土地平整的规划工作，预先进行土石方工程的估算，比较不同的方案，进而选择出既合理又省工的最优方案，现介绍一种常用的估算法。

如图7-15所示，拟在地形图上将原地形上按挖填平衡的原则改造成一水平场地，并概算土(石)方量，其步骤如下：

1）绘制方格网

一般方格网的网格大小取决于地形的复杂程度、地形图的比例尺大小和土方量概算的精度而不同，通常方格的边长为10m或20m。若设计阶段地形图比例尺为1∶1000，则方格的图上边长为2cm。

在图上绘制完方格网后，根据图上等高线用内插法求出每一方格顶点的地面高程，并将其标注在相应顶点的右上方(图7-15)。

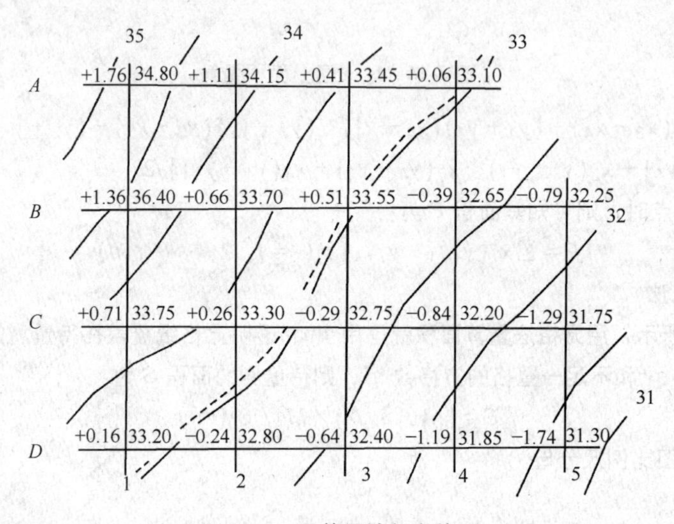

图7-15 平整场地与方格网

2）计算设计高程

将每一小方格的各顶点高程加起来取平均得到每一方格的平均高程 H_i，然后将所有小方格的平均高程再加起来除以方格总数，就得到设计高程 H_0，即：

$$H_0 = (H_1 + H_2 + \cdots\cdots + H_n)/n \tag{7-13}$$

式中 H_i——第 i 个方格的平均高程；

n——方格总数。

在计算高程时可以看出方格网上的角点 A_1、A_4、B_5、D_1、D_5 的高程只用到一次，边线上的点 A_2、B_1…用到两次，拐点 B_4 用到三次，中间点 B_2、B_3…用到四次，因此，设计高程的计算公式可改写为：

$$H_0 = (\sum H_{角} + 2\sum H_{边} + 3\sum H_{拐} + 4\sum H_{中})/4n \tag{7-14}$$

式中 $H_{角}$、$H_{边}$、$H_{拐}$、$H_{中}$——角点、边点、拐点、中点的高程。

将该地形图设计方格网顶点的地面高程代入上式，即可算出设计高程为33.04m。然后按将该高程用内插法将33.04m的等高线在图上绘出来(图中的虚线)，此线即为填、挖的边界线。

3）计算挖填高度

由以上可知将各方格顶点地面高程减去设计高程，即可得到每个顶点的填高和挖深，故挖填高度：

$$\Delta H = 地面高程 - 设计高程$$

4) 计算填、挖土(石)方量

分别计算各方格内的填、挖土(石)方量，就可以求出总的土(石)方量。每一方格的土(石)方量可根据方格顶点的挖填高度乘以方格的面积 S 来计算。

角　点　　　挖填高 × $S/4$

边　点　　　挖填高 × $S/2$

拐　点　　　挖填高 × 3 × $S/4$

中间点　　　挖填高 × S

此外在有些情况下，要求将原地形改造成某一坡度的倾斜面，一般也可根据挖填平衡的原则，绘出设计倾斜面的等高线，就可算出土方量。它的挖填边界线，须在地形图上绘出等高线，它与原地面上同高程等高线的交点，就是不填不挖点，连接各交点，就可得到挖填边界线。如图 7-16 所示，图中绘有短线的一侧为填土区，另一侧为挖土区。

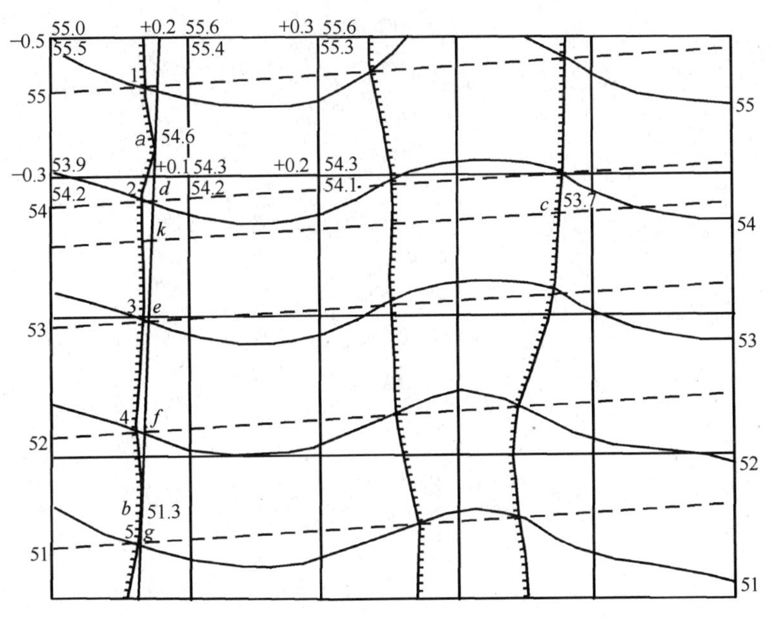

图 7-16　平整场地填挖区域图

第 8 章　基础地理信息的采集及成图方法

基础地理信息是描述关于人类赖以生存的地球的重要信息，对社会持续发展起着重要作用。随着我国信息产业的发展和国民经济信息化进程的推进，基础地理信息已成为宏观决策、规划和管理、微观生产建设、科学研究和日常生活所需要的空间支撑信息。

基础地理信息是指用于表示地球一定区域范围的基本面貌并作为各种专题信息空间定位的载体。包括水系、地貌、土质植被、居民地、交通线和境界线六大地理要素，以及各等级平面和高程控制点、独立地物、管线和垣栅、地名等要素。

随着科学技术的不断发展，基础地理信息的采集方法也在逐步得到丰富。包括传统的模拟测图法如平板仪测图，解析测图法如经纬仪测绘成图，数字测图法如全站仪数字测图，地图数字化、摄影测量与遥感成图等方法。

8.1 大比例尺地形图测绘的传统方法

测区控制网建立之后，就可以根据控制点进行地形图的测绘。地形图的测绘也称作碎部测量，就是将测区内的地物和地貌如实地反映到图纸上，从而测绘出该地区的地形图。值得提出的是，随着测绘科技的快速发展，已使地形图测绘自动化的目标得以实现。其基本的操作是：将外业利用电子全站仪采集的数据终端与计算机、自动绘图机连接，再配以数据处理软件和绘图软件，从而实现地形图测绘的自动化。目前此方法已成为地形图测绘的主流方法。但其基本原理还是以传统测图方法为基础，掌握传统测图方法原理是理解数字测图的基本要求。

8.1.1 测图前的准备工作

在独立地区测图时，除了对测图使用的仪器进行检查和校正外，还必须根据测区的地形和测图的目的要求，确定测图比例尺和选择等高距。然后在图纸上展绘控制点，以便进行地形图的测绘。

1）绘制坐标方格网

测绘地形图，应该采用质量较好的绘图纸或选用聚酯薄膜作图纸。聚酯薄膜其厚度约为0.07～0.1mm，经过热定型处理，其伸缩率小于0.3%；聚酯薄膜图纸坚韧耐湿，可水洗，便于野外作业；在图纸上着墨后，可直接复晒蓝图，但易燃，有折痕后不能消失，在测图、使用、保管过程中要注意。聚酯薄膜多数都绘有现成的坐标方格网。

使用绘图纸作为测图用纸时，要绘制坐标格网。坐标格网通常用直尺或用特制的坐标格网尺绘制。用直尺绘制坐标格网的方法是：在正方形或长方形图纸上先画出两条对角线，在对角线上从交点量出长度相等的四个线段，OA、OB、OC和OD，如图8-1所示。将所得点A、B、C、D连接起来，即得矩形ABCD。再自A和D自下而上截出间隔为10cm的1、2、3、4、5各点，再自A和B由左向右截出1′、2′、3′、4′、5′各点连接对应各点，即得坐标格网。

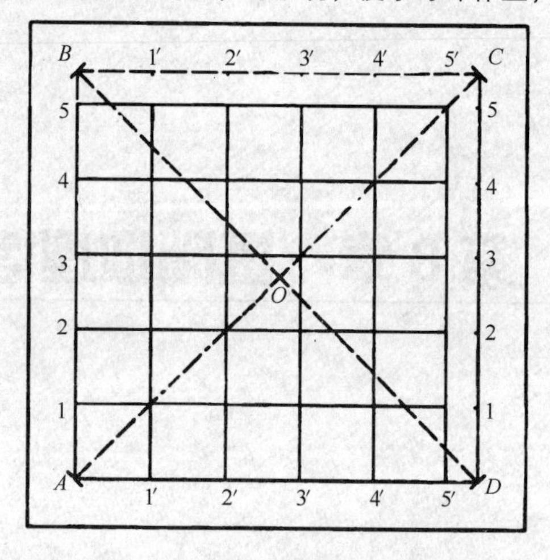

图8-1 坐标方格网的绘制方法

坐标格网应用 3H～5H 铅笔绘制，线条为 0.1mm 粗。坐标格网绘好后，应进行检查。将直尺边与方格网的对角线重合，各方格顶点应该在同一条直线上，误差不得大于 0.2mm。同时还要量小方格的边长和对角线的长度。规定边长误差不得大于 0.2mm，对角线误差不大于 0.3mm。

2) 展绘平面控制点

将控制点按测图比例尺绘到图纸上，叫展点。测图时是以图上的导线点为依据，所以，导线点展绘的精度将直接影响测图的质量。

如果控制点的坐标是假定坐标，先要考虑使整个导线图形在图纸上的中央位置，不要偏向图纸一侧，影响碎部点的测绘。再在方格网上注记相应的坐标值。展点时，首先要确定导线点所在的小方格，如图 8-2 所示，*A* 点坐标为：$x_A = 765.32m$，$y_A = 565.20m$，其位置在 *klmn* 方格内。然后从 *k* 和 *l* 以 1∶1000 比例尺向右量取 65.20m 得 *a* 和 *b*，从 *k* 和 *n* 向上量取 65.32m 得 *c* 和 *d*，连接 *ab* 和 *cd*，其交点便是导线点 *A* 的位置。同法将其他各点展绘于图上，再用比例尺量取相邻导线点之间的长度，与相应实际距离比较，其最大误差不得超过图上 0.3mm。经检查无误，按规定图式绘出导线点符号，注明点号及高程。

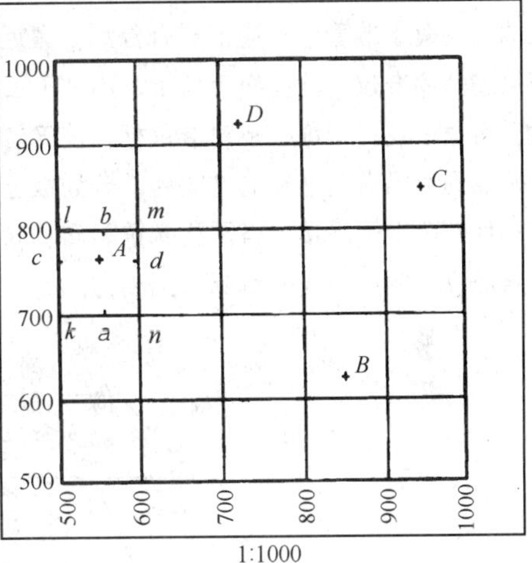

图 8-2　平面控制点的展绘方法

8.1.2　平板仪的构造和安置方法

平板仪测量是用图解投影的方法，按测图比例尺将地面上点的位置缩绘到图纸上。因此平板仪测量也叫图解测量。

如图 8-3 所示，设在地面上有 *A*、*B*、*C* 三点，在 *B* 安置一块水平图板，板上固定一张图纸，纸上画出表示地面 *B* 点的 *b* 点，并使图上 *b* 点与地面上 *B* 点在同一铅垂线上。然后，通过 *BA* 和 *BC* 方向作两个竖直面，则竖直面与图板面的交线 *ba* 和 *bc* 所夹的角度，就是 *ABC* 的水平角。如再量出 *B* 至 *A* 点和 *C* 点的水平距离，并按一定的比例尺在 *ba* 和 *bc* 方向线上截取 *a*、*c* 两点，则图上 *abc* 三点组成的图形和地面上 *ABC* 三点的图形相似。这就是平板仪测图的原理。此外，再测定 *A* 点和 *C* 点的高程，并注在图上相应的位置。这样，在图上既有了点的平面位置，又有了点的高程。用同样的方法在图纸上绘出其他碎部点，根据这些点的平面位置关系和高程即可画出地形图。

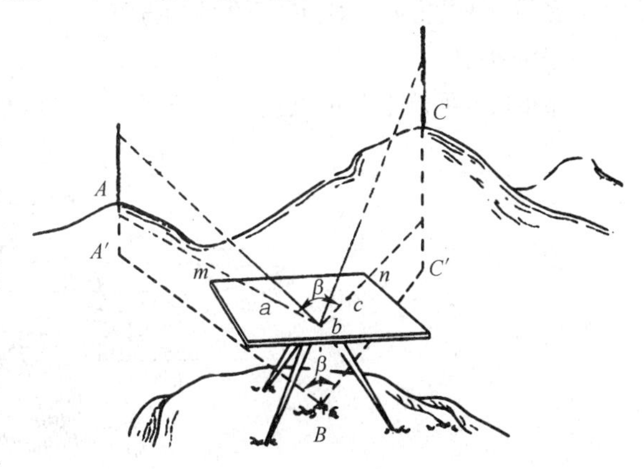

图 8-3　平板仪测图原理

根据平板仪测量的原理，平板仪必须有一块可以固连在脚架上的水平图板和借以瞄绘方向的照准设备。因此，平板仪主要由平板部分和照准部分组成。平板仪分小平板仪和大平板仪两种，其构造基本相似，主要区别在于照准设备和基座结构的不同。现将其构造分述如下。

1）小平板仪

小平板仪的平板部分比较简单，测图板一般为 50cm×40cm×3cm，也有其他尺寸，基座都直接装在三脚架上，测图板通过三脚架的中心螺旋固定在基座上。有些小平板仪的平板部分没有基座，只有测图板和三脚架。

测斜照准仪是小平板仪的照准设备，由直尺、觇孔板和分划板所组成，如图 8-4(*a*)所示。在直尺的中央有水准管，斜边上刻有分划，靠近尺的两端有两个校正杆，在不动平板的情况下，可用来整平测斜照准仪。觇孔板上有上、中、下三个觇孔，它们和分划板狭缝中的细丝是瞄准用的。瞄准时，可通过觇孔和细线来对准目标，使三者成一直线。这时沿直尺边在图纸上所画的方向线，就是测站点到目标点所连成的方向线。分划板上的刻划是测量距离和高差用的，因精度很低，读数不清楚，目前已很少采用。当需要测量距离和高差时，可配合卷尺或其他测量仪器进行，因此，使用测斜照准仪主要用来瞄准目标，画出方向线。

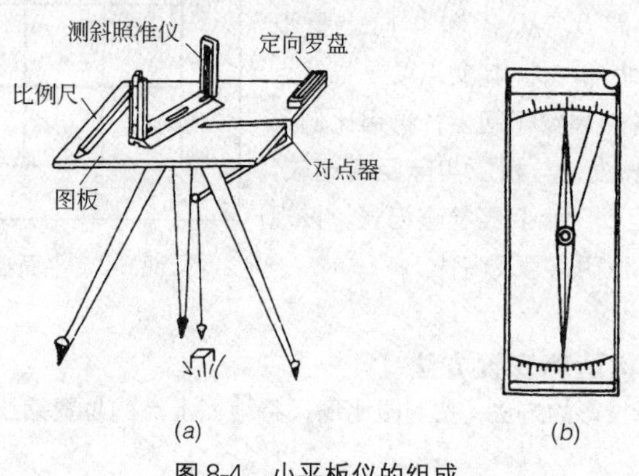

图 8-4　小平板仪的组成

小平板仪除了平板和照准仪外还应具备下述附件：对点器是用来对中的，利用它可使图上的点位与地面上相应的点位处于同一条铅垂线上；水准器是用来整平图板用的，其形式有管形和圆形两种；定向罗盘又称长盒罗盘，是标定图板方向用的，如图 8-4(*b*)所示，当磁针北端指向零度刻线，沿罗盘盒的长边的方向，即为磁子午线的方向。

2）大平板仪

大平板仪的平板部分由测图板，基座和三脚架组成(图 8-5)。测图板一般为 50cm×60cm×3cm

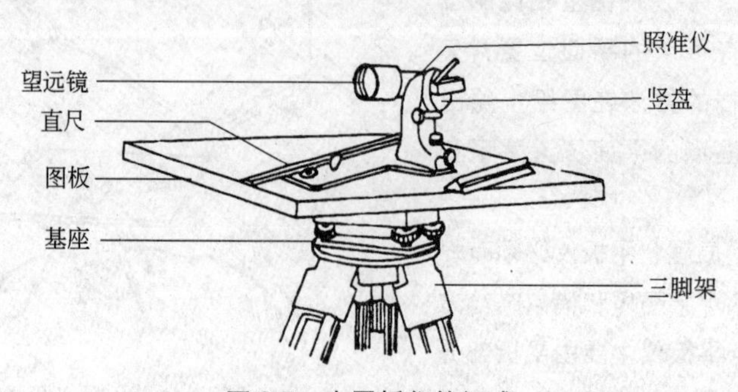

图 8-5　大平板仪的组成

的矩形木板。基座和经纬仪基座的作用相似，基座上部为一个金属圆盘，圆盘边缘有三个固定螺旋用以使基座和测图板连接，圆盘下面有一个轴，插在轴座内，并可在其中作旋转运动。为了控制和调节测图板的转动，还装有制动螺旋和微动螺旋。基座下部的三个脚螺旋是用以整平图板的。使用时，利用金属盘三个固定螺旋将测图板连接在基座上，再用中心螺旋使基座与三脚架相连。

照准仪是大平板仪的照准设备，是用来瞄准目标、画方向线、测定距离和高差的。主要由望远镜、竖盘、支柱和直尺所组成。望远镜和竖盘的作用和经纬仪相同，可以用视距测量方法同时测定水平距离和高差。

大平板仪也配备同小平板仪一样的附件：对点器、水准器、定向罗盘。

3）平板仪的安置

平板仪在一个测站上的安置包括对中、整平、定向。

(1) 对中。就是使图板上的测站点和地面上的相应点位处于同一铅垂线上。作业时可利用对点器上方的尖端对准图板上测站点，然后移动或转动图板，使垂球尖对准地面上的相应点位。对中的精度要求，视测图比例尺而定。一般要求对中容许误差不超过比例尺精度(即图上 0.1mm 相应的实地长度)的一半。例如：测图比例尺 1∶1000，对中容许误差为 5cm。

(2) 整平。就是利用圆水准器或直尺上的管形水准器和基座上的脚螺旋，使图板水平，整平方法与经纬仪相似。

有些小平板仪没有基座部分，是靠移动三脚架使图板水平的。将照准仪放在图板上，其位置与三脚架的两个脚尖所连的直线平行。这时左右移动第三脚，使气泡居中。然后将照准仪旋转 90°，这时再前后移动第三脚，使气泡居中，以同法反复操作，直到气泡在以上两个位置都居中为止。

(3) 定向。就是使图纸上的直线与相应的地面直线方向一致。定向的方法有磁针定向和已知直线定向两种。

① 磁针定向。是将长盒罗盘的长边与图纸上磁南北线重合。转动图板，使磁针北端指零。然后固定图板。此时，图上的南北方向即与实地的南北方向一致。用磁针定向的精度较低，一般在照准已知点有困难不得已时才用磁针定向。

② 用已知直线定向。如图 8-6 所示，图板上 a、b 两点对应于地面 A、B 两点。定向时，若测站为 A 点，可将照准仪的直尺边贴靠在图板上已知方向线 ab 上。转动图板，用照准仪照准地面上另一已知点 B，然后固定图板。此时，图板上直线的方向即与实地一致，图板即已定向。

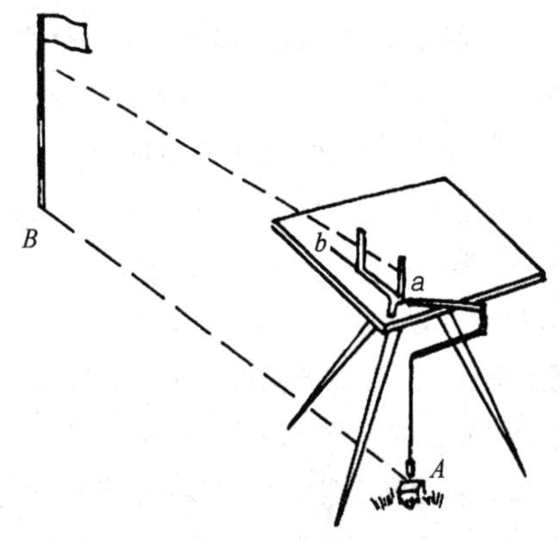

图 8-6 平板仪的定向

在平板仪的安置中，对中、整平和定向三项工作是相互影响的，不可能一次把平板仪安置好，可分两步进行。首先目估使图板大致定向和大致水平，并移动图板大致进行对中，然后再以相反的程序进行精确地对中、整平和定向。在三项工作中，对中只要在容许误差范围以内即可，其中定向是关键，因为从一点画线，如果开始方向有偏差，那么测绘时整个测站工作都会有偏差，所以必须认真做好“定向”工作。

8.1.3 碎部测量的方法

碎部测量就是以控制点为基础，测出地表各种碎部点的平面位置和高程，用以绘制平面图或地形图。施测过程中，首先要注意碎部点的选择。碎部点选择是否适当，将影响到测量成果的质量。

1）地物点的选择和取舍

地物一般分为两大类：一类是自然地物，如河流、湖泊、森林、草地等植被、陡坎的边界、孤立的岩石等；另一类是人工地物，如房屋、铁路、公路、水渠、桥梁、电力线以及通讯线等。所有这些都需要在地形图上表现出来。

地物的测绘主要是将地物特征点测定下来，如房屋的拐角、道路交叉点、道路及地类界的转折点等都是地物特征点。对于轮廓为曲线的地物如坟地、林地及水池等，应选在轮廓线的拐弯处。连接这些特征点，便可确定地物的轮廓和位置。

地物应按规定的符号表示，能按比例表示的地物，应将其轮廓线绘于图上。如果地物太小，不能按比例表示，应使符号中心与地物的中心重合。地物点的取舍与测图目的、测图比例尺有关。例如，为园林规划提供资料时，除一般应施测的地物(房屋、庭台、道路、渠道等)外，还应测出植被的界限等。另外，不同的比例尺的取舍也有所不同，一般规定地物轮廓凸出或凹进的长度在图上大于0.4mm，均应表示出来，在图上小于0.4mm，即可舍去。

在现场描绘地物时，可以根据实际情况把稍微弯曲的地方，目估表示出来。

2）地貌点的选择

对于地貌，碎部点应选在最能反映地貌特征的山脊线(凸棱)，山谷线(凹棱)等地性线上，以及山脚线等处。因此地貌点要选在山顶、山脚、鞍部、山脊、谷底等坡度变化及方向变化等处。一般地貌点的最大间距，不应超过图上3cm。测绘人员应先了解测站周围情况，做到心中有数，立尺者必须具有识别地形点的能力，并明了哪些主要地物、地貌要详细测出，哪些次要的地物、地貌可以从略。

3）碎部测量方法

(1) 小平板仪测绘法。主要使用小平板仪和卷尺测绘平坦地区的地物平面图。此法优点是小平板仪经济实用。确定地物点位的方法以极坐标法和交会法为主。

① 极坐标法。极坐标法是用一个方向(角度)和一段距离来确定一个点的平面位置。图8-7为在测站 A 上用极坐标法测绘地物的情况，此法适于开阔地区。

② 前方交会法。如图8-8所示，纸上已有 a、b 两点，相应于地面上的 A、B 点，现用前方交会法测定地面上1、2、3点在图上的位置。交会角宜在30°～120°之间。先将平板仪安置在 A 点上，对中、整平和用已知直线 ab 定向后，再用照准仪直尺边贴靠 a 点瞄准地面上1、2、3点并在图上轻轻画出(或延长到图外)各方向线。然后迁站到 B 点，对中、整平和以直线 ba 定向后，按同法在图纸上画出1、2、3方向线。$a1$、$a2$、$a3$、与 $b1$、$b2$、$b3$ 的交点1、2、3即为实地1、2、3在图纸上的平面位置。此法适用于碎部点较远，或不易到达的地方。

③ 直角坐标法。如图8-9所示，地物特征点向 AB 边作垂线，与 AB 边相交之点为垂足，先用尺量出 A 点至垂足的距离 x，再用皮尺量出垂足至地物特征点的垂距 y。根据纵横距离，确定地物特征点的位置。此法适用于碎部点距导线较近的地区。

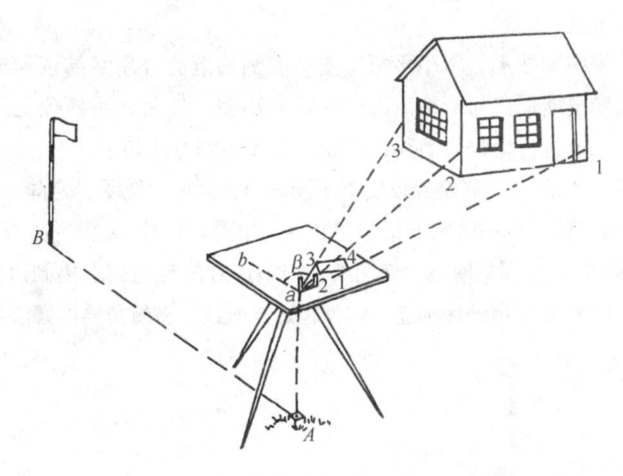

图 8-7　小平板仪测图方法(极坐标法)

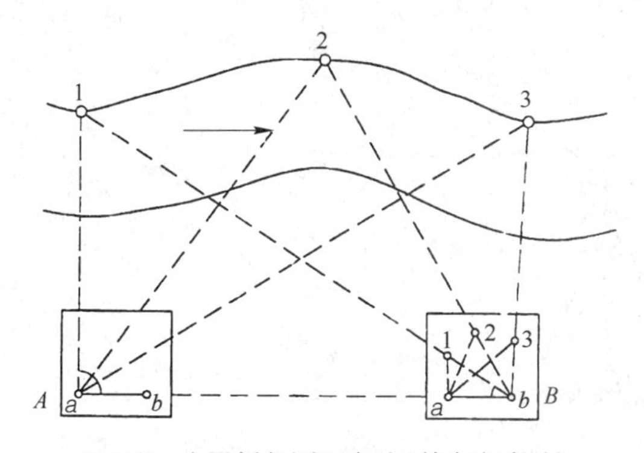

图 8-8　小平板仪测图方法(前方交会法)

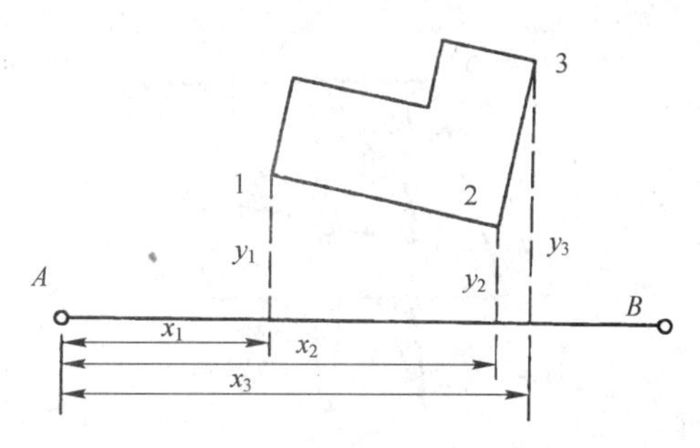

图 8-9　直角坐标法测绘地物点

④ 距离交会法。距离交会法是应用三角形已知三边长度而确定其形状，如图 8-10 房屋②是用距离交会法确定的。分别从已测定的房屋①的屋角 A、B 两点，量出到房屋②屋角的距离，然后按地形图比例尺算出相应的图上距离，用分规在图上交出房屋②在图上的位置。

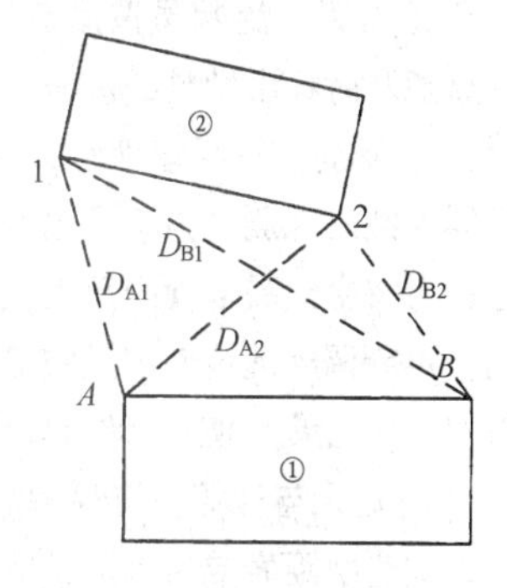

图 8-10　距离交会法测绘地物

交会线的长度，一般不超过所用卷尺的长度。这种方法常与直角坐标法配合使用。如地物点离控制边已超过直角坐标法规定的垂距，或用直角坐标法设置垂线有障碍时，就可采用距离交会法测定地物点。

在测图时，常会遇到一些局部地物离开控制点(边)距离较远或通视不良，不能直接根据控制点来测定它们的位置。这时定出接近控制点(边)的地物位置，然后根据此地物位置来测定其他地物点的位置。

在测图工作中，要注意跑尺员与观测员的互相配合，事先应共同拟定跑尺计划，随时检查图面与实地是否一致。在搬移至另一测站后，应先检查观测前一测站所测的某些地物点，以检查两站所测得该点的位置是否相符，其容许误差对于主要地物不超过图上 0.8mm，次要地物不超过 1.2mm。如超过限度必须找出原因，重新观测。

(2) 经纬仪测绘法。当测绘地区地面起伏变化较大或量距不方便，用小平板仪测图困难较大时，可采用经纬仪视距测绘法进行测绘。

此法是将经纬仪安置在测站上，将小平板仪安置在测站近旁，用经纬仪测出地形点与已知测线方向的夹角并用视距法测出地形点与测站点间的平距与高差，然后在平板仪上用量角器按极坐标法展绘地形点点位，对照现场进行地物和地貌的勾绘，具体施测方法如下。

① 安置仪器。如图 8-11 所示，将经纬仪安置于测站 A，对中、整平、定向、量出仪器高。定向是使水平度盘读数为 0°0′时将经纬仪精确瞄准相邻控制点，如图 8-11 中 B 点，以 AB 方向作为起始方向。将小平板仪(代替绘图桌)安置在测站附近，使图纸上控制边方向与地面上控制边方向大致一致，并把图上测站点 a 与定向的控制点 b 用细线相连，作为起始方向线，将量角器的圆心用针刺在 a 点。

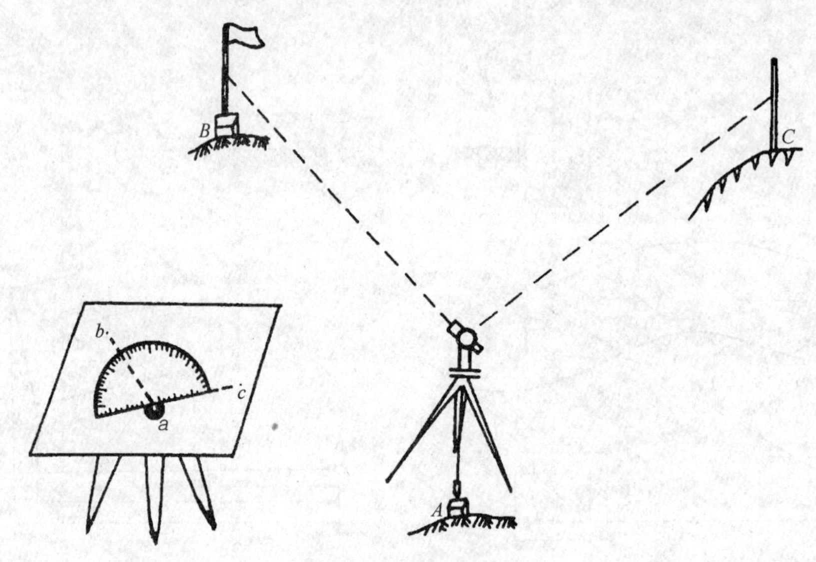

图 8-11　经纬仪测绘法

② 立尺。跑尺员按拟定的跑尺路线，依次竖立地形尺(塔尺)。务使所测地物点能及时相连，地貌点能及时标出地性线。

③ 观测。在平坦地区，可用水平视线法测出测站至地形点的平距与高差。在地形起伏地区则用倾斜视线法观测。为了加强观测与绘图的配合，可先读水平角(即水平度盘读数)，读数凑整至 5′即可；再将中丝瞄准视距尺上仪器高附近，使上丝对准一整分米数，再读取下丝读数，可算出视距间隔；再微调望远镜使中丝瞄准仪器高处(如中丝瞄不到仪器高，可直接读出中丝读数，作为觇标高读数 v，并记录 v 值)，调节竖盘水准管，使气泡居中，读取竖盘读数，即可算出竖直角。

④ 记录与计算。将观测数据逐项记入相应的记录栏内，算出视距间隔 l，竖直角 α，用视距计算盘，或查视距表或用小型计算器计算出各碎部点的水平距离，高差与碎部点的高程。将各碎部点依次编号，并记入手簿中，以便必要时查对。

⑤ 绘图。用量角器和比例尺将碎部点的位置展绘在图纸上，并注以高程。

测绘部分碎部点后，在现场参照实际情况，在图上将相邻地物点及时相连，地貌点之间加绘等高线。

在施测过程中，每测 20 点左右以后，应检查起始方向是否正确。仪器搬站后，应检查上一站的若干碎部点，检查无误后，才能在新的测站上开始测量。

施测过程中，若在控制点上，不能测及某些碎部点时，可用视距支导线的方法临时加设 1～2 个测站。

(3) 小平板仪与经纬仪(或水准仪)联合测图。此法是将小平板仪安置于测站上，将经纬仪置于平板仪旁侧 1～2m 处，与平板仪高程大致相等的位置上。

用小平板仪的测斜照准仪瞄准碎部点的标尺，定出测站到碎部点的方向。用经纬仪读视距读数和竖直角以计算水平距离和高差。

此法要求在测绘过程中平板必须稳定可靠，当地形起伏较大时，小平板照准仪观测目标很不方便。优点是使小平板仪和使经纬仪的工作量相差不多，易协调。在平坦地区，如用水准仪代替经纬仪(即利用水准仪的水平视线读水准尺来求高差，利用水准仪的视距丝来读视距)则测图精度更高。

以上三种方法，是地形测图较为常用的方法，各有其优缺点，应根据人员分工，仪器设备并结合地形条件加以选用。

8.1.4　地形图绘制

在现场实测的碎部点展绘到图上之后，即需对照实地进行地物和地貌的描绘。

1) 地物描绘

地物要用规定的图式符号表示。但图式规定也不是一成不变的。例如果园、稻田和草地等整列式的符号，原则上按图式规定的间隔排列；如果植被的面积较大时，符号间隔可放大 1～3 倍。但全幅图应取得一致。狭长面积的植被，符号间隔还可适当缩小。

在外业对照实地描绘房屋时，其轮廓用直线相连接；而河流、道路的弯曲部分，则用圆滑的曲线相连。对于不能按比例表示的地物，用相应的非比例符号表示。

2) 地貌描绘

地貌主要是用等高线来表示的。对于不能用等高线表示的特殊地貌，如悬崖、峭壁、陡坎、冲沟、雨裂等，则用相应的图式表示。

等高线是在相邻地形点间勾绘的。对同一地性线的地貌特征点也要及时地连接起来，然后根据地形点的高程勾绘等高线。由于等高线的高程是等高距的整倍数，而所测地形点的高程并非整数，所以勾绘等高线时，首先要用比例内插法在各相邻地形点间定出整数高程点，再将相邻各同高的高程点用光滑的曲线相连接。

等高线的内插(图 8-12)是根据同一坡度上两点间的高差与平距成正比的特性，在相邻地形点间算出各整数高程点的位置，然后将高程相等的相邻点连成光滑的曲线(图 8-13)。图 8-12、图 8-13 中 *A* 点高程 64.6，山头 102 点高程 68.51，等高距为 1m，则其间有 65、66、67、68m 四根等高线通过。

勾绘等高线时，要对照实地情况，先画计曲线，后画首曲线，并注意等高线穿过山脊线、山谷线的走向。最后将计曲线加粗，再按字头指向高处的原则注记高程。

3) 地形图的拼接

当测区面积较大时，整个测区用一幅图是容纳不下的，需要将测区分成若干图幅进行测绘，这样在相邻图幅连接处所绘的地物和地貌需要互相衔接。但由于测量误差和绘图误差，因此，在相邻图幅连接处的地物轮廓线与等高线常不会完全吻合，如图 8-14 所示为左右图幅连接处的房屋、道路、输电线路与等高线等均不完全吻合。为此，在测图时，每幅图的四边都要测出图廓外 0.5～1.0cm。

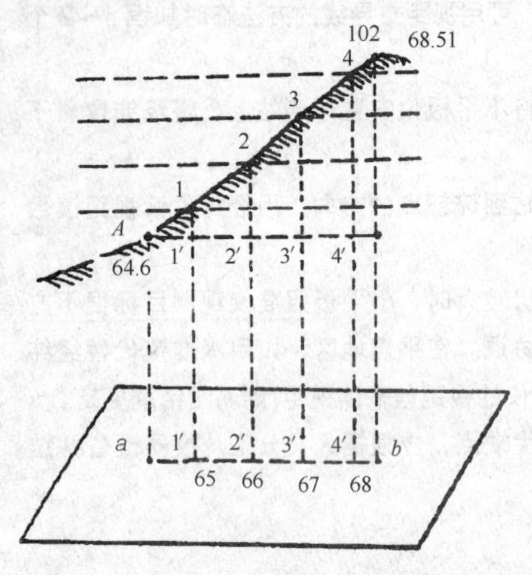

图 8-12　等高线的内插

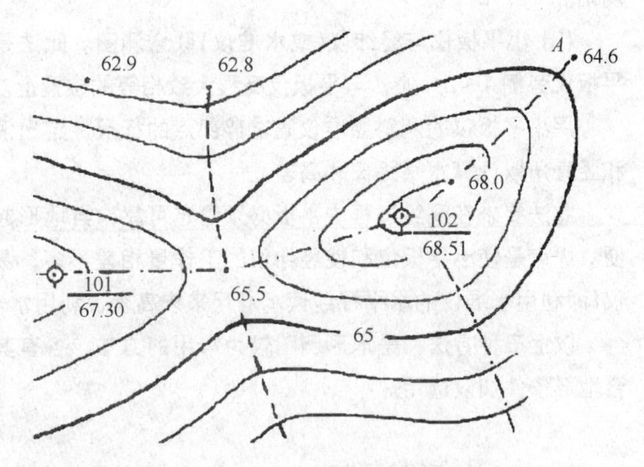

图 8-13　等高线的勾绘

拼接时，用宽 5cm 的透明纸条在左图的拼接边上，用铅笔把格网线、地物、等高线等都描在透明纸上。然后再把透明纸按格网的位置蒙在右图幅的衔接边上，这样就可看出相应地物与等高线的偏差情况。

如偏差不超过下列规定，则可取平均位置用红笔改正，按红色改正线修改相邻图幅内的原图。明显地物的位置偏差在图上不得大于 2mm；不明显地物的位置偏差不得大于 3mm；等高线偏差在平原与丘陵区为一等高距，山区为 2～3 等高距。

拼图工作一般在室内进行，如发现误差较大，超限过多，则要到野外实测校核。

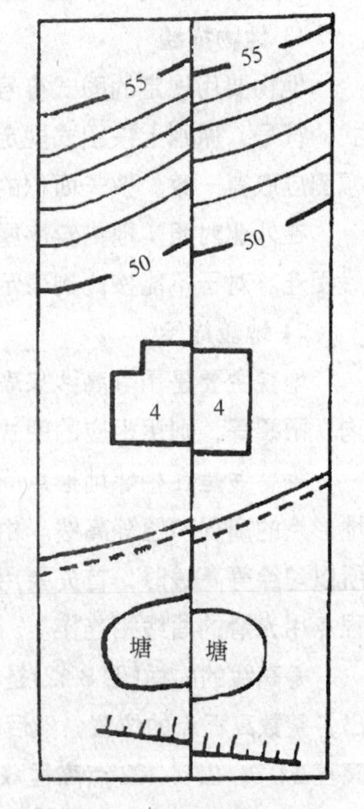

图 8-14　地形图的拼接

4）地形图的整饰

地形图整饰的目的，就是把野外测绘的铅笔底图，按照原来线划符号位置，根据图式规定，用铅笔、墨水或颜色加以整饰，使底图成为完整清晰的地形原图。为此，首先要把底图上不必要的线划、符号和数字等用橡皮擦掉，然后按照图式规定对地物、地貌符号和各种注记以及图廓进行整饰。

整饰的次序为：先图内，后图外；先地物，后地貌；先注记，后符号。最后，按要求写出图名、比例尺、坐标和高程系统、施测单位、测绘者及测绘日期等。如系独立坐标系统还应标出指北方向。

5）地形图的检查验收

在每幅图经拼接和整饰后应再对图面进行一次全面检查。

(1) 室内检查。要检查控制点的观测记录，计算有无错误，闭合差是否超限；图画是否清晰易读；符号注记是否恰当；图边拼接有无问题。如发现有问题，应到野外进行实地检查修改。

(2) 室外检查。根据室内检查发现的错误，在需要的测站上安置仪器，对明显地物与地貌进行复测，并进行必要的修改。携带原图板到现场进行实地对照，主要检查地物有无遗漏或变样、地貌是否真实、注记是否正确等。

经过以上检查，如果发现错误过多时，则必须进行修测或重测，直至满足要求为止。

8.2　数字测图概述

传统的地形测量是利用测量仪器对地球表面局部区域内的各种地物、地貌特征点的空间位置进行测定，并以特定的比例尺和图示符号绘制在图纸上，通常我们称之为白纸测图。这种测图方法的实质是模拟测图或图解测图，在测图过程中获得的数据利用模拟方法最终转化为纸上图形，转化过程中图形的数字精度由于受到放缩、刺点、绘图、图纸伸缩因素的影响，导致图件的最终成果精度大大降低，而且工序多、劳动强度大、质量管理难以实施，并且图纸的复制会进一步降低精度，图纸的保存也不如数字测图成果(磁盘、光盘)方便高效。图纸的修测更新难以实现，图纸的负载也非常有限，模拟测图已无法满足当今信息社会的需求，难以适应当前的经济建设需要。

随着测绘技术及信息技术的迅速发展，电子经纬仪、电子水准仪、全站型电子速测仪、GPS设备的深度普及，以及图形软件、地理信息系统软件的发展，为数字化测图提供了硬件和软件基础，促成了地形测绘的全数字化测绘方法的诞生，数字化测图是一种全新的机助测图方法，数字测图是一种带有革命性的技术变革，这种变革的主要表现是：传统图解法的最终成果是地形图，图纸是地形信息的惟一载体；数字测图的成果是可由数字存储设备保存的全数字化资料，可供计算机进一步处理，可以通过网络远距离传输、多方共享，可以通过绘图仪、打印机输出。而且，地形信息作为空间数据的基本信息之一，它也是迈向信息化时代的地理信息系统(GIS)的重要组成部分。

数字地图为以数字形式存储在磁盘或光盘上，用以表达地物、地貌特征点的空间几何形态。数字测图与传统图解法测图相比，以其特有的高自动化、全数字化、高精度等显著优势已经成为地形测图的主要方法。数字测图的优势在于：

(1) 实现了大比例尺测图的高度自动化。

(2) 实现了大比例尺测图的数字化。

(3) 实现了大比例尺测图的高精度、低损耗。

目前数字测图技术已成为大比例尺地形测图的主要手段，并已形成了新的技术体系，其主要内容包括：大比例尺数字地面模型的建模理论；等高线的插值与拟合；数据结构与计算机图形学；数字测图内外业一体化理论；数字地图应用理论；测绘软件系统的设计与实施；电子测绘仪器原理、检校和使用方法及与其相适应的作业方法创新等。

数字测图(digital surveying and mapping，简称DSM)系统是以计算机系统为核心，连接测量仪器的输入、输出设备，在软、硬件的支持下，对地形空间数据进行采集、输入、编辑、成图、输出、管理的测绘系统(图8-15)。

数字测图系统由于空间数据的来源不同，数据采集所采用的仪器、方法、软件也各不相同，目

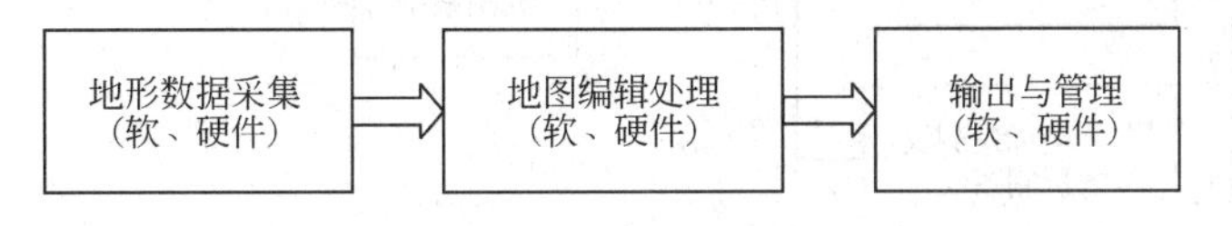

图8-15　数字测图系统

前主要有以下方式：

1）野外数据采集

用全站仪(或半站仪)在现场进行坐标或距离、角度测量，采集并绘制草图，利用全站仪内存或记录手簿存储位置信息，利用草图或编码描绘连接关系和地物、地貌类型，将数据输入计算机进行数据处理和图形编辑，形成数字地形图。这种方法称为全数字测图。所采集的数据还可以绘制不同比例尺的地形图或其他专业图，也可以进入数据库或 GIS。由于采用全站仪直接测定碎部点具有很高的精度，所以地面数字测图是各种测图方式中精度最高的一种，也是目前城市大比例尺数字测图主要的方法。

2）原图(底图)数据采集

如果测区已经进行过图解法测图，在有纸图存档的前提下，可以对原图(亦称底图)进行数字化，转化成为计算机可以处理的数字地图。这种方法主要应用于计算机存档、图纸更新、修测，也是航测数字化成图的一道工序。在建立该区的 GIS 或进行工程设计时，它是数据录入的重要手段。原图(底图)数字化的方法有数字化仪数字化和扫描数字化两种。

3）数字摄影测量

以航空摄影获取的航空像片作为数据源，即利用测区的航空摄影测量获得的立体像对，在解析测图仪上采集地形特征点自动传输到计算机内，经过计算机处理，自动生成数字地形图，并由数控绘图仪输出。这种测图方法称为航空数字测图。它可以提供数字的、影像的、线划的等各种成图成果，还可以直接进入 GIS，这也是城市 GIS 数据获取的主要方法。我国目前城市较大面积的大比例尺航空摄影测图为多年一次，在利用新的航测数据建立 GIS 以后，只要用野外数字测图系统作为 GIS 地形数据的更新系统，用地面数字测绘的数字图作局部更新，保证了 GIS 地形数据的时性。

综上所述，广义的数字测图系统如图 8-16 所示。

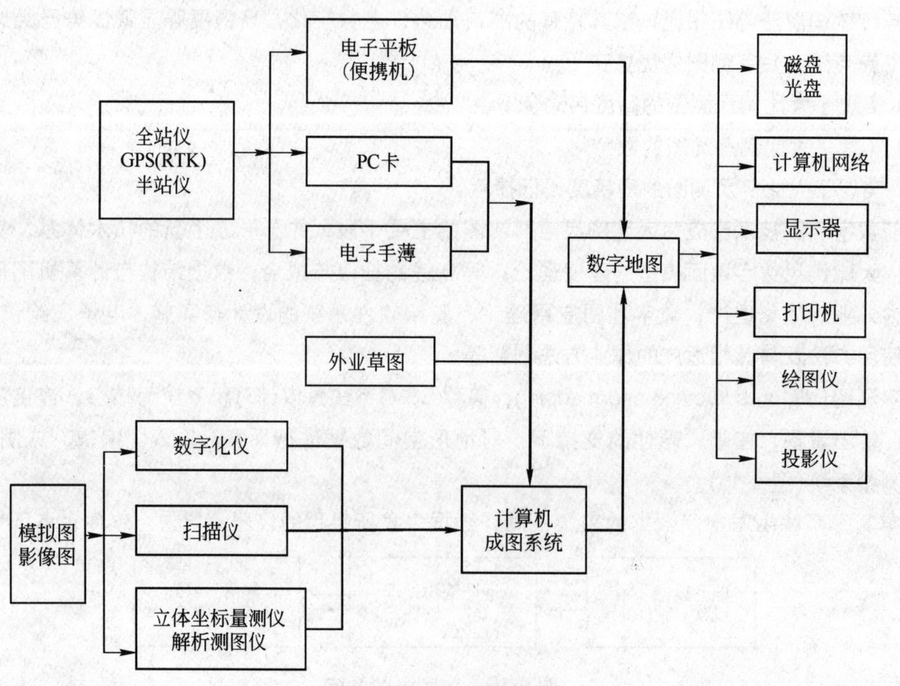

图 8-16　数字测图系统

8.3　地形图的数字化

在生产实际中，根据生产需要要把大量的纸质地形图输入到计算机中去(如地理信息系统的基础数据采集)，而计算机是不能直接识别图形的，必须将图形坐标输入到计算机，这个过程叫地形图的数字化。实现数字化的设备叫数字化仪，它是专门用来读取图形信息的计算机数据输入装置。

进行地形图的数字化，实质上是将图形转化为数据，数字化仪是采集图形数据的设备，由其采集的数据还需要用专门的软件进行处理和编辑。由纸质地形图向数字化图的转换是数字化的一个复杂的过程，它涉及到原纸图的固有误差、数字化过程中的误差、数字化的设备(数字化仪)、数字化软件等多个方面。目前通用的数字化方法有：手扶跟踪地形图数字化法、扫描数字化法、解析测图法等，这里我们主要介绍手扶跟踪地形图数字化和扫描屏幕数字化的基本方法。

8.3.1　手扶跟踪地形图数字化

1) 手扶跟踪地形图数字化原理

手扶跟踪地形图数字化法，也称手工数字化仪法或称数字化板输入法。它适用于工作底图为纸质地图、聚酯薄膜图、蓝图等。手扶跟踪地形图数字化是利用数字化仪和相应的图形处理软件进行的，其工作原理是：首先将数字化仪正确地与计算机连接，把准备数字化的工作底图放置于数字化板上并固定，用手持定标设备(游标)，对地形图进行定向和确定图幅范围，然后跟踪每一个地图特征，由数字化仪和相应数字化软件在工作底图上进行数据采集，将经过图纸定位后被数字化仪采集并由相关软件转换后的属于地形图坐标系的图形坐标数据(矢量数据)发送给计算机，经软件编辑后获得最终的矢量化数据即数字化地形图。这个过程相当于用一只数字笔将原有地形图在计算机里再描一遍，是一个直接将光栅模式的图纸描成矢量格式的过程。在许多绘图软件如 CAD 及自主开发的各种地形测图软件中都提供对手扶跟踪数字化仪的支持。用手扶跟踪数字化方法数字化地形图，可在地形图数据输入时由人工方式将不同信息分层，非常直观。手扶跟踪地形图数字化对复杂地形图的处理能力较弱，对不规则曲线如等高线只能采用取点模拟的方式，耗时多且处于半自动状态，效率不高。因而，手扶跟踪地形图数字化适用于时间要求不紧迫，地形图所包含信息不太复杂的情况。手扶跟踪地形图数字化的精度取决于工作底图上地形图要素的宽度、复杂程度、数字化仪器的性能(主要是分辨率)、作业人员的工作熟练程度等多种因素。

2) 数字化仪的组成

数字化仪由感应板(或称画图板)及定点设备(又称传送器或鼠标，图上与线相连的较小部件)两部分组成。如图 8-17 所示，各部分的构造和功能如下：

(1) 感应板。是数字化仪最重要的设备，其外形为一矩形平面板，板内置有磁质伸缩线或静电感应线圈，从而生成一个待感应环

图 8-17　数字化仪

境，当定点设备在其上面移动时，获得相应的感应电信号。在感应板平面内被定义了一有效感应区域，在有效感应区域内可进行正常的数字化工作，而在有效感应区域外进行数字化时，数字化的精度和正确性均不能保证，感应板上设有软菜单，可进行数字化仪的性能参数设置，数字化仪的工件状态可通过感应板上的状态指示灯表示出来。

(2) 定点设备。数字化仪使用的定点设备有：3键式、4键式、12键式、16键式定标器，接触式开关笔、一键式开关笔、两键式开关笔、压力敏感笔等。

3) 数据采集

数字化时的数据采集是指用数字化仪的感应板及定标设备在数字化工作底图上采集数据。与野外数据采集特征点类似，数字化地形图时只需从工作底图上对地形特征点的数字化数据进行采集，获得每一特征点的点位坐标，并输入它们的属性编码和连接信息(表示本点与应该连接的点相连)。

实际在进行地形图数字化数据采集时，可按地物类型分类、分时段采集，如先采集房屋类地物的特征点数据，再采集线状地物的特征点数据等。

在数字化作业时还必须充分考虑各种类型地物的特点进行数据采集。对于点状类符号(如独立地物符号)，仅需采集符号的定位点数据；对折线类型的线状符号只需采集各转折点数据；曲线类型的线状符号，只对其特征点的数据进行采集，由程序自动拟合为曲线，特征点的选择同地形测图时的方法相同，曲线上明显的转弯点等均是特征点。对于斜坡、陡坎、围墙、栏杆等有方向性的线状类符号，数据的采集要结合图式符号库的具体算法进行，数据采集只在定位线上进行。采集数据的前进方向的选择要按软件图式符号库的规定进行，如规定有方向性的线状类符号的短毛线或小符号在前进方向右侧(或左侧)，由此可结合图示符号的具体位置决定数据采集的前进方向；对面状类符号，则只需采集在其轮廓线上的拐点或特征点。面状符号内部有填充符号时，面状符号的轮廓线必须闭合、软件会根据输入的地物的编码和轮廓线的位置自动配置并填充符号。

8.3.2 扫描屏幕数字化

1) 扫描屏幕数字化的基本原理

扫描屏幕数字化也称扫描矢量化。其基本原理是对各种类型的数字工作底图如纸质地图、蓝图或聚酯薄膜图，首先使用具有适当分辨率、消蓝功能和扫描幅面的扫描仪及相关扫描图像处理软件，把底图转化为栅格影像图生成光栅文件，光栅数据的内容被表示成黑点和白点(二值模式)或彩色点组成的一个矩阵(点阵)，单个的点被排在地形图图纸的 X、Y 方向上，点与点之间彼此没有任何逻辑上的联系，这些点以镶嵌的形式在计算机屏幕上显示，对光栅图影像而言，图像的放大或缩小，会使图像信息发生失真，尤其是放大时图像目标的边界会发生阶梯效应。因而，需对光栅图像进行诸如点处理、区处理、帧处理、几何处理等，在此基础上对栅格影像进行矢量化处理和编辑，包括图像二值化、黑白反转、线细化、噪声消除、结点断开、断线连接等。这些处理由专业扫描图像处理软件进行，其中区处理是二值图像处理(如线细化)的基础，而几何处理则是进行图像坐标纠正处理的基础，通过处理达到提高影像质量的目的。然后利用软件矢量化的功能，采用交互矢量化或自动矢量化的方式，对地形图的各类要素进行矢量化，并对矢量化结果进行编辑整理，存储在计算机中，最终获得矢量化数据，即数字化地形图，完成扫描矢量化的过程。

扫描矢量化的过程就是将图纸由光栅格式转换成矢量格式的过程。扫描数字化法是目前比较常用的地形图数字处理方法，作业速度快，精度高。扫描数字化地形图的最终精度即所获得的矢量化数据的精度取决于地形图底图上描述地形图要素的宽度、复杂程度、扫描仪的分辨率。地形图工作底图的变形误差、作业员的熟练程度等。地形图工作底图的要素越简单、扫描仪的分辨率越高、地形图底图变形越小、作业人员熟练程度越高，数据转化过程中误差就会越小。

2）扫描仪的技术性能及要求

扫描仪是一种自动式数字化仪，可以将纸质图、胶片，或其他介质上的图像直接转换为数字栅格图像。

扫描仪的技术性能对扫描数字化的质量有重要影响，因此选择合适的扫描仪是很重要的。扫描仪的主要技术指标项有：幅面、分辨率、精度、速度和硬件消蓝功能等。扫描地形图时要求扫描幅面一般应不小于普通地形图的图幅幅面，一般地，滚筒式扫描仪应能扫描 *A*0 或更大幅面的图纸，平板式扫描仪进行地形图的数字化扫描时，其扫描幅面一般应不小于 *A*1，分辨率应在 300dpi (dot per inch)以上。

3）扫描数字化工作步骤

扫描屏幕数字化的工作步骤如图 8-18 所示。

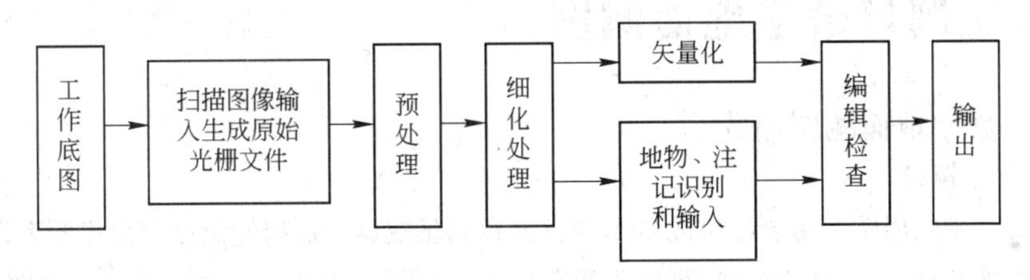

图 8-18　扫描屏幕数字化的工作步骤

扫描屏幕数字化的过程是一个解释光栅图像并用矢量元素替换的过程。由于原图纸的各种误差和扫描本身的原因，扫描结果提供的是有误差甚至是有错误的光栅结构。因而，扫描地形图工作底图得到的原始光栅文件，还需进行多项处理才能完成矢量化，预处理过程实际上是对原始光栅文件进行修正，因在原始光栅文件中，由于工作底图图面不整洁、线划不光滑及扫描、摄像系统分辨率等可能造成的不利影响，会使扫描出来的图像线划带有黑斑、孔洞、毛刺、凹陷等噪声，在细化前要采用消声和边缘平滑技术除去这些噪声，减小其对细化的影响和防止失真，同时还要进行图幅定位坐标纠正，修正图纸坐标的偏差，通过预处理得到正式光栅文件，以 JPG、PCX、BMP、TIFF 格式存储；预处理内容还包括：设置图层名称、图层颜色及地物编码，便于矢量化地形图的后续利用；数字图是利用数字来表达地球表面的地物、地貌相对位置关系的，所以数字化图最终采用的坐标系应当是原地形图工作底图采用的坐标系统，扫描后形成的栅格图图像坐标必须转换到原地形图坐标系中，即要进行图幅定向。

细化处理过程是在光栅数据中寻找扫描图像线条的图形原骨架，也就是线条中心线的过程。衡量细化质量的综合性能指标有：细化处理所需内存容量、处理精度、细化畸变、处理速度等。对扫描图像进行处理的计算机，要有足够的内存容量，细化的畸变要小，精度要高。细化处理应保证图像中线段的连通性，但因原图及扫描的问题，在图像上总会存在一些断点和毛刺，必要时应进行人工补断和毛刺剔除，细化的结果应是原曲线的中心线。矢量化是在细化处理的基础上，将栅格图像转换为矢量图形。

地形图数字化中主要有两种矢量化方法：一是中心线矢量化法，这是一种基于骨架(细化)跟踪的矢量化方法。不论光栅线的宽度有多大，中心线矢量化法都将顶点放在光栅的中心线上；二是轮廓线矢量化法，它基于轮廓线跟踪方法，顶点在光栅的四周边界上。轮廓线矢量化方法适合于用矢量表示一块面积的时候，中心线矢量化方法一般适用于由大块实心物体组成的图像中，在数字化软件中两种方法常被结合使用。

在栅格图像矢量化的过程中，大部分线段的矢量化过程可实现自动跟踪，而对一些诸如重叠、交叉、文字符号、注记等较复杂的线段，全自动跟踪矢量化较为困难，此时应采用人机交互和自动跟踪相结合的方法进行矢量化，因其都是在屏幕上进行的，故称屏幕数字化。

目前国内外已有一批扫描屏幕数字化软件普及使用，使用较为广泛的有：EPSCAN、CASS 系列软件的扫描矢量化软件和 GIS 软件附带的扫描矢量化软件。上述软件均定位在具有图像矢量功能的 GIS 数据采集软件上，并可与 CAD 兼容，在编码、符号、地物、目标等方面均为适应 GIS 的数据要求作了准备，大部分软件本身就是地理信息系统软件的前端数据采集部分。

8.4 大比例尺数字地面测图

8.4.1 数字地面测图模式

1）数字测记模式

野外测记、室内成图，用全站仪或 GPS 采集并存测量数据，目前的全站仪大多配有足够的内存，可以将测量数据存储在仪器内部，也可以采用存储卡、电子手簿等。在测量坐标的同时，绘制外业草图，草图主要记录点号、连接关系和元素类型。室内从测量数据中获取坐标，采用成图软件展绘在计算机屏幕上，依照外业草图进行人工连接，进行编辑整饰成图。目前国内应用较广的软件有南方测绘公司的 CASS，清华山维公司的 EPSW 等。

2）电子平板测绘模式

野外测绘、实时显示，现场编辑成图。电子平板是指便携机或掌上电脑现场连接全站仪，利用地形图测绘软件直接将测得的坐标展绘在计算机屏幕上，直接现场连线编辑成图。电子平板要求成图软件既有与全站仪通讯的功能，又可以进行现场编辑存储。这种方式不需要绘制草图，也可以不记录数据，减少了中间环节，可在现场发现并解决问题，是一种自动化程度高，可靠性最高的测图方式。此类软件以清华山维公司的 EPSW、南方测绘公司的测图精灵、广州开思公司的 SCS 遥控电子平板系统最为应用广泛。

8.4.2 大比例尺数字地面测图的技术设计

为了保证数字测图工作的正确实施，必须在测图前对整个测图工作做出合理规划、统筹安排：从硬件配置到数字化成图软件，测量方法和测量方案及数据采集精度，数据和图形文件的生成及计算机处理，各工序之间的衔接和协调，保证数字测图成果的各类提交资料符合国家和行业的规范规程、图式要求，并符合委托单位的技术要求。

根据测区情况，调查测区自然地理条件、本单位拥有的软、硬件设备、技术人员，运用数字测图理论和方法制定合理的技术方案、作业方法并拟定作业计划，用以指导数字测图的全过程。

1）准备工作

技术设计前应搜集测区内各项相关资料并进行现场踏勘，搜集内容包括：

(1) 测区 1∶1000～1∶5000 比例尺地形图、交通图；

(2) 测区已有的控制测量资料，包括平面控制网图、水准路线图、控制点及水准点“点之记”、控制点成果表、技术总结报告等；

(3) 城市规划、城市地质、地球物理特征及气象资料。

2）技术设计的依据

(1) 国家及部门颁布的有关技术规范、规程、图式；

(2) 任务文件及合同书；

(3) 上级主管部门批准的地方性技术规定。

3）技术设计的内容

设计要详细说明测区已有控制资料的详细情况，包括施测单位，施测时间、控制测量等级、精度、标石保存情况，平差方法，并对成果质量进行分析评估，拟定对旧网和国家控制网的联测方案。同时应该说明图根控制测量和碎部测量的方案，采用的仪器、软件、人员构成。工作量统计、作业计划拟定和经费预算。

8.4.3　数字测图的数据采集

各种数字制图系统必须首先获取测区野外图形信息，地形图的图形信息包括所有与成图有关的各种资料：如测量控制点资料，解析点(地形点)坐标，各种地物的几何位置和符号，各种地貌的形状以及相应的各类注记等，在数字测图中获取这些信息的工作称为数据采集。

1）数字测图野外测量数据采集的内容

采用数字测图方法时，数字化成图的主要工序应包括：数据采集、数据处理、图形处理与成果输出。数据采集是整个数字测图的基础和依据，所以无论是传统方法还是数字测图，此工序都是非常重要的一个环节。数据采集是利用全站仪(半站仪)在野外对成图信息进行采集。采集的数据载体为全站仪的存储器和存储卡；也可以是电子手簿或各种掌上电脑或便携机，采集的数据可直接输入计算机。野外数据采集的内容包括：图根控制测量，碎部测量以及其他专业测量(如地籍、管线测量等)。

2）野外数据采集原理

(1) 地形点位描述。传统的地形图测绘首先是建立测图控制，根据测图控制点测定碎部点的三维坐标，然后由绘图员按坐标(或方向与距离)将点展绘到图纸上，根据跑尺员的报告和实地观察将所测碎部点以其表示的实际地物或地貌位置或图式符号进行描绘，最后整饰成一幅地形图。所以一幅地形图的绘制实际上是逐点测绘的最终成果。野外实际测定地形点的空间位置是地形图最基本的原始信息，按测量学的定义，测量的基本工作就是测定点位，它一般是通过测量水平角、竖直角(或高差)、距离间接确定。数字测图是将野外采集的成图信息(各类碎部点的信息及与成图有关的各种信息)通过计算机软件自动处理(自动识别、自动检索、自动连线、自动调用图式符号等)，经过编辑，最后自动绘出所测的地形图(数字地形图)。因此必须对地形点同时给出点位信息和图形信息，以便计算机识别和处理。数字测图中对地形点的描述必须同时具备三类信息：

① 测点的三维坐标信息；

② 测点的属性信息，即地形点的类属及特征信息。绘图时必须知道该点是什么点，是地物点，还是地貌特征点，有什么特征等；

③ 测点的连接关系，据此可将相应的点连成一个整体。

上述三类信息中前一项是点的定位信息，后两项表示点的图形信息。测点的点位信息是用测量仪器通过野外测量获取的测点的三维坐标 X、Y、H。在进行野外测量时，对所有测点按一定规则进行编号，且此编号在测图系统中不能重复，根据点的编号可以自动提取点位坐标。测点的属性是以地形编码表示的，在数字测图系统中必须有一套完整的地物编码来代替地物的属性，即地物名称和相应的图式符号。测点的连接信息是指计算机可以通过测点的连接信息识别点与点的对应连接关系和以什么线型(直线，曲线、圆弧线等)连接。通过以上手段，根据野外采集点的有关地形信息，计算机便可以进行点的有效连接，按所对应的图式符号编码，利用测图系统中的图式符号库，从中调出与该编码对应的图式符号，就可以将数字地形图绘制出来。

(2) 地形编码方法。地形编码是用来说明地形点的属性信息，以便计算机识别地形点是哪一类特征点，用什么图式符号来表示等。为此数字测图系统中必须设计一套完整的地物编码来代替地物的名称和代表相应的地形图图式符号。地形图的地形要素按《1∶500、1∶1000、1∶2000 地形图图式》(GB 7927—1995)已将其依属性归为 10 大类，编入的图式符号有 400 多个，按独立要素约有 600 多个。对于不同的数字测图软件系统来说，就是要根据所设计的数据结构制定各自的编码方式，但它必须要遵循以下原则：

① 要充分考虑到野外测量作业方便，编写简练，以最少位数的数码来代表地形点分类属性，符合测量人员的习惯；

② 依据地形图图式的分类系列进行分类，以符合国际图式分类标准；

③ 具有较好的可操作性，便于计算机识别和操作，每一个地形要素均赋予一个编码，编码与图式符号一一对应。

(3) 图形信息的分层。地形图的图形信息进行分类，存放在不同的“层”上，是目前地形编码设计中广泛采用的处理方法。也就是说把野外采集来的图形信息按其属性进行分类，并存放在不同层面上，地形图的图形信息是这些不同层面上的属性信息叠置的结果。这样做会给图形信息处理带来很大方便，一方面在图形信息输入时，按不同层面进行操作，比较简单，图形显示时，可以只显示必要的层面，清晰、直观，加快了图形处理的速度。另一方面，在编制不同用途的专题图时，可以通过关闭某些不需要的层面，添加一些专业用途的图形信息层，即可得到各种专用图，同时也便于图的缩放处理。

按《1∶500、1∶1000、1∶2000 地形图图式》以地形要素的归类顺序，这 10 个图形信息层依次是：1 层为测量控制点；2 层为居民地；3 层为工矿企业建筑和公共设施；4 层为独立地物；5 层为道路及附属设施；6 层为管线及垣栅；7 层为水系及附属设施；8 层为境界；9 层为地貌及土质；10 层为植被。也可以用顺序的阿拉伯数字(1，2，…9，10)表示这 10 个信息层的序号。

(4) 几种编码方案：

① 三位整数编码：

三　位　编　码　　表8-1

编码	名称	编码	名称
100	天文点	105	导线点
101	三角点	106	埋石图根点
102	小三角点	107	不埋石图根点
103	土堆上点	108	水准点
104	土堆上的小三角点		

三位整数编码是位数最少的地形编码。根据《1∶500、1∶1000、1∶2000地形图图式》对地形信息以属性分类，共分10大类。在设计三位整数编码时，第一位表示大类别号，第二、三位为地形符号在大类中的序号，表8-1列出了表示测量控制点的编码情况，如106，第一位“1”为大类编号，即测量控制点类，“06”为图式符号中序列为6的控制点，即埋石图根点。按照三位整数编码，很显然每一大类中的符号编码不能多于99个，在地形图图式中水系的符号超过99个，大约有130个，最少的是第1类测量控制点，只有9个。此外，测图系统中一些特殊的线划、层等也需设计编码，一些制作符号的图元及线型也需要编码，所以需设编码的总数量远远超过600个，因此使用三位整数编码在实际测图软件的编码系统中往往是在10大类的基础上作适当的调整和规定，各系统详细的编码需参阅各自的测图系统的编码表。三位整数编码的优点是：

A. 编码位数最少，简单，便于记忆和输入；

B. 按图式符号分类，符合测量人员的习惯；

C. 与图式符号一一对应，编码本身就带有图形信息；

D. 计算机可自动识别，自动绘图。

缺点是：同一大类符号数量相差大，需进行调整，如水系及附属设施的编码分两段，7大类700～799，剩余的放在8大类，如850～899等。

② 四位编码。四位编码的第一位为地形要素的大类别号，第二、三位为顺序号，即地物符号在某大类的序号与《1∶500、1∶1000、1∶2000地形图图式》中该大类内的序号一致，第四位为连线信息，指定地物点之间按选择的连接线型连线，连接线型规定：“1”直线，“2”曲线，“3”圆弧线。

四位整数编码的优点：

A. 连接点与连接线型简单，整个野外输入信息量较少；

B. 记录中设计了连接点这一栏，较好地解决了断点(同一地物编号顺序中断的点)的连接问题，方便野外作业；

C. 根据测点的编码不同，利用图式符号库解决复杂的线型(直线、曲线、圆弧线、实线、虚线、点画线、粗线、细线等)，避免了测量员在野外输入复杂的线型信息，只要记住直线、曲线、圆弧线即可；

D. 避免了野外详细草图的绘制。当外业断点较多时，采用在手簿上记录断点号来代替详细的草图，减少了野外工作量，较复杂时一般只需绘出相应点号处的简图，作为手簿上记录的断点的补充说明，以保证断点的正确连接；

E. 野外跑尺员随意性大，只要记住断点号就可以正确连接测点。

③ 其他编码

目前国内的一些测图软件中，还有如下几种：

A. 全要素编码。通常全要素由若干位十进制数组成，每一位数字均按层次赋予特定的含义。首先将图式中的地形要素分类，如“0”测量控制点，“1”居民地，“2”独立地物，……，然后在每一类中进行分类，如居民地类又分为“01”一般房屋，“02”简单房屋、“03”特种房屋等，再加上类序号，特征点序号(同一地物中的特征点序号)共有8位数．图8-19所示为全要素编码形式，这种编码形式每个碎部点具惟一性，易识别，适合计算机处理，但有层次多，位数多，难以记忆，当编码输入错漏时，在计算机的处理过程中不便人工干预，同一地物不按顺序观测时，编码相当困难等缺点。

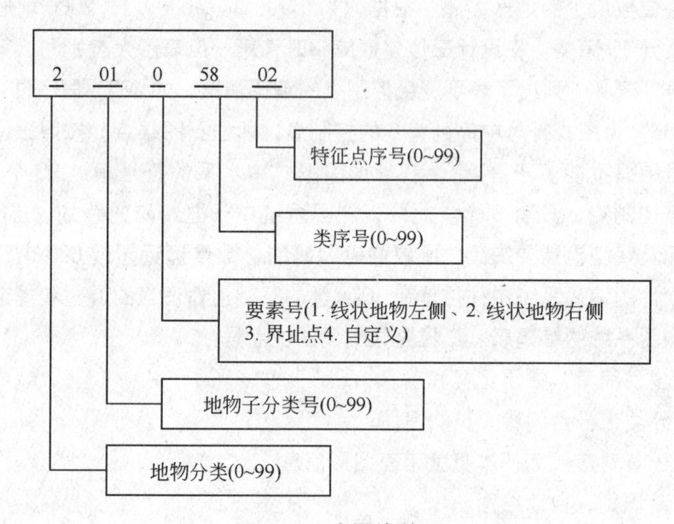

图8-19 全要素编码

B. 无记忆编码系统。目前实用的大多成图软件，都有类似工具栏的图例符号系统，直接选中所需的符号进行选择，便可以输入编码，用户无需记忆。如图8-20所示。

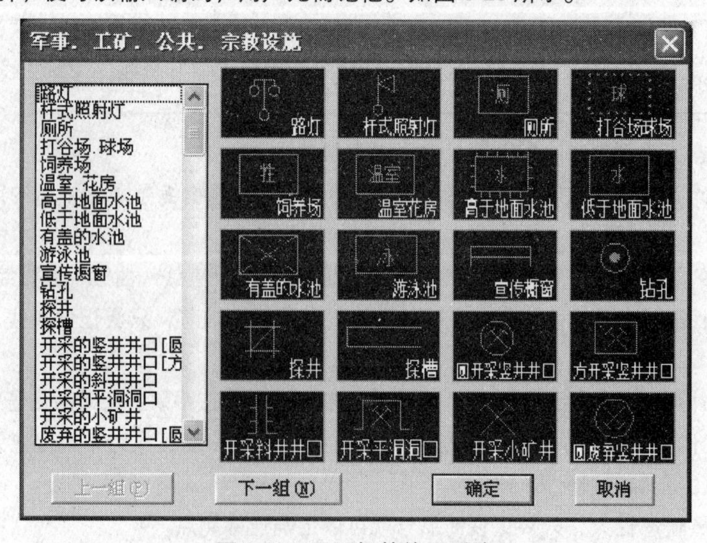

图8-20 无记忆的编码系统

另外还有一些编码系统，各种编码均有各自的特点，但不管是哪一种编码，首先要考虑的是测量人员的野外作业方便简捷，符合测量人员的习惯。所以到目前为止，三位整数和四位整数编码系统被广泛应用。但数字化图形信息输入 GIS，三位编码是不够的，也不十分规则，数字地图如何适应 GIS 的要求，如何形成统一的国标，还需做进一步地探讨。

(5) 连线信息。包括连接点和连接线型，如测一个线状或面状地物，有的是在一个测站顺序观测，测点编号往往是连续的，有的是在不同测站观测，测点编号一般不连续，这时就需要明确本测点与哪个点相连，以什么线型连接，所谓线型是指直线，曲线或圆弧线等线条类型。例如：现假设测量一条道路，编码为 633。图 8-21 所示为野外记录的测点关系图。表 8-2 为测点顺序连续编号，表8-3为不连续编号，即中间存在断点，如图 8-21(*b*)中的 4 点即为断点。其连线记录格式见表 8-2、表 8-3 所列。

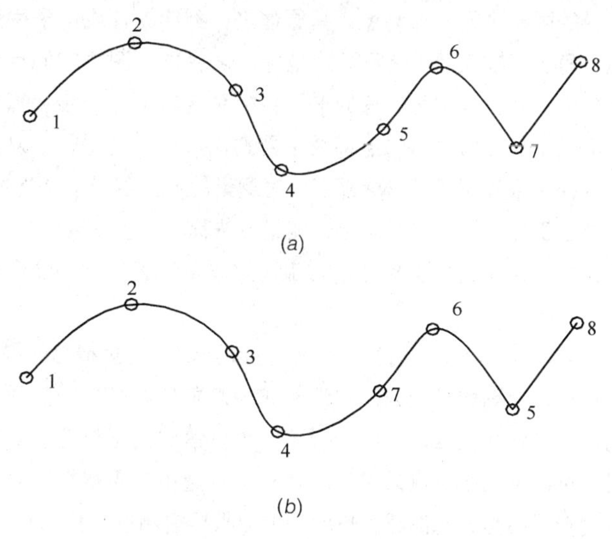

图 8-21　连接关系示意图

连　线　信　息　　　　表 8-2

点号	1	2	3	4	5	6	7	8
编码	633	633	633	633	633	633	633	633
连接点	1							
连接线型							2	1

连　线　信　息　　　　表 8-3

点号	1	2	3	4	5	6	7	8
编码	633	633	633	633	633	633	633	633
连接点	1				5		－4	5
连接线型				2			－2	1

在表 8-2 中，1，2，…，8 为连续编号，测点在一个测站上连续观测，测点间连接线型相同，只在最终点处输入连接线型。其中第一列点号为 1，连接点也是 1，表示是起点，表中 6、7 点是圆弧

线连接，7、8点是直线连接。在表8-3中，4点为断点，可根据实际情况分为三个块结构：1，2，3，4列为第一块，5，6，7列为第二块，8列为第三块，每一记录块内编码相同，第7列的连接点－4表示既与上一记录点6相连，又与下一点4相连，连接线型为－2，表示本块曲线相连，但连接顺序和上块相反，第三块表示8点与5点直线相连，计算机检索处理后，得到点列顺序为1，2，3，4，7，6，5，8，并按编码绘出相应直线和曲线来。

综上所述，对每个碎部点来说，获取了描述点的三类信息，就具备了计算机自动成图的必要条件。

3）图根控制测量

由于全站仪的普及使用和计算机的加入，图根控制测量可以与原先的模拟法测图工序不同，即可以在进行图根控制测量的同时进行碎部测量，其原理是，测绘软件或电子手簿记录控制点和碎部点的斜距、水平角、竖直角、棱镜高而不是只记录坐标。之后进行图根控制点平差，平差之后，利用平差后的图根成果重算碎部点坐标即可，有的电子平板系统就具有一步重算功能，可以利用平差后的图根点坐标重算碎部点坐标并以原有的连接关系重划地形图。对于数字测记方式，只需在内业连图前平差重算即可。这种图根控制测量与碎部点同时测量的方式相对于"先控制、后碎部"，省去了单独图根控制测量的外业工作，值得推广。上述测量方法称"同步测量法"，采用这种测量方法较传统的先控制后碎部的分步作业模式具有省时、省工、效率高、速度快和便于修改等优点，也是数字测图所独具的优势。

图根控制测量也可以采用GPS RTK方式布设，目前随着GPS测量精度的提高，RTK技术可以完全满足图根控制的平面精度，但高程精度因仪器性能和观测条件以及当地高程异常而异，在增加联测高程点，选择合适的观测条件和仪器设备的情况下，可以达到图根测量的高程精度。对于仍然不能满足高程精度的情况，可以采用水准测量进行。在实际测量中，图根控制测量大多采用光电测距三维导线方式，即同时测量平面坐标和高程，一次完成图根导线测量布控。

图根点加密可以在图根导线上布设附合导线，但不宜超过两次附合。对于不具备附合条件的个别地段，加密方法可以采用支导线法、双极坐标法。

由于数字测图方式整体精度的提高，所以最新版本的《城市测量规范》(CJJ 8—99)减少了数字化测图时图根点的密度，在平坦地区图根点的密度见表8-4所列：

数字测图图根点密度要求表 **表8-4**

测图比例尺	1：500	1：1000	1：2000
图根点数/km^2	64	16	4

4）碎部测量

(1) 点信息的野外采集。数字测图的碎部测量实际上就是采用一定的测量方法在野外进行碎部点点位信息的采集，它是数字测图作业的基本工作，也是数字测图成图精度的关键环节。采用解析法测图的一般作业方法是：在野外由绘图员将测得的碎部点标注在图纸上，随时根据实际情况连线和标绘图式符号，形成草图，同时记录员还需将地形点的相关信息记录在碎部点手簿上，在测图及绘制过程中一旦发现问题，即可检查手簿进行纠正。

(2) 碎部测量方法

① 极坐标法。极坐标法可以采用全站仪以三维坐标测量法进行。它是用极坐标法测定点的平面坐标 X、Y，用三角高程测定点的高程 H。在全站仪中，一般以 N(North)，E(East)表示平面坐标，以 Z 或 ELEV(Elevation)表示高程。极坐标法测量是从一个控制点上，根据测站上的一个已知方向测定出已知方向与碎部点之间的水平角以及测站点到碎部点的距离，来确定碎部点的平面位置，其测站点可以是基本控制点或图根控制点。

极坐标法的坐标计算一般由全站仪自动完成，其计算原理和公式与传统仪器基本一致，只是对于全站仪而言，它可以直接计算出测点的三维坐标，也可以采集斜距、水平角、竖直角，然后利用这些数据再进行计算，另外，全站仪一般已经内置了常用的距离计算、角度计算、悬高测量、对边测量、网格放样、简单导线平差等功能，高级的全站仪集成的功能更多，使用更为方便。

② 其他方法。极坐标法是最常用，最实用、最基础的方法，其他方法主要用于特殊条件下的测量，如支导线法、角度交会、距离交会，这些方法是利用数学计算来间接求解待测点坐标，一般已经集成在全站仪和成图软件中，其计算原理与常规测量中的交会测量相同。

8.4.4　地形图的计算机编辑

当通过某种或某几种数据采集手段获取了各种地形信息数据并传输到计算机之后，还需要对这些数据进行加工处理，提取对绘图有用的各种信息，对其进行计算和整理，再按规定的数据结构存储，建立起适合绘图、编辑处理和能与 GIS 接轨的地图数据库；据此可生成数字地形图，进行地形图的绘制，可向 GIS 提供地形空间信息和属性信息。这种利用计算机对原始数据所进行计算、整理和地形图绘制的过程称为地形图的计算机编辑。

需要说明的是，地形图的计算机编辑主要依赖于所采用的地形图测图软件系统，目前的测图软件功能相当强大，使用方便，几乎集成了测图的各个阶段所需的功能，均具有常规的原始数据的预处理、分幅、接边功能，尤其提供了丰富实用的数字图形编辑功能，如：图形的复制、删除、平移、旋转、阵列、偏移；曲线的插值、圆滑；等高线、网格、图廓的自动计算与生成。大大的减轻了编辑人员的劳动强度，提高了测图的精度和效率。

1）原始数据的预处理

数字测图的原始数据的预处理，主要包括坐标计算和图形信息的处理，预处理后，存入地形数据库。绘地形图时，由数据库中提取相应数据，经处理生成图形文件，利用 CAD 软件由绘图仪输出数字地形图。

(1) 坐标计算的批处理。外业原始测量数据文件的基本功能就是记录点位测量信息和绘图信息，在原始记录中记录了计算坐标的各个数据项：水平角、竖直角、斜距或丈量的距离；或交会的角度和距离。计算机阅读外业数据文件时，每读入一条存储点位的记录，就根据记录的类型标志确定记录的结构，从而提取所需的数据项，再从控制点坐标中查出起算点(测站点、后视点、量边的起始点等)坐标，调用有关函数计算各测点坐标，并存入坐标文件。

(2) 图形信息的组织与处理。计算出地形碎部点坐标后，应用图形信息将这些离散的碎部点连接起来，并确定它们代表什么地物。表达图形信息的基础是地形编码和连接关系(连接点与连接线型)，通过连接点可以构成线、面、区域。配合表示属性信息的地形编码，构成完整的图形信息。

2）分幅和接边

(1) 分幅。传统的作业方式，地形图是以作业班组为单位按图幅分片进行测制的。数字测图一般不以图幅为界，而以测区作为一个整体，以自然地理界线作为分界分配到各个作业组，对不同作业组的图形先合并进行编辑处理，然后进行裁剪分幅即可。

(2) 图幅间的接边处理。数字测图的接边问题与传统测图的接边本质不同，由于采用裁剪分幅的技术，所以对于同一测区内的图幅，并不存在这一问题，需要接边的是不同的作业单位和作业组之间的边界，需要在外业测图时适当测出范围即可。

3）计算机屏幕编辑

根据碎部点坐标与代码自动生成的初级图形是不完整的，难免有错误或遗漏，而且在实际测图中，在外业，由于全站仪和电子手簿的键盘很小，输入速度并不高，绘制草图反而要比输入编码和连接关系更快，所以实际测图以内业屏幕编辑连接成图为主，外业采集数据同时输入编码和连接关系为辅。这样一来，还可以利用内业的良好工作环境和高性能台式机的优势。因此，内业的屏幕编辑就显得尤为重要。

目前内业编辑的工作均在测图软件系统内进行，这是数字测图与传统测图在生产过程中的区别，编辑的内容包括传统测图方法中的所有内容，另外还提供了数字图形技术的强大功能，包括图形的复制、删除、平移、旋转、阵列、偏移；曲线的插值、圆滑、抽稀、样条化，面域的符号填充，图层、线型的建立、编辑、删除、调色。元素集成(图块)、文本编辑，等高线、图廓、方格网的自动计算与生成，地物统计、长度计算、面积计算等。图 8-22 为 CASS 的编辑界面。

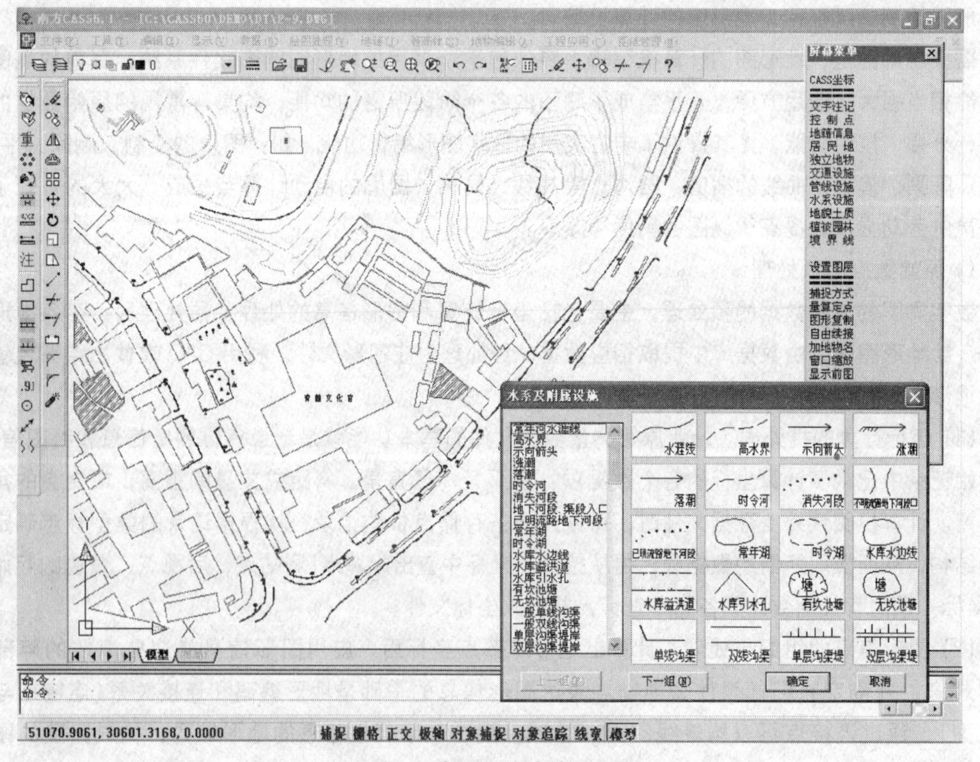

图 8-22　地形图的计算机编辑

编辑的主要内容是给展绘在屏幕上的点位分别进行处理，给独立符号赋予编码、对线状地物和面状地物赋予连接关系和编码，同时进行注记，生成符合要求的图廓。还要对地形图进行诸如增加线条，地物、地貌，采用的字大、字隔、字列及注记位置、移动位置、删除操作等。

在进行屏幕编辑时，对图幅内的图形先进行分层检查，即打开每一图层检查线条是否闭合、有无遗漏和不合理的地方(如，在图幅内不能闭合的等高线应查清楚)，等高线走向是否矛盾等。每一层检查无误后，即打开全部图层：检查各地物之间关系是否正确，注记有无重叠和遗漏、线条有无重合等。总之应按地形图清绘的要求逐项对图面进行检查，若发现问题，要及时修改，直至符合地形图图式的要求。

4）数字绘图仪绘出数字地形图

将编辑好的图形文件直接调用绘图输出模块或通过 CAD 或其他转换文件在数控绘图仪上输出。输出时应设置好绘图比例尺、绘图范围，各要素的线条粗细，绘图原点、旋转角度等。有了数字地形图后，还可以很方便地制作各种专业用图。如去掉高程部分，通过权属调查，加绘相应的地籍要素，经编辑处理即可生成数字地籍图，加上房产信息可制作房产图等。

8.4.5　成果的检查与验收

随着测绘成果以特殊产品的形式进入市场，测绘专业传统的检查与验收工作模式也发生了重大变化。它由原来的单纯技术标准检验转变为对生产方是否践约的质量监督，注重过程控制。由于数字测图信息量大、自动化程度高，不同的成图方法也具有不同的成图精度，所以数字测图产品的模式和质量控制与传统的模拟产品有很大的区别。对成果的检查、验收工作组织，检验人员的思想、技术素质、检验方法、手段与质量评判都提出了更新、更高的要求。根据国家的有关规定：目前测绘产品的检查、验收由省测绘行业专职检验机构和各地测绘主管部门以及具备监理资格的单位负责实施。数字测图成果的检查、验收包括如下内容和方法。

1）提交检查验收的成果

按照规范规定；大比例尺数字测图工作结束后应提交如下数字化成图成果：

(1) 成果说明文件；

(2) 数据采集原始数据文件；

(3) 图根点成果文件；

(4) 碎部点成果文件；

(5) 图形信息数据文件；

(6) 地形图图形文件；

(7) 地形图底图。

2）检查、验收的一般规定

(1) 二级检查一级验收制度。测绘生产单位对产品质量实行过程检查和最终检查。过程检查由作业队检查人员承担，是在作业组(人员)自查互查的基础上，按相应的技术标准、技术设计书和有关的技术规定。对作业组生产的产品进行的全面检查。最终检查由生产单位的质量管理机构负责实施，在过程检查的基础上，生产单位对作业组生产的产品再进行一次全面检查。生产单位按合同或计划实施测绘产品交验，经最终检查后，应以书面形式向委托生产单位或上级部门申请验收，所谓验收是为判断受验产品能否被接受的检验，数字测绘产品经检查、验收后应提交最终检查报告。验收工作应在测绘产品最终检查合格后进行。验收单位应根据规定对一些验收产品进行详查，其余部分概查(表 8-5)。

数字测图抽查比例表 **表 8-5**

产品名称	单位	百分比	产品名称	单位	百分比
三角测量	点	10	数字地形图	幅	5
导线测量	点	10	GPS 测量	点	10
水准测量	测段	10	大地测量计算	项目	20
电磁波测距	边	10	标石埋设	座	3

(2) 检查、验收的依据。检查验收工作必须参照有关的测绘任务书、合同书或委托检查验收文件进行，主要依据有：

① 有关的测绘任务书、合同书或委托检查验收文件；

② 有关法规和技术标准；

③ 经批准的技术设计书和有关技术规定等。

(3) 产品检验后的处理。

① 在检查中发现有不符合技术标准、技术设计书和其他有关技术规定的产品时，应及时提出意见交被验单位进行修正。若问题较多或性质较严重时，可将部分或全部产品退回被检单位，令其返工或重新检查和处理，然后再进行检查，直至检查合格为止。

② 经验收判为合格的产品，被检单位要对验收中发现的问题进行处理，经验收判为不合格的产品，要将检验产品全部退回被检单位，令其重新检查和处理，然后重新申请验收。

③ 检查验收人员应认真做好检查、验收记录，最后与检验品一并存档。

3）数字测图成果检查、验收的内容与方法

(1) 控制成果的检验包括：

① 对各等级的平面和高程控制网的布设方案；

② 数据采集原始资料的检验。

(2) 计算机资料的检查验收。数字测图从外业数据采集到内业处理、成果存储、输出已抛弃了传统的运作模式，应用计算机处理，自动化程度很高，由此建立起来的各种各样的信息系统应用也越来越广，其作用和效益也越来越显著。在数字测图成果的检查、验收中，计算机资料的检查验收是核心和重点。

(3) 计算机屏幕及回放图的检查。该项检查相当于常规大比例尺地形图的图面检查。不同的是数字地形图不仅要进行回放图的检查，还要在计算机屏幕上进行检查，回放图的检查是以检查各种要素表示的合理性及文字说明注记的位置、字大、字隔、字列等规范程度。计算机屏幕放大检查应以检查数字地形图的接边，地物、地貌符号代码、颜色、线型、层次等情况进行详查，至于详查比例可视实际情况适当加大。

(4) 外业检查。外业检查是验收工作的重点之一，与传统方法相比，外业检查对检验的仪器及检验方法有更高的要求。外业检查是在室内检查的基础上进行的，包括数学精度和地理精度的检测。

具体检查项目如下：

① 地物点点位的检测；

② 地物点相对精度的检测；

③ 注记点高程精度的检测；

④ 地理精度的检查。

对于用作详查的图幅，通过野外巡视的方法，全数检查各地理要素表示的正确性、合理性，以及有无丢、错、漏的现象。

(5) 数字测图产品质量评定。对数字化测图成果经上述检查、验收后，应按项目质量依据国家测绘局发布的《数字测绘产品检查验收规定和质量评定》采用缺陷扣分标准。对控制成果、数字精度、地理精度、交验资料的完整性等项目。按验收评分细则在质量评定标准中的规定进行质量评定。由于篇幅所限，不再详细介绍。

(6) 编写检查验收报告。数字测图检查、验收工作结束后，应编写检查、验收报告，一并随送验资料上交，为用图单位正确使用测绘成果提供可靠依据。

① 检查报告的主要内容：

A. 任务概要；

B. 检查工作概况(包括仪器、设备和人员组织情况)；

C. 检查的技术报告；

D. 主要质量问题及处理意见；

E. 对遗留问题的处理意见；

F. 质量统计和检查结论。

② 验收报告的主要内容：

A. 验收工作概况(包括仪器、设备和人员组织情况)；

B. 验收的技术依据；

D. 验收工作中发现的主要问题及处理意见；

E. 质量统计(含与生产单位检查报告中质量统计的变化及其原因)；

F. 验收结论。

8.5 摄影测量与遥感

8.5.1 摄影测量与遥感的定义与任务

传统的摄影测量学是利用光学摄影机摄影的像片，研究和确定被摄物体的形状、大小、位置、性质和相互关系的一门科学技术。它包括的内容有：获取被摄物体的影像，研究单张或多张像片影像的处理方法，包括理论、设备和技术，以及将所测得的成果以图解方式或数字方式输出的方法和设备。

遥感的含义是一种探测物体而又不接触物体的技术。遥感技术突破了摄影测量学长期以来过分局限于测绘物体形状与大小等数据的几何处理，尤其是航空摄影测量长期以来只偏重于测制地形图的局面。在遥感技术中除了使用可见光的框幅式黑白摄影机外，还使用彩色、彩红外摄影、全景摄影、红外扫描仪、多光谱扫描仪、成像光潜仪、CCD 阵列扫描和矩阵摄影机合成孔径测试雷达等手段。随着遥感技术的发展，遥感波谱基本上覆盖了大气窗口的所有电磁波范围。它能提供十分丰富的影像信息。同时，空间飞行器作为平台，围绕地球长期运行，为我们提供大量的多时相、多光谱、多分辨率的丰富影像信息，而且，所有的航天遥感传感器也可用于航空遥感。正由于遥感技术对摄影测量学的作用，国际摄影测量学会早已正式更名为国际摄影测量与遥感学会(ISPRS)。该协会对摄影测量与遥感的定义为“摄影测量与遥感乃是对非接触传感器系统获得的影像及其数字表达进行记录、量测和解译，从而获得自然物体和环境的可靠信息的一门工艺、科学和技术”。简言之，它是影像信息获取、处理分析和成果表达的一门信息科学。

摄影测量与遥感的主要任务是用于测制各种比例尺的地形图、建立地形数据库，并为各种地理信息系统提供基础数据。因此，摄影测量与遥感在理论、方法和仪器设备方面的发展都受到地形测量、数字测图、地图制图、测量数据库和地理信息系统的影响。

可以从不同的角度对摄影测量与遥感分类。按距离远近有航空摄影测量与遥感、航天摄影测量与遥感，地面摄影测量与遥感，近景摄影测量与遥感和显微摄影测量与遥感；按用途分有地形摄影测量与遥感和非地形摄影测量与遥感，地形摄影测量与遥感主要用于国家基本地形图测绘，工程勘察设计和城镇、农业、林业、铁路、交通等各部门的规划与资源调查用图即建立相应的数据库；非地形摄影测量与遥感是将摄影测量方法用于解决资源调查、变形观测、环境监测、军事侦察、弹道轨道、爆破以及工业、建筑、考古、地质工程以及生物与医学等各个方面的科学技术问题。按技术处理手段分为模拟摄影测量、解析摄影测量和数字摄影测量。解析和数字摄影测量可以直接为各种数据库和地理信息系统提供基础地理信息，模拟摄影测量的直接成果是为各种图件(地形图、专题图等)，它们必须经过数字化才能进入计算机系统。

目前摄影测量与遥感的传感精度已大为提高。仅以可见光范围内的地面分辨率为例，美国最早的 Landsat 卫星的 MSS 图像，像素在地面的大小为 79m，而现在美国最先进的军用间谍卫星的地面分辨率为 0.05m。美国的 GOOGLE 公司的 Google Earth 软件上提供的卫星照片分辨率为 1m 左右，可以清晰地看到城市建筑物和道路以及汽车。可以指出我们办公室的位置，甚至可以看到天安门广场的游人。而遥感技术采用的雷达，还可以探测地面以下的地球物理特征，包括地下暗河、古城遗址等。

8.5.2 摄影测量及遥感的原理与发展历史

摄影测量与遥感的发展经历了三个阶段，即：模拟摄影测量、解析摄影测量和数字摄影测量。

模拟法摄影测量，是指用光学仪器或机械方法模拟摄影过程，使两个摄影器恢复摄像时的位置、姿态和相互关系，构成一个比实地缩小了的几何模型，即所谓摄影过程的几何反转，在此模型上的量测即相当于对原物体的量测，所得到的结果通过机械或齿轮转动方式直接在绘图桌上绘制图件，如地形图和各种专题图。

解析测图仪是世界上首先实现测量成果数字化的仪器。在机助测图软件的控制下，将在立体模型上测得的结果首先存储在计算机当中，然后传送到数控绘图仪上绘出图件。这种以数字形式存储在计算机中的地图，构成了测绘数据库和建立各种地理信息系统的基础。这种测图方法称为解析摄影测量。

解析摄影测量的进一步发展是数字摄影测量。从广义上讲，数字摄影测量是指从摄像和遥感所获取的数据中，采集数字化地形图或数字/数字化影像，在计算机中进行各种数值、图形和影像处理研究目标的几何和物理特征，从而获得各种形式的数字产品和可视化产品。数字产品包括数字地图、数字高程模型(DEM)、数字正射影像、测量数据库、地理信息系统(GIS)。可视化产品包括地形图、专题图、纵横剖面图、透视图、正射影像图、电子地图、动画地图等。

获得数字化图形的方法是在计算机辅助和计算机控制的摄影测量工作站上借助机助测图软件完成的，也可以直接在更高级的数据库系统下进行数据采集。对采集的数据一般要经过图形编辑工作站上的编辑加工和质量检查。

获得数字/数字化影像的方法，一是直接用数字摄影机(如 CCD 阵列扫描仪或摄影机)和各种数字式扫描仪获得，称为数字影像；另一种方法则是用各种数字化扫描仪对像片影像进行扫描，称为数字化影像。对数字/数字化影像在计算机中进行全自动处理的方法又称为“全数字化摄影测量”，它包括自动影像匹配与定位、自动影像判读两大部分。前者是对数字影像进行分析、处理、特征提取和影像匹配，然后进行空间几何定位，建立高程模型和获得数字正射影像，所获得的可视化产品则为等高线图和正射影像图。由于这种方法能代替人眼观测立体的过程，故而是一种计算机视觉方法。后者是解决对数字影像的定性描述，并称为数字图像分类，低级的分类方法是基于灰度、特征和纹理等，多用统计分类方法；高级的图像理解则基于知识，构成分类专家系统。由于这种方法目的在于代替人眼识别和区分目标，是一种比定位难度更高的计算机视觉方法，因此，全数字化摄影测量是一项高科技研究领域。

全数字化摄影测量一般分为在线和离线两种方式。如果在一台解析测图仪上加上 CCD 数字摄影机和相应的数字摄影测量软件便构成了边数字化边处理的在线自动化摄影测量系统(也称为混合型数字摄影测量系统)。

离线的数字摄影测量系统是利用功能强大的电子计算机系统或工作站对数字/数字化影像进行处理的。包括图像增强、纠正、点量测、内外定向、边缘增强和提取，立体、单像及屏幕劈开显示等。量测同名像点，自动建立数字高程模型，继而获得等高线图和正射影像图。

数字摄影测量的发展还导致了实时摄影测量的问世。所谓实时摄影测量是用 CCD 等数字摄影机直接对目标进行数字影像获取，并直接输入计算机系统中。在实时软件作用下，立刻获得和提取需要的信息，并用来控制对目标的操作。这种实时摄影测量系统主要用于医学诊断、工业过程控制和机器人视觉方面。在陆地车载或空中机载、星载系统中，利用 GPS 定位技术和 CCD 影像技术可以实地直接为 GIS 采集所需要的数据和信息，对军用和民用均有极大意义。

综上所述，摄影测量经历了模拟法、解析法和数字化三个发展阶段，而数字摄影测量的内涵已远远超过了传统摄影测量的范围。数字摄影测量与模拟、解析摄影测量的最大不同在于：它处理的原始信息不仅可以是航空像片(数字化影像)，更主要的是航空、航天遥感数字影像；它最终是以计算机视觉代替人眼的立体观测，因而它使用的仪器最终只是通用的计算机及其相应的外部设备。特别是当代计算机技术的发展，为数字摄影测量的发展提供了广阔的前景；其产品是数字形式的，传统产品只是数字产品的模拟输出。表 8-6 列出了摄影测量发展的三个阶段的特点。

摄影测量与遥感的三个阶段　　表 8-6

发展阶段	原始资料	投影方式	仪器	操作方式	产品
模拟摄影测量	像片	物理投影	模拟测图仪	作业员手工	模拟产品
解析摄影测量	像片	数字投影	解析测图仪	机助作业员操作	模拟产品 数字产品
数字摄影测量	像片、数字化影像，数字影像	数字投影	计算机	自动化操作+作业员的干预	数字产品 模拟产品

8.5.3 摄影测量、遥感与地理信息系统的结合

数字测图、全数字化摄影测量和遥感图像处理技术的发展需要有一个数据库或空间信息系统来存储、管理这个数字数据，并与其他非图形的专题信息相结合，进行分析、决策，以回答用户所要回答的有关问题。

由于地理信息系统是与物体的空间位置和分布有关，属于空间信息系统的某种特定形式，具有强大的空间数据管理、处理能力。这就是摄影测量和遥感技术必然与地理信息系统相结合的原因。这种结合使得航片(遥感图像)必将成为 GIS 基础数据获取和快速更新的重要的有效手段。与其他数

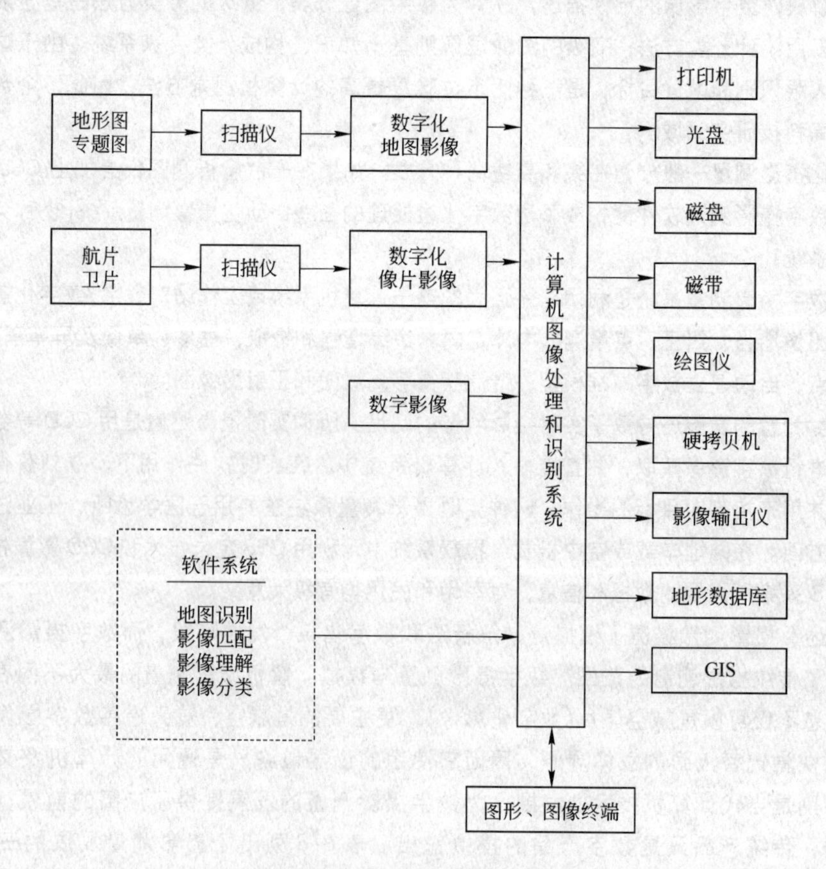

图 8-23　数据采集的摄影测量与遥感方法

据采集方法相比，具有能够快速提供地表信息，现势性强，并且地表信息丰富、准确等特点。

8.5.4　数据采集的摄影测量与遥感方法

目前使用摄影测量与遥感方法进行GIS数据采集的方法有两种，即全自动化方法和半自动化方法。

1）全自动化方法

全自动化采集方法获取GIS基础数据量有两条途径，一是对数字地图影像进行自动识别与矢量化；二是对数字影像进行自动定位与识别。过程如图8-23所示。

全自动化地图数字化方法是基于对扫描数字化的地图影像进行计算机自动处理，以达到对地图上的要素进行识别与矢量化的目的。它经历了从单要素识别到全要素识别的发展过程。其中全要素地形图自动处理的过程大体上可以分为以下几个步骤：

(1) 地形图数字化；

(2) 影像分割；

(3) 要素分离；

(4) 矢量化；

(5) 特征提取；

(6) 要素识别。

2）半自动化方法

理论上说，一个真正的全自动化GIS基础数据采集系统应该是由计算机全自动地完成包括几何量测和影像判读等所有的任务，而无需人工干预。然而、对于复杂的航空遥感图像，在目前的技术条件下，尽管在几何量测方面已取得突破性的进展，但是要做到全自动地进行地物目标提取与识别，决非一件容易的事。因此，为了适应GIS基础数据快速获取与更新的需要，采用半自动的数据获取方法更为切合实际。

一个半自动的数字摄影测量数据采集系统的硬件包括计算机、高分辨率图像监视器、立体观察装置(如立体镜等)、CCD摄像机等；软件则应具有数字影像预处理、像点量测、内定向、相对定向、绝对定向、核线影像生成、影像匹配、DEM内插、数字微分纠正、图像图形叠置、数据编辑与管理、存储与输出等功能。采用类似于在解析测图仪上的作业模式，即量测工作由人工完成，计算工作由计算机完成。在这种系统上采集GIS基础数据时，由计算机半自动地提取地形图形信息(即生成DEM)，人工采集图形信息和属性信息，即人工进行地物测绘和属性识别。半自动方法的采集过程如下：

(1) 建立立体模型，生成DEM；

(2) 生成立体正射影像、进行地物测绘。

8.6　数字地面模型简介

数字地面模型(digital terrain model)简称数模，英文缩写为DTM，是在空间数据库中存储并管理的空间数据集的通称，它是以数字形式按一定的结构组织在一起，表示实际地形特征的空间分布，是地形属性特征的数字描述。只有在DTM的基础上才能绘制等高线。建立DTM有各种方法，由于地球表面本身的非解析性，试图用某种代数式和曲面拟合的算法来建立地形的整体描述比较困难，因此，一般是采用三维空间离散的采样值来建立区域的数字地面模型。

8.6.1 数字地面模型的内容

DTM的核心是地球表面特征点的三维坐标数据和一套对地表提供连续描述的算法。最基本的DTM至少包含了相关区域内平面坐标(x, y)和高程(z)之间的映射关系，即$z=f(x, y)$，x，y位于所在区域。此外在数字地面模型中还包括：高程、平均高程、极值高程、最大高差、相对高程、高程变异、坡度、坡向、坡度变化率；地面形态、地形剖面、地性线、沟谷密度以及太阳辐射强度、观察可视面、三维立体观察等因素，可根据需要进行选择。

DTM的数字表示形式包括离散点三维坐标(测量数据)，由离散点组成的规则或不规则的网络结构，依据模型及一定的内插和拟合算法自动生成等高线(图)、断面(图)、坡度(图)等。

在航片数据采集中，数据点往往是规则网格分布，其平面位置可由起算点坐标和点间网格的边长确定，只提供点的列号即可。这时所指的地形特征仅指地面点的高程，所以不少文献将这种属性为高程的数字地形描述称为数字高程模型(digital elevation model)，简称DEM，一般情况下指以网格组织的某一区域地面高程数据。

8.6.2 数字地面模型的建立

DTM系统主要由计算机程序来实现，主要功能是从多个离散数据构造出相互连接的网络结构，以此作为地面数字模型的基础。等高线断面和三维立体地形图都可以根据这个模型生成。

所以，建立一个数字地面模型系统必须具有以下几个基本组成部分：

(1) 数据的采集；

(2) 数据的转换；

(3) 数据的预处理；

(4) 构网建立数字模型；

(5) 存储和管理；

(6) 数字模型的应用。

建立DTM需要在有关区域内采集相当数量可表达地形信息的地形数据，而实际地形表面有连续的，也存在如挖损、断裂等不连续的，构造DTM时采集的地形数据量也是有限的，采样点的位置、密度，以及选择构造DTM的算法及应用时的插值算法，均有可能影响DTM的精度和使用效率。为此，如何选择构造DTM的算法及应用时的插值算法，以利用有限的数据准确表达实际地形变化是DTM研究的重要课题。

8.6.3 数字地面模型的应用

数字地面模型(DTM)是为适应计算机处理而产生的，它是在空间数据库中存储并管理空间数据的集合，是带有空间位置特征和地形属性特征的数字描述，也是建立不同层次的信息系统不可缺少的组成部分，在信息系统分析和评价空间信息并依此为依据进行规划和决策时，十分注意地表的三维特征，诸如高度、坡度、坡向等重要的地貌要素，并使这些要素成为地学分析和生产应用中的基础数据，它们可以广泛地应用在多种领域，如农、林、牧、水利、交通、军事领域等，如公路、铁路、输电线的选线、水利工程的选址、军事制高点的选择、土壤侵蚀、土地类型的分析等，还可应用于测绘、制图、遥感等领域。DTM 在各个领域中的应用是以以下几个方面的应用为基础的。

1）绘制等高线图

格网型 DTM 将区域表示为规则或不规则的格网单元，从矩形格网某个单元的边开始，利用格网数据结构存储的格网结点信息及附加的格网单元结构信息生成等高线。对于数字测图一般可采用增加高程注记点的办法以提高整个图幅的高程精度。所需高程点可以通过高程注记点或通过格网模型内插求得，不再利用大比例尺数字地形图通过等高线内插求得，这可能是数字测图在用图观点上的一种变革。

2）三维立体图、剖面图，地层图及视线图的绘制

三维立体图是人们熟悉和习惯的数字模型的形式之一。它是以数值的形式表示地表数量变化(不只是高程变化)的最富有吸引力的直观方法。现在已有许多供三维立体图计算用的标准程序，可以用线条描绘或阴影栅格显示来表示规则或不规则 x，y，z 数据组的立体图形，如图 8-24 所示。

图 8-24　由 DTM 生成的三维立体图

三维立体图在显示多种土地景观信息如景观设计、树林覆盖、土地整理、军事领域等均有重要作用。

利用 DTM 可以很方便地显示在沿某给定方向的地形剖面图、地层图及在土地景观中，点与点之间是否相互通视的视线图，它在军事活动、微波通讯网的规划、测绘、旅游点的研究和规划等工作中都是十分重要的。

3）坡度图与坡向图

坡度为水平面与局部地表之间的正切值。它包含两个方面的含义：斜度——高度变化的最大比率，常用百分比测量；坡向——变化比率最大的方向，按从北方向起算的角度测量。这两个因素基本上能满足环境科学分析的要求。

坡度、坡向可以用数字来表示，它可以用 DEM 数据矩阵按规定计算出坡度和坡向，为了更直观地表示坡度和坡向的变化，还可以对坡度计算值进行分类，建立查找表，使类别与显示该类别的颜色或灰度对应，输出时将像元的坡度值与查找表比较，相应类别的对应颜色或灰度级别被送至输出设备，产生坡度分布图。

4）地貌晕渲图及专题地图叠置

地貌晕渲法即“阴影立体法”，它是一种增加丘陵、山地地区高差起伏的视觉效果的绘图技术。采用DTM制作地貌晕渲图时，首先根据DEM数据计算坡度和坡向，然后将坡向数据与光源方向比较，面向光源的斜坡得到浅色调的灰度值，反之得到深色灰度值，两者之间得到中间灰度值，灰度值大小按坡度进一步确定。为了扩大在地形定量分析中的应用范围，可以把其他专题信息与地貌晕渲图叠置组合在一起，这将大大提高地图的实用价值，如运输线路规划图与地貌晕渲图叠加后大大增强了直观感，这是传统方法所无法实现的。

第 9 章　测设的基本工作

9.1 水平距离、水平角和高程的测设

测量工作可分为测绘和测设两部分。测绘主要向设计和规划部门提供规划、设计区域现场的现状资料。测设则是面向施工单位提供规划意图的定向、定位等。测绘与测设所使用的仪器和工具是相同的。它们所应用的基本理论、原理也是一致的，但具体实施的方法却有所不同。

地形图的测绘是通过水平距离、水平角和高程来确定地面点的位置，进而绘制出地形图。而测设则是求得设计图上各特征点与控制点的距离、角度、高差等相对位置关系，然后以控制点为依据将各特征点标定于实地，从而确定出工程位置和其他细节。测绘和测设这两类工作的过程和方法基本上是一种互逆的关系。

因此，测设的基本工作包括测设已知的水平距离和已知的水平角及已知高程三项内容。

9.1.1 测设已知水平距离

在测绘工作中，地面点间的距离是未知的，须经丈量或丈量后再加入改正后得到。但在测设中，地面上一般仅有直线的起点，要求自起点沿已知方向将给定的水平距离在实地量出，以确定直线另一端点的位置。当精度要求较高，地面又有起伏时，必须加入尺长、温度及倾斜等改正数。测设已知水平距离所使用的仪器和工具与测绘中是一样的，即钢尺和光电测距仪(或全站仪)。

1) 用钢尺测设已知水平距离

使用钢尺测设已知水平距离时，如果超过一个尺段，需要进行直线定线工作。根据测设的精度要求可分为两种方法。

(1) 一般方法。从起始点开始，沿着给定的方向，根据给定的距离值，量得线段的另一端点。应往返丈量测设的距离以检核结果。往返丈量的较差若在限差之内，取其平均值作为最后结果。

(2) 精确方法。当测设精度要求较高时，应该按照钢尺量距的精密方法进行测设。要对每个测段进行三项改正：尺长改正 Δl_k、温度改正 Δl_t 及倾斜改正 Δl_h。注意三项改正数的符号与量距时相反。即：

$$D' = D - \Delta l_t - \Delta l_k - \Delta l_h \tag{9-1}$$

【例 9-1】 设拟测设 AB 的水平距离 $D=27.85$m，经水准测量得到两点的高差为 $h=0.057$m，量距所用的钢尺名义长度 $l_0=30$m，在室温 $t_0=20$℃时检定钢尺的长度 $l'=29.996$m，膨胀系数 $\alpha=1.25\times10^{-5}$，设测设时的温度为 $t=26$℃，求测设时在地面应量出的长度为多少?

【解】 (1) 尺长改正：

$$\Delta l_k = \frac{29.996-30}{30}\times 27.85 = -0.0037\text{m}$$

(2) 温度改正：

$$\Delta l_t = 1.25\times10^{-5}\times(26-20)\times27.85 = 0.0021\text{m}$$

(3) 倾斜改正：

$$\Delta l_h = -\frac{0.057^2}{2\times27.85} = -0.0001\text{m}$$

(4) 测设长度为：

$$D' = D - \Delta l_t - \Delta l_k - \Delta l_h = 27.8517\text{m}$$

2）光电测距仪测设已知水平距离

在距离较长、地面不平坦时，利用光电测距仪测设已知水平距离比钢尺更为方便。如图 9-1 所示，在起始点 A 安置测距仪(或全站仪)，瞄准已知方向，沿此方向前后移动反光棱镜，直至仪器显示的水平距离为给定的距离，则在地面棱镜的位置定出点 P。若测距仪只能观测斜距时，应读出竖直角，将其改正成平距。

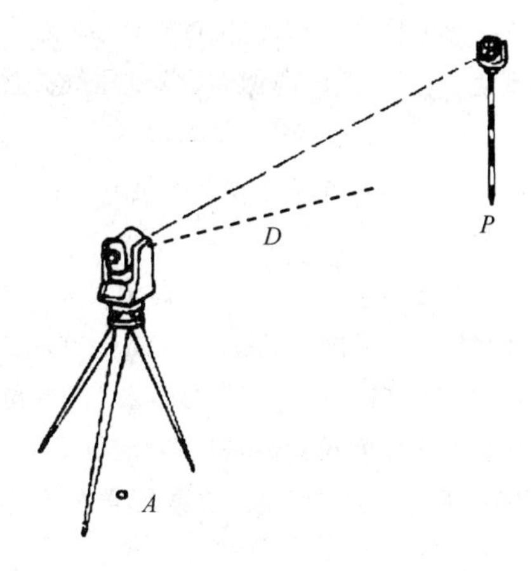

图 9-1　测距仪测设水平距离

9.1.2　测设已知水平角

测设已知数值的水平角与前面所学的水平角测量是一个互逆过程。水平角测量时，每个夹角的两个方向是先在地面上确定，其角值是未知的，须通过观测求得。而测设水平角则是角值由设计给定，且有一个已知方向，一般是两个固定点，利用经纬仪以已知方向为起始方向按已知角度定出另一个方向。

1）正倒镜分中法

如图 9-2 所示，设地面上已有 A、O 两个控制点，欲在 O 点测设一水平角 β。此时以 O 点为测站点，以 A 点为后视点。安置经纬仪于 O 点，经对中整平后，以盘左位置瞄准 A 点，并配置度盘读数为 $0°00'00''$，然后松开照准部，顺时针旋转，使度盘读数为 β，此时应沿视线方向定出一点 C'。

为了消除视准轴及横轴误差的影响，应以盘右位置依上述方法再测设一次。即以 180°瞄准 A 点，顺时针旋转使读数为 $180°+\beta$，然后沿视线方向定出一点 C''。若 C'' 与前面定出的 C' 点重合，则说明仪器误差没有影响，此测设工作即告结束。若 C'' 与 C' 不重合，说明仪器误差影响较大，则取二者中点 C，$\angle AOC$ 就是所要测设的水平角。

2）多测回修正法

如果测设水平角的精度要求很高，则采用多测回修正法。如图 9-3 所示，置经纬仪于测站点 O 处，经过对中整平后，先采用正倒镜分中法测设水平角 β，然后对这个角度进行多测回的观测并取其平均值 β'。计算其与已知角度 β 的差值：

$$\Delta\beta=\beta-\beta' \tag{9-2}$$

以及 C' 点的偏移量：

$$C'C=OC'\cdot\tan\Delta\beta=OC'\cdot\frac{\Delta\beta}{\rho} \tag{9-3}$$

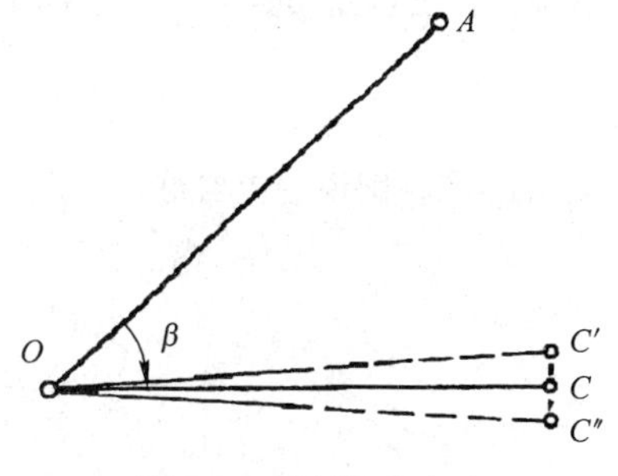

图 9-2　正倒镜分中法

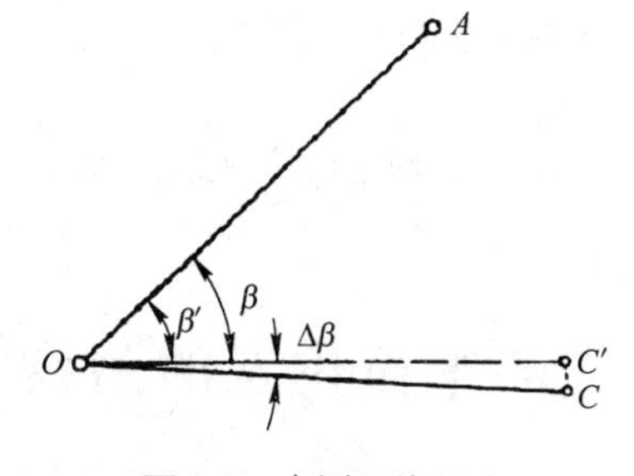

图 9-3　多测回修正法

据此修正 C' 点的位置。若 $\Delta\beta$ 为正值时，自 C' 点向外侧作 OC' 的垂线并量取 $|C'C|$ 定出 C 点；反之，自 C' 点向内侧作 OC' 的垂线并量取 $|C'C|$ 定出 C 点。$\angle AOC$ 就是所要测设的水平角。

3) 3-4-5 法测设直角

当测设直角要求精度不高时，也可采用较简便的方法，俗称 3-4-5 法。其原理为数学中的勾股定理。

如图 9-4 所示，欲在 AB 边上的 A 点定出垂直于 AB 的直角即 AD 方向。先在 A 点上插立测钎，将卷尺零点固定于 A 点，自 A 点沿 AB 方向量出 3m 得 C 点，也插立一测钎，然后将卷尺的 9m 刻度固定于 C 点，再将尺拉开，将测钎置于卷尺的 4m 处，拉紧尺插入地下得出 D 点，此时有 $AD \perp AB$。

如果 AD 边的距离较长，可将上例中的 3m：4m：5m 扩大 n 倍，即 $3n:4n:5n$ 即可。

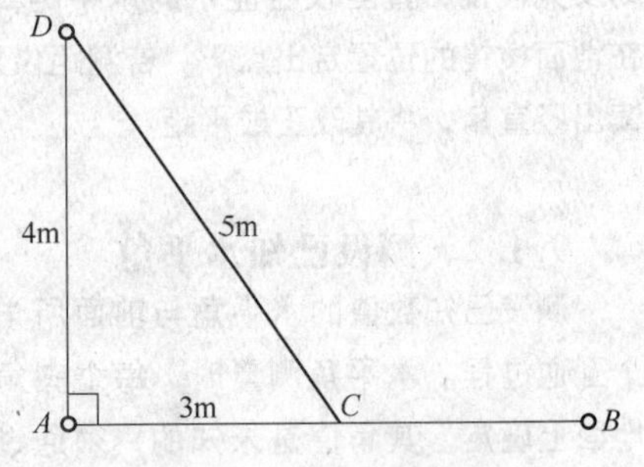

图 9-4　3-4-5 法测设直角

9.1.3　测设已知高程的点

在园林各项工程中，经常需要在地面上设置一些设计给定的高程点(标高点)，如建筑物的室内地坪点(±0)等，作为控制施工标高的依据。在测设这类给定标高点时，一般多采用水准测量的方法，从附近的国家水准点或城市水准点引测若干个供施工用的临时水准点作为高程控制点，然后根据这些高程控制点进行引测。测设高程与水准测量不同之处在于：不是测量两个固定点之间的高差，而是根据一个已知高程的点测设其他点的高低位置，使其高程为设计所给定的数值。

如图 9-5 所示，已知水准点 A 的高程 H_A，在 B 桩上测设高程 H_B 的位置。将水准仪安置于水准点 A 与 B 点之间，先在 A 点尺上读取读数 a，由此计算出视线高：

$$H_i = H_A + a \tag{9-4}$$

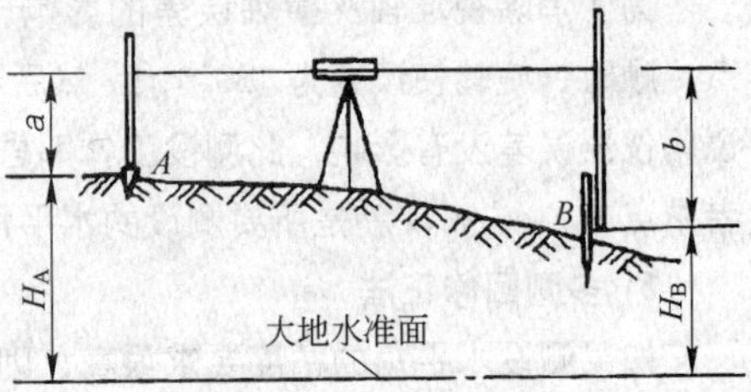

图 9-5　测设已知高程

再根据设计给定的 B 点高程 H_B，计算出 B 点尺上应有的读数：

$$b_{应} = H_i - H_B \tag{9-5}$$

在 B 桩侧面立尺，瞄准水准尺，精平仪器，上下移动水准尺。当读数恰为 $b_{应}$ 时，沿尺底面划线于桩上，此线即为设计给定的高程 H_B 的位置。

如果不用移动标尺的方法，也可将水准尺直接立于桩顶，读出桩顶读数 b，进而求出桩顶改正数 $h_{改}$，并标于木桩侧面。即：

$$h_{改} = b - b_{应} \tag{9-6}$$

若 $h_{改} > 0$，则说明应自桩顶上返 $h_{改}$ 为设计高程，若 $h_{改} < 0$，则说明应自桩顶下返 $h_{改}$ 为设计高程。

9.2　点的平面位置的测设方法

测设前应对所使用的仪器进行相应的检验校正，复核控制点的数据。这些将有利于保障测设点位的精度，提高测设工作的进度。熟悉园林设计总图和细部结构设计图，找出主要轴线和主要点的设计位置，以及各部分之间的几何关系，再结合现场条件与控制点的分布选择测设方法。

测设点的平面位置的常用方法有直角坐标法、极坐标法、角度交会法和距离交会法。测设方法的选择主要根据平面控制点的分布情况、现场地形条件、仪器设备情况以及精度要求等条件。

9.2.1　直角坐标法

直角坐标法测设是根据一条与坐标轴平行的控制线进行的。先沿着控制线量出待测设点的横坐标(或横坐标增量)，然后在该点沿垂直于控制线的方向测设出该点的纵坐标(或纵坐标增量)。

在园林工程现场，施工控制网多采用建筑方格网或建筑基线，此时可以用直角坐标法测设点的平面位置。如图9-6所示，1、2、3、4为建筑场地施工控制网中的平面控制点，A、B、C、D为设计建筑物的轴线点，轴线与控制网的边平行或垂直。

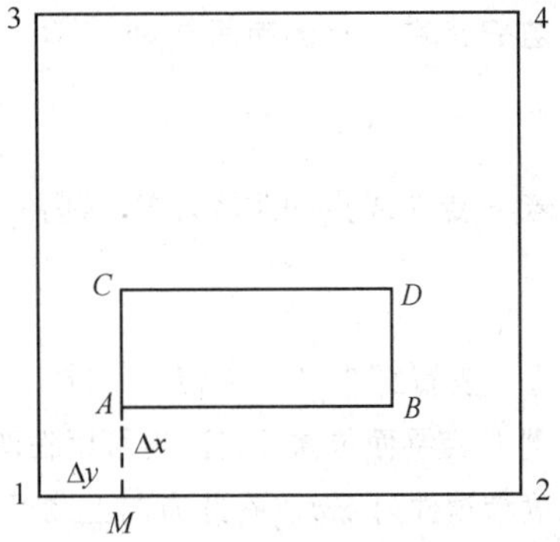

图9-6　直角坐标法测设点位

根据设计图上各点坐标，求出长度、宽度等测设数据。

$$\left.\begin{aligned}\Delta x = x_A - x_1 \\ \Delta y = y_A - y_1\end{aligned}\right\} \tag{9-7}$$

安置经纬仪于1点，瞄准2点，沿1-2方向测设水平距离Δy定出M点。然后在M点安置经纬仪，瞄准1、2中较远的点，可利用正倒镜分中法向左测设水平角90°，得MC的方向线。在MC方向上测设水平距离Δx即得A点。同法可得到其他各点。

9.2.2　极坐标法

极坐标法测设是利用数学中的极坐标原理，以两个已知控制点的连线为极轴，以其中一个控制点为极点建立极坐标系。根据控制点和待测设的点的坐标，计算待测设点与极点连线方向和极轴的水平夹角(极角)，待测设点和极点的水平距离(极距)。由控制点测设出极角，沿此方向测设出极距，从而得到待测设点的平面位置。

首先是准备测设数据，主要是按照坐标反算控制点与待测设点之间的水平距离D和已知方向与待测设点方向之间的水平角β。如图9-7所示，A、B为已知控制点，要测设P点的平面位置。计算AP的水平距离：

$$D_{AP} = \sqrt{(x_P - x_A)^2 + (y_P - y_A)^2} \tag{9-8}$$

水平角β是AB、AP的方位角的差值，首先计算方位角：

$$\left.\begin{aligned}\tan\alpha_{AB} = \frac{y_B - y_A}{x_B - x_A} \\ \tan\alpha_{AP} = \frac{y_P - y_A}{x_P - x_A}\end{aligned}\right\} \tag{9-9}$$

然后计算水平角β：

$$\beta = \alpha_{AP} - \alpha_{AB} \tag{9-10}$$

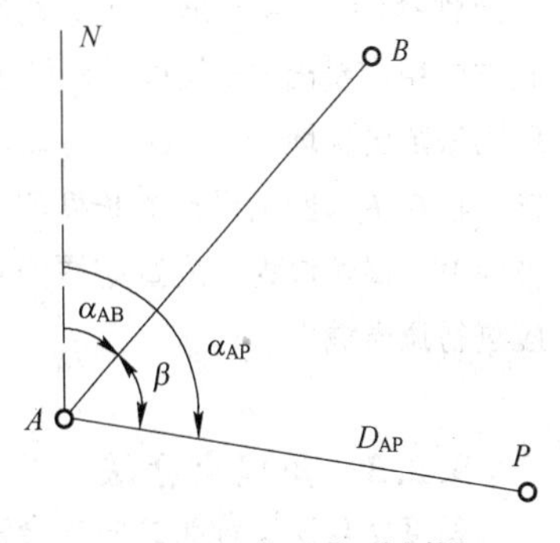

图9-7　极坐标法测设

需要指出的是，由式(9-10)求取方位角的时候，要注意 $AP(AB)$ 的走向，即 P 点(或 B 点)在 A 点的方位。例如：若 P 点在 A 点的北东方向，则：

$$\alpha_{AP}=\arctan\frac{y_P-y_A}{x_P-x_A} \tag{9-11}$$

若 P 点在 A 点的南东方向，则：

$$\alpha_{AP}=180^\circ+\arctan\frac{y_P-y_A}{x_P-x_A} \tag{9-12}$$

若 P 点在 A 点的南西方向，则：

$$\alpha_{AP}=180^\circ+\arctan\frac{y_P-y_A}{x_P-x_A} \tag{9-13}$$

若 P 点在 A 点的北西方向，则：

$$\alpha_{AP}=360^\circ+\arctan\frac{y_P-y_A}{x_P-x_A} \tag{9-14}$$

安置经纬仪于 A 点，瞄准 B 点，顺时针测设水平角 β，沿 AP 的方向线，测设水平距离 D_{AP}，则 P 点平面位置可定。也可以在瞄准后视点 B 后，直接将度盘配置成 α_{AB}，然后转动照准部至水平度盘读数为 α_{AP}，在此方向上测设水平距离 D_{AP}，从而确定 P 点的平面位置。

全站仪测设点位，可以预先将已知点及测设点的坐标输入全站仪。在现场安置全站仪于 A 点，进行后视 B 点定向。选取坐标放样菜单，设置测设点坐标和后视点坐标或后视方向，进行点位测设。此时全站仪自动解算放样要素(即水平角 β 和距离 D_{AP})。转动照准部跟踪棱镜位置，则可实时显示当前视线方向与后视方向的水平夹角及与 β 的较差，直至较差为零，制动照准部。在视线方向上前后移动棱镜，直至距离为 D_{AP}，打桩定位。全站仪测设点位本质也是按照极坐标法测设的。其精度高，操作简便，不受地形条件限制。

在园林工程施工测量中，特别是在中小型园林工程中，测设精度要求较低，还可采用平板仪进行施工放样。其特点是简便易行、效率高、速度快。

如图 9-8 所示，A、B 为地面控制点(或方格网控制点)，a、b 为设计平面图上与 A、B 对应的控制点（事先应将控制点展绘于设计图上并将图固定在平板上）。图上 m、n、p、q 为设计绿地的特征点，在 A 点安置平板仪，如同测图时一样也须对中、整平和定向。然后量取图上距离 ma、na、pa、qa。根据设计图比例尺计算出 ma 的实地距离 MA 后，用照准仪尺边切准图上 ma 边并沿此方向用尺量出 MA 长度，打桩定出实地 M 点；而后同法定出实地 N、P、Q 各点。还应用尺进行校核，校核中以图上设计的长度和其应符合的几何条件为准，误差过大，应查明原因重测，误差较小时应进行适当调整。

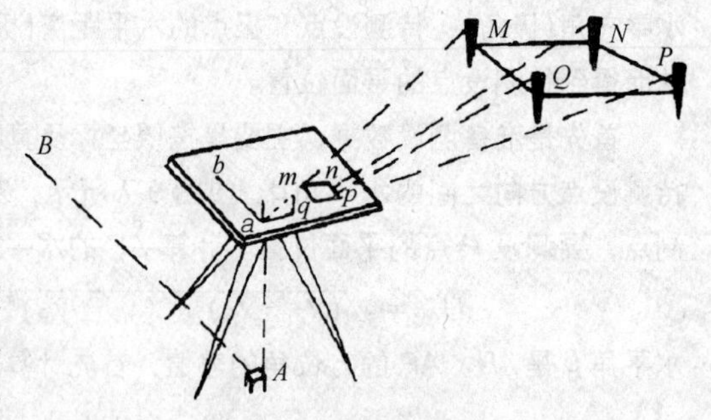

图 9-8　平板仪施工放样

9.2.3　角度交会法

角度交会法又称为方向交会法，测设点位时，其测设数据(即交会角度或方向)是根据待测设点与控制点的坐标计算求得，然后在现场按其测设数据将待测设点的平面位置标定在地面上。角度交会法适用于那些待测设点远离控制点或不便于量距而又缺少测距仪的情况。

首先是准备测设数据，按照式(9-10)、式(9-11)计算出交会角度。如图9-10所示，A、B为已知控制点，P为待测设点，计算出水平角α、β。然后分别将经纬仪安置于A点、B点上，测设α、β各角。方向线AP、BP的交点即为所求P点。

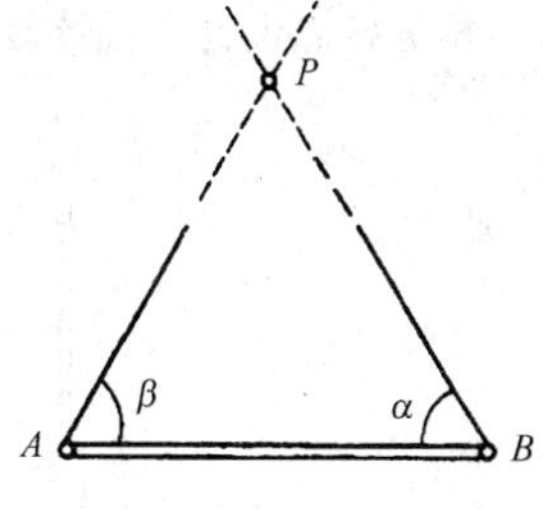

图9-9　角度交会法测设

9.2.4　距离交会法

距离交会法测设就是根据已知控制点和待测设点的坐标，计算出待测设点到控制点的水平距离(即交会距离)，然后分别以控制点为圆心，交会距离为半径在地面上画弧线，两条弧线的交点即为待测设点的平面位置。距离交会法适用于场地平坦，便于量距，且测设距离不超过一尺段的情况。

如图9-9所示，先根据控制点A、B和待测设点P的坐标，按照式(9-8)计算出交会距离，然后分别从控制点A、B量取D_{AP}、D_{BP}画弧线，其交点即为P点的平面位置。

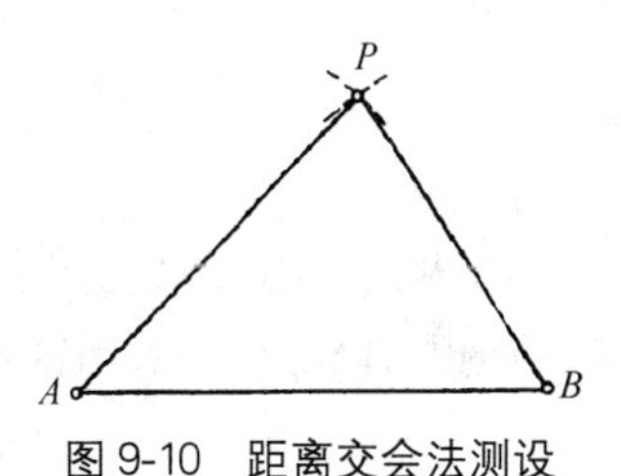

图9-10　距离交会法测设

9.3　设计坡度线的测设方法

在园林建设的各分项工程中，如平整场地、铺设管道及修筑道路等，经常需要在地面上测设设计坡度线。坡度线的测设是根据附近水准点的高程、设计坡度和坡度端点的设计高程，利用水准仪或经纬仪将坡度线上各点的设计高程标定在地面上的过程。

坡度线的测设方法主要有两种，分别是水平视线法和倾斜视线法。

9.3.1　水平视线法

如图9-11所示，A、B为设计坡度线的端点，H_A为A点的设计高程，AB的设计坡度为i_{AB}，在工程现场有一已知水准点BM.32。在AB方向上，每隔距离d(一般取$d=10$m)在地面上钉一木桩，然后利用水准仪提供的水平视线测设各桩点上设计高程的位置，这些设计高程的点位的连线就是设计坡度线。其测设步骤如下：

(1) 沿AB方向，用钢尺定出间距为d的中间点1，2，3，打入木桩。

(2) 计算各桩点的设计高程：

$$\left.\begin{aligned} H_1 &= H_A + i_{AB}\cdot d \\ H_2 &= H_1 + i_{AB}\cdot d \\ H_3 &= H_2 + i_{AB}\cdot d \\ H_B &= H_3 + i_{AB}\cdot d \end{aligned}\right\} \tag{9-15}$$

(3) 安置水准仪于BM.32和B点之间，首先在BM.32点立尺，得后视读数a，计算视线高程：

$$H_i = H_{32} + a \tag{9-16}$$

根据各点设计高程计算测设各步的应读前视读数

$$b_j = H_i - H_j \quad (j=1,\ 2,\ 3,\ A,\ B) \tag{9-17}$$

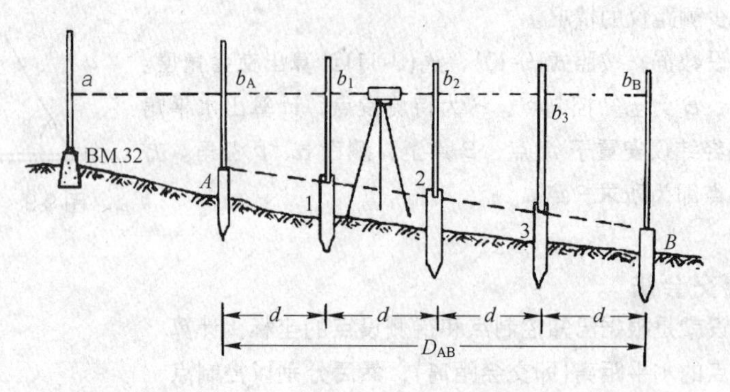

图 9-11　水平视线法测设坡度

(4) 将水准尺分别贴靠在木桩侧面，上、下移动水准尺，直至尺中丝读数为 b_j，沿水准尺底面画一横线，连线即为 AB 的设计坡度线。

9.3.2　倾斜视线法

沿 AB 测设一条坡度为 $i_{AB}=-1\%$ 的坡度线，已知 H_A 为 A 点的设计高程。倾斜视线法测设坡度线可选用经纬仪或水准仪进行测设。

(1) 水准仪倾斜视线法：

使用水准仪倾斜视线法测设坡度线，应首先计算 B 点高程 $H_B=H_A+i_{AB}\cdot D_{AB}$，然后按照测设已知高程的方法将 B 点的高程位置测设于实地，将水准仪安置在 A 点上并量取仪器高 i，安置时要进行对中，且使一个脚螺旋在 AB 方向上(图 9-12)，另两个脚螺旋的连线大致与 AB 方向线垂直。旋转 AB 方向上的脚螺旋和微倾螺旋，使倾斜视线在 B 点水准尺上截取的读数等于仪器高 i，此时水准仪的倾斜视线与设计坡度线平行。在视线方向上，隔一定间距 d 在地面上钉木桩，将水准尺分别贴靠在木桩侧面，上、下移动水准尺，直至尺中丝读数为仪器高 i 时，沿水准尺底面画一横线，连线即为 AB 的设计坡度线。

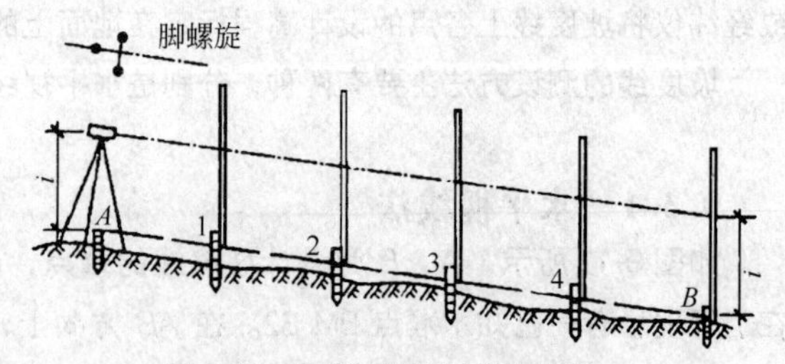

图 9-12　倾斜视线法测设坡度

(2) 经纬仪倾斜视线法：

使用经纬仪测设坡度线，应首先计算坡度的倾斜角：

$$\alpha = i_{AB}\cdot\frac{180^\circ}{\pi} = -1\%\times\frac{180^\circ}{\pi} = -0^\circ34'23''$$

然后在 A 点安置经纬仪(假定竖盘注记为顺时针)，量取仪器高 i，盘左状态瞄准 B 点后制动照准部，旋转望远镜直至竖盘读数为$(90^\circ-\alpha)$，制动望远镜，此时视线方向即为要测设的坡度线。在视线方向上，隔一定间距 d 在地面上钉木桩，将水准尺分别贴靠在木桩侧面，上、下移动水准尺，直至尺中丝读数为仪器高 i 时，沿水准尺底面画一横线，连线即为 AB 的设计坡度线。

9.4　圆曲线的测设

在园林建设中，当路线(道路、管道等)由一直线方向转变为另一直线方向时，在平面上必须用曲线来连接，圆曲线。圆曲线的测设包括两部分，即圆曲线的主点的测设和圆曲线的详细测设。

9.4.1　圆曲线的主点的测设

1) 圆曲线要素的计算

如图9-13所示，交点 JD 为两条直线的交点，转向角 α 为两直线的水平夹角，直圆点 ZY 为道路圆曲线的起点，曲中点 QZ 为圆曲线的中点，圆直点 YZ 为圆曲线的终点，R 为圆曲线的半径，外矢距 E 为 JD 到 QZ 的水平距离，切线长 T 为 JD 到 $ZY(YZ)$的水平距离。曲线长 L 为 ZY 到 YZ 的圆弧长。切曲差 q 定义为两倍切线长和曲线长的差值。

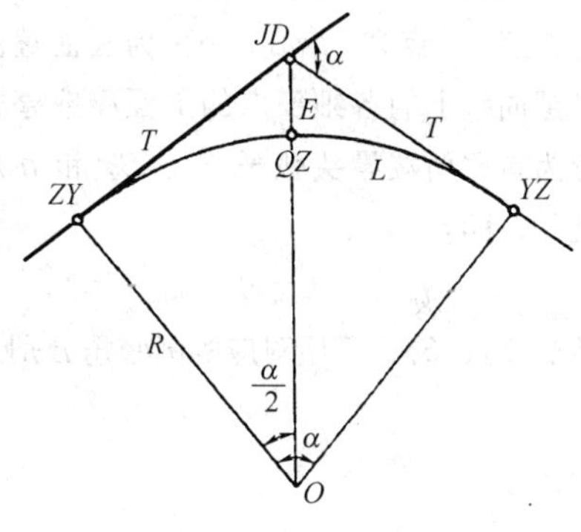

图9-13　圆曲线

通常把 T、L、E、q 四元素称为圆曲线要素。把 ZY、QZ、YZ 三点成为圆曲线主点。若 α、R 已知，则各要素的计算公式为：

$$\left.\begin{aligned} T &= R \cdot \tan\frac{\alpha}{2} \\ L &= R \cdot \alpha \cdot \frac{\pi}{180^\circ} \\ E &= R\left(\sec\frac{\alpha}{2} - 1\right) \\ q &= 2T - L \end{aligned}\right\} \tag{9-18}$$

2) 主点的测设

(1) 测设直圆点 ZY：

安置经纬仪或全站仪于 JD，照准直圆点 ZY 方向，自 JD 点沿此方向测设水平距离 T，打桩定 ZY 点。

(2) 测设圆直点 YZ：

安置经纬仪或全站仪于 JD，照准圆直点 YZ 方向，自 JD 点沿此方向测设水平距离 T，打桩定 YZ 点。

(3) 测设曲中点 QZ：

安置经纬仪或全站仪于 JD，后视圆直点 YZ 方向，转动照准部测设水平角 $\left(\frac{180^\circ - \alpha}{2}\right)$，自 JD 点沿此方向测设水平距离 E，打桩定 QZ 点。

9.4.2　圆曲线详细测设

一般情况下，当地形变化不大、曲线长度小于40m，测设三个主点已能够满足施工的需要；如果曲线很长，地形变化大，除了测设三个主点外，还要在曲线上每隔一定距离测设一些细部点，称为圆曲线详细测设。常用曲线详细测设的方法有偏角法、切线支距法等。

1）偏角法

偏角法测设圆曲线就是根据偏角（即弦切角）和水平距离（弦长）的角度与距离交会定位原理测设点位。

（1）偏角与弦长的计算：

如图 9-14 所示，圆曲线三个主点已经测设在实地，点 1、点 2、点 3、……为圆曲线的细部点。为了把曲线上的各细部点的里程凑成整数，曲线长度分为首尾两端零头弧长 S_1、S_2 和 n 段相等弧长 S 之和，即：

$$L = S_1 + S_2 + nS \tag{9-19}$$

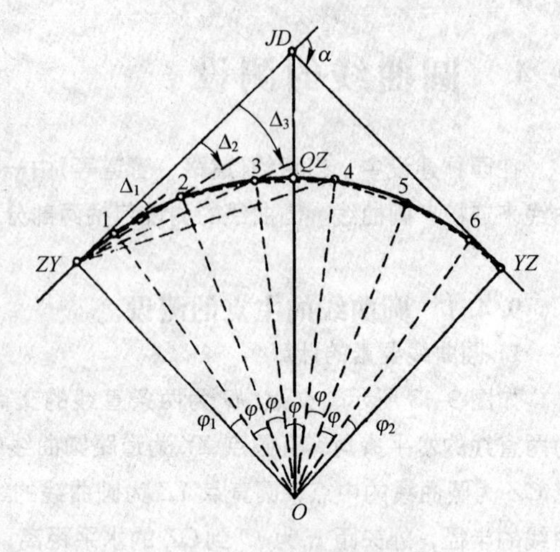

图 9-14 偏角法圆曲线测设

弧长 S_1、S_2、S 所对应的圆心角分别为 φ_1、φ_2、φ，其计算公式为：

$$\left.\begin{aligned} \varphi_1 &= \frac{S_1}{R}\cdot\frac{180^\circ}{\pi} \\ \varphi_2 &= \frac{S_2}{R}\cdot\frac{180^\circ}{\pi} \\ \varphi &= \frac{S}{R}\cdot\frac{180^\circ}{\pi} \end{aligned}\right\} \tag{9-20}$$

相应弧长 S_1、S_2、S 所对的弦长计算公式为：

$$\left.\begin{aligned} c_1 &= 2R\sin\frac{\varphi_1}{2} \\ c_2 &= 2R\sin\frac{\varphi_2}{2} \\ c &= 2R\sin\frac{\varphi}{2} \end{aligned}\right\} \tag{9-21}$$

根据弦切角等于同弧所对应圆心角一半的定理，可以计算圆曲线各细部点的偏角为：

$$\left.\begin{aligned} \Delta_1 &= \frac{\varphi_1}{2} \\ \Delta_2 &= \frac{\varphi_1}{2}+\frac{\varphi}{2} \\ \Delta_3 &= \frac{\varphi_1}{2}+\varphi \\ \Delta_4 &= \frac{\varphi_1}{2}+\frac{3}{2}\varphi \\ &\cdots\cdots \\ \Delta_n &= \frac{\varphi_1}{2}+\frac{\varphi}{2}+\cdots+\frac{\varphi_2}{2}=\frac{\alpha}{2} \end{aligned}\right\} \tag{9-22}$$

（2）偏角法测设圆曲线的方法：

① 检核三个主点的位置，无误后，将经纬仪安置在 ZY 点上，配置水平读盘读数为 0°00′00″，照准 JD 点。

② 顺时针转动照准部，当水平读盘读数为 Δ_1 时，制动照准部，用钢尺沿着视线方向自 ZY 点测

设弦长 c_1 在地面定出 1 点；继续转动照准部，当水平读盘读数为 Δ_2 时，制动照准部，用钢尺自 1 点量弦长 c 交于视线方向，在地面定出 2 点；依此类推测设其他细部点。

③ 为了提高精度，仪器在 ZY 点时，测设曲线的一半至 QZ 点。另安置仪器于 YZ 点测设另一半至 QZ 点。

2）切线支距法

切线支距法测设圆曲线是根据两个相互垂直的距离 x、y 的直角坐标定位原理测设点位。

(1) 坐标计算：

如图 9-15 所示，圆曲线三个主点已经测设在实地，点 1、点 2、点 3、……为圆曲线的细部点。以圆曲线起点 ZY 或终点 YZ 为坐标原点，以切线为 x 轴，以过圆点的半径为 y 轴。设各细部点间的弧长为 l，所对的圆心角为 φ，则：

$$\left.\begin{aligned} x_i &= R\sin(i\cdot\varphi) \\ y_i &= R[1-\cos(i\cdot\varphi)] \\ \varphi &= \frac{l}{R}\cdot\frac{180^\circ}{\pi} \end{aligned}\right\} \qquad (9\text{-}23)$$

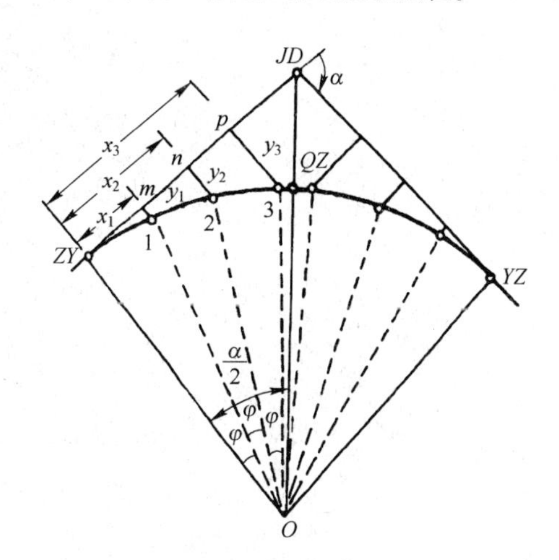

图 9-15　切线支距法测设圆曲线

(2) 切线支距法测设圆曲线的方法：

① 检核三个主点的位置无误后，用钢尺沿切线 $ZY\rightarrow JD$ 方向测设 x_1、x_2、x_3、……，并且在地上桩定出垂足 m、n、p、……。

② 在垂足 m、n、p、……处用经纬仪、直角尺、或以 3-4-5 法作切线的垂线，分别在各自的垂线上测设 y_1、y_2、y_3、……，以桩定细部点 1、2、3、……等。

③ 为了避免支距过长，影响测设精度，可用同法从 $YZ\rightarrow JD$ 切线方向上测设圆曲线的另一半圆弧上的细部点。

第 10 章　园林工程测量

10.1 概述

10.1.1 园林工程概述

园林工程的主要内容可分作两大部分：土建工程和绿化工程。

1) 土建工程

园林土建工程主要有亭、廊、台、榭等建筑，湖池假山、园路池坛、花墙门洞、山石溪涧等各类景观设施，以及给水排水，电讯、气、热等管线建设项目。园林土建工程与其他土建工程相比，既有共性，又有其独特之处。

2) 绿化工程

绿化工程是园林工程所特有的内容。其主要工作是各类植物的种植施工。随着近年来国内外对提高城市绿化覆盖率的要求愈来愈高，绿化工程在整个园林工程中所占的比重也日益增大。国外一些发达国家较为盛行的“植物造景”这一绿化手法，已经引起我国园林界的重视，并逐渐开展。这也为绿化工程增添了新的内容。

10.1.2 园林工程测量的基本过程

园林工程测量按工程的施工程序，一般分为规划设计前的勘测阶段、规划设计后的施工放样阶段和竣工测量三个阶段进行。

1) 规划设计前的勘测阶段

根据建设单位提出的工程建设基本思想以及园林工程面积的大小，选用合适比例尺(1∶500～1∶5000)的地形图。现势性好的地形图是规划设计的重要保障，为园林规划设计提供准确的地形信息，可以依此测算建设投资费用。

有时还要到工程现场进行野外实地视察、踏勘、调查，进一步掌握工程区域的实际情况，收集相关的资料，如：有关的控制、工程地质情况、气候特征资料、土壤资料等。必要时还要进行现状地形图的测绘和其他信息的测绘。

总之，在勘测阶段，主要的测量工作是提供符合各单项工程特点的地形图资料、纵横断面图，以及有关调查资料等。

2) 规划设计后的施工放样阶段

施工放样是根据设计图纸和施工的要求，建立施工控制网并将图上的设计内容测设到实地上，指导工程建设的顺利实施。

3) 竣工测量

园林工程的竣工测量主要是测绘或编制竣工平面图，为工程质量检查和验收提供依据，为工程运营管理、以后扩建、改建提供依据。

10.2 园林工程施工控制测量

园林工程施工测量同样也遵循“先整体后局部”、“先控制后碎部”的测量原则。园林工程施工区域一般不是特别大，如果在施工现场仍有勘测阶段所建立的测图控制网，可以直接利用；如果过去的测量控制点已被破坏、丢失，这时需要重新进行控制测量工作。

园林工程施工控制测量分为平面控制测量和高程控制测量两大部分。高程控制测量可采用水准测量的方法建立；平面控制测量可以按第 6 章介绍的的方法进行(这里不再赘述)，还可以建立方格网和建筑基线作为施工控制。

10.2.1　方格控制网

当园林工程的施工范围较大，特别是对于新建工程项目，可以采用建立方格网的方法作为施工控制。

1）方格网的布设

方格网是根据园林设计总平面图上各建筑物和构筑物的布设并结合现场的地形情况布设的。方格网的建立应掌握以下原则：

(1) 方格网方向的确定应与设计平面图的方向一致，或与南北东西方向一致；

(2) 方格网的每个格的边长一般为 20～40m。可根据测设对象的繁简程度适当缩短或加长；

(3) 在设计方格网时，应力求使方格角点与所测设对象接近；

(4) 方格网点间应保证良好的通视条件，并力求使各角点避开原有建筑、坑塘及动土地带；

(5) 各方格折角应严格呈 90°角；

(6) 方格网主轴线的测设应采用较高精度的方法进行，以保证整个控制网的精度。

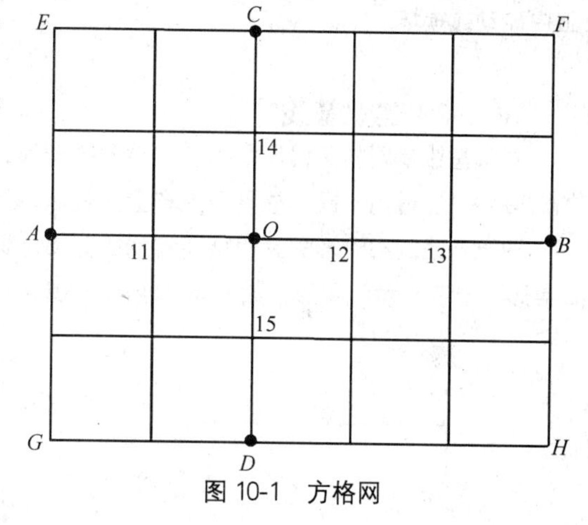

图 10-1　方格网

2）测设方格网主轴线

在进行方格网测设时，首先确定出两条相互垂直的主轴线。如图 10-1 中的 AB 及 CD 两条线。

(1) 根据高一级平面控制点进行测设。如图 10-1 所示，先根据高一级平面控制点的坐标和主轴线上的任意三个点的坐标，如 A、O、B 等点的坐标，选择 9.2 节所述方法(极坐标法、直角坐标法、角度交会法和距离交会法)，将方格网的主轴线测设于实地。

如果方格网上各点坐标无法求得，亦可采用图解法，直接在图上量取测设元素。即用比例尺和较精密的量角器在图上直接量出所需的距离 S 和水平角 β。量测时至少要量取两次，并以平均值作为最后结果。

(2) 根据原有地物测设方格网。当有的施工现场存有建筑或其他具有方位意义的地物而无测量控制点时，也可根据这些地物测设出方格网的主轴线。

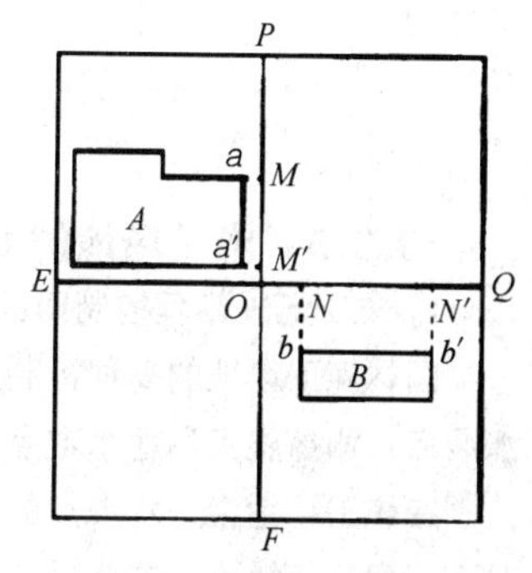

图 10-2　据原建筑测设方格网

如图 10-2 所示，A、B 为施工现场的两个原有建筑。自 A 建筑的 a 角和 a' 作相等的两条延长线，得 M 和 M' 两点。然后再从 B 建

筑的房角 b、b' 两点作出相等的两延长线，得 N 和 N' 两点。分别作 M、M' 及 N、N' 的延长线，并使两线相交得出 O 点。将经纬仪置于 O 点，根据 M、M' 及 N、N' 两方向及方格尺寸定出两个方格点 P 和 Q。然后测量 $\angle POQ$ 的值。若此值不为 90°则须校正。此时 O 点位置不变，将两方向各改正角度差值的一半，从而定出 P 和 Q 的正确位置。根据 OP 及 OQ 的改正后方向，再定出另外两方向，即 OE 和 OF，至此主轴线测设完成。

由于测量误差不可避免，放样的主轴线点有可能不在同一条直线上，并且点与点之间的距离与设计值也可能不完全相符，因此，需要对测设的主轴线进行检测，若超出限差规定（如角度较差不大于 10″），要做适当调整。

3）方格网的详细测设

主轴线上各点测设完成后，在主轴线各点上，如 11、12、13、14 和 15 各点分别安置经纬仪测设出其他各方格点，而后对新定出的各点，用钢尺按设计距离进行校核，误差较大的应检查原因，误差小的应作适当调整，从而得出一个完整的方格网。

方格网上各点均应打桩钉钉，准确标明点位。而且桩一定要牢固，必要时应埋设石桩，以防施工中碰动或损坏。

10.2.2 建筑基线

建筑基线是园林工程场地的施工控制基准线，即在场地中央放样一条长轴线或若干条与其垂直的短轴线。它适用于设计总平面图布置比较简单的小型场地。

建筑基线的布设形式是根据建筑物的分布、场地地形等因素来确定的。其常见的形式有一字形、L 字形、十字形和 T 字形，如图 10-3 所示。其测设方法同方格网测设方法相似。

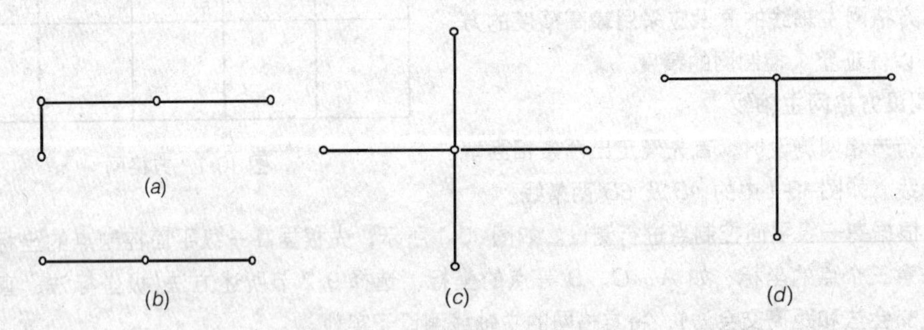

图 10-3 建筑基线的布设形式

(a)L 字形；(b)一字形；(c)十字形；(d)T 字形

10.2.3 施工场地的高程控制测量

1）施工场地高程控制网的建立

园林施工场地的高程控制测量一般采用水准测量方法，应根据施工场地附近的国家或城市已知水准点，测量施工场地水准点的高程。

在施工场地上，水准点的密度应尽可能满足安置一次仪器即可测设出所需的高程点。在一般情况下，建筑基线点、方格网点以及导线点也可兼作高程控制点。

为了便于检核和提高测量精度，施工场地高程控制网应布设成闭合或附合路线。高程控制网可分为首级网和加密网，相应的水准点称为基本水准点和施工水准点。

2）基本水准点

基本水准点应布设在土质坚实、不受施工影响、无震动和便于施测的地方，并埋设永久性标志。一般情况下，按四等水准测量的要求测量其高程。

3）施工水准点

施工水准点是用来直接测设建筑物高程的。为了测设方便和减少误差，施工水准点应靠近建筑物。此外，为了施工引测方便，常在建筑物内部或附近测设 ±0 水准点。±0 水准点的位置，一般选在稳定的建筑物墙、柱的侧面，用红漆绘成顶为水平线的“▼”形，其底端表示 ±0 位置。

10.3　园林建筑施工测量

园林建筑施工测量，就是按照设计的要求，把园林建筑物的平面位置和高程测设到地面，并且配合施工保证工程质量。在测设前，应熟悉园林建筑物的设计图纸，了解拟建建筑物与相邻地物的相互关系，以及建筑物的尺寸和施工的要求等；到施工现场进行实地踏勘，了解现场的地物、地貌和原有测量控制点分布等情况；拟定测设计划和绘制测设草图，对设计图上的有关尺寸及测设数据仔细核对；平整和清理施工现场，以便进行测设工作。

10.3.1　园林建筑物的定位

园林建筑物的定位，就是根据施工平面控制网（建筑基线、方格网或施工导线网等）或地面上原有建筑物将拟建建筑物基础轴线或边线的交点（简称角桩），测设到地面上，作为基础放样和其他轴线放样的依据。

测设点位的方法很多，若施工现场布有方格网，可用直角坐标法进行定位；拟建建筑物附近有控制点，还可按极坐标法、交会法等方法进行定位；还可根据现场条件的不同，选择以下方法。

1）根据建筑红线定位

建筑红线，又称建筑控制线，是由城市规划部门测设的城市道路两侧控制沿街建筑物或构筑物（如外墙、台阶等）靠临街面的界线。在施工现场有建筑红线，则可依据此“红线”与建筑物的位置关系进行测设，如图 10-4 所示，AB 为建筑红线，新建筑物茶室的定位方法如下：

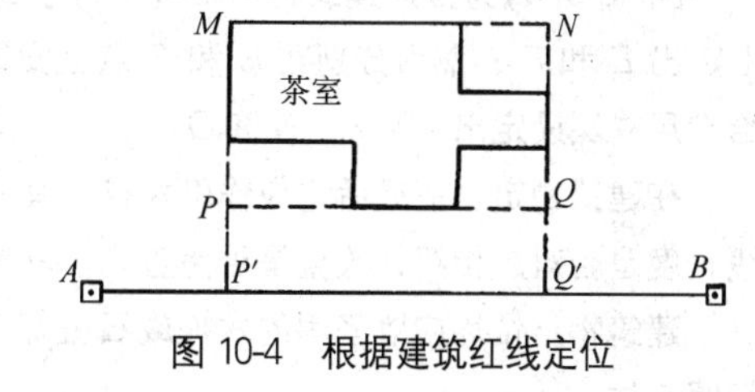

图 10-4　根据建筑红线定位

(1) 在桩点 A 安置经纬仪，照准 B 点，在该方向上依平面图上的尺寸，用钢尺量出 AP' 和 AQ' 的距离，定出 P'、Q' 两点。

(2) 将经纬仪分别安置在 P' 和 Q' 两点，以 AB 方向为起始方向精确测设 90°角，得出 $P'M$ 和 $Q'N$ 两方向，并在此方向上按设计图给定的尺寸，用钢尺量出 $P'P$、$P'M$、$Q'Q$ 和 $Q'N$ 的距离，分别定出 P、M、Q、N 各点。

(3) 用经纬仪检查∠MPQ 和∠NQP 是否为 90°，用钢尺检验 PQ 和 MN 的距离是否等于设计的尺寸。若角度误差在 1′以内，距离误差在 1/2000 以内，可根据现场情况进行调整，否则，应重新测设。

2）根据原有建筑或道路定位

在规划设计过程中，如规划范围内保留原有建筑或道路，一般应在规划设计图上予以反映，并给出其与拟建新建筑物的位置关系。所以，测设这些新建筑物的主轴线可依此关系进行。

如图 10-5 所示，图中画晕线的为拟建建筑物，未画的为原有建筑物。图 10-5(*a*)为拟建建筑物与已有建筑物的长边平行的情况。测设时，先从山墙 *CA* 和 *DB* 等距离延长两直线，定出 *AB* 的平行线 *A′B′*，然后分别在 *A′*和 *B′*两点安置经纬仪，以 *A′B′*或 *B′A′*为起始方向，测设出垂直方向，并按设计给定尺寸测设定出 *M*、*P*、*N* 和 *Q*。

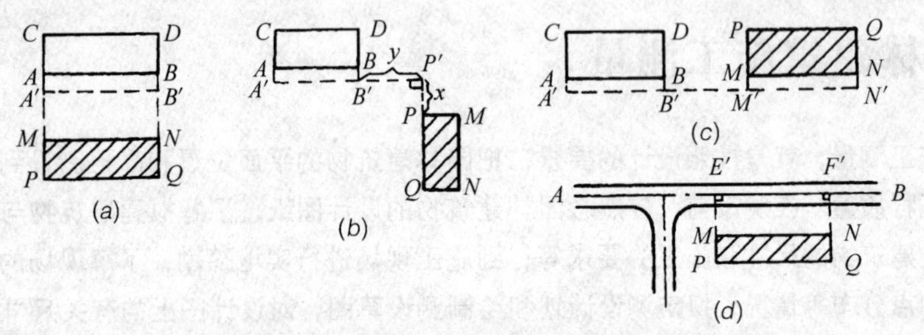

图 10-5　根据原有建筑或道路进行建筑物定位

图 10-5(*b*)拟建建筑物与已有建筑物长边互相垂直的情况。测设时，定出 *AB* 的平行线 *A′B′*，并按照设计图上的尺寸延长定出 *P′*。移置经纬仪于 *P′*点，以 *A′*为零方向测设出垂直方向，并测设距离(由设计图)定出 *P* 点及 *Q* 点。而后分别安置经纬仪于 *P* 点及 *Q* 点，测设出 *M* 和 *N*。

图 10-5(*c*)为拟建建筑物在原有建筑物的延长线上的情况。测设时，先从山墙 *CA* 和 *DB* 等距离延长两直线，定出 *AB* 的平行线 *A′B′*。在 *A′*点安置经纬仪，照准 *A′B′*方向，在此方向上依设计给定距离关系测设出 *M′*和 *N′*，然后分别在 *M′*和 *N′*点上安置经纬仪，以 *A′*为零方向，测设垂直方向，并按设计给定尺寸测设定出 *M*、*P*、*N* 和 *Q*。

图 10-5(*d*)为拟建建筑物的轴线平行于道路中心的情况。测设时，先定出道路中线 *AB*，在中线上定出 *E′*和 *F′*；然后分别在 *E′*和 *F′*点上安置经纬仪，照准 *B* 为零方向，测设垂直方向，并按设计给定尺寸测设定出 *M*、*P*、*N* 和 *Q*。

在建筑物定位完成后均应作出校核。其校核方法主要是用尺实量新建建筑物的各边长及各对角线长度是否对应相符，检查是否为直角。其精度要求与前述相同。

建筑物定位均应以坚固的木桩或石桩标定。木桩上应钉小钉，石桩上应镶刻十字标志，以准确标明点位。

10.3.2　园林建筑物的详细测设

根据已定位的建筑物外廓各轴线角桩，详细测设出建筑物其他轴线的交点桩(也称轴线中心桩)的位置。测设时，可用经纬仪定线，用钢尺量出自角桩至同一轴线中心桩的距离，量距精度不小于1/2000。打下木桩，并在桩顶用小钉准确定位。

建筑物各轴线中心桩测设完成后，根据中心桩位置和建筑物基础的宽度及边坡，用白灰撒出基槽开挖边界线。

基槽开挖后，由于角桩和交点桩将被破坏，为了便于在施工中恢复各轴线位置，应把各轴线延长引测到基槽外不受施工影响的地点，并做好标志。其引测的方法有设置龙门板和轴线控制桩两种形式。

1）设置龙门板

龙门板一般设置在建筑物转角和中间隔墙处。根据基槽宽度和土质情况不同一般设于边线以外约 1.5～2.0m 处(图 10-6)。先设置龙桩，装钉龙门板，然后将轴线和标高引测其上。其具体步骤如下：

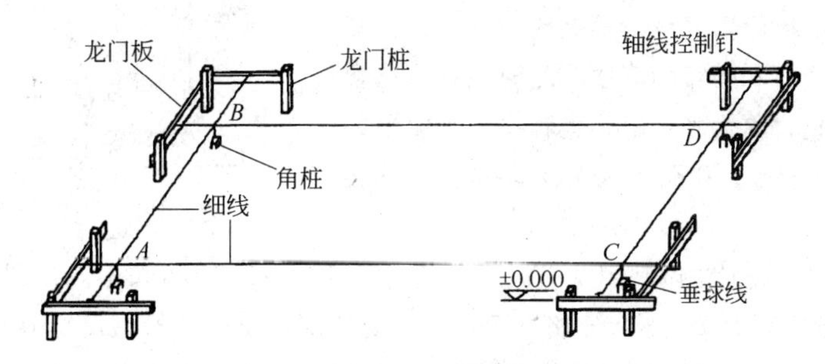

图 10-6　龙门板的设置

(1) 在建筑物四角和中间轴线的基槽开挖线外 1.5～2m 处设置龙门桩，桩要钉得竖直、牢固，并且各桩的连线应与墙基轴线平行。

(2) 根据施工场地内的水准点，用水准仪将 ± 0.000m 的标高测设在每个龙门桩上，用红笔画一横线标记。然后在龙门桩上沿红线钉设龙门板，此时龙门板的上边缘高程正好为 ± 0.000m。若地形条件所限，桩侧无法画出此线，也可测设比 ± 0.000m 高或低一个整数高程，测设龙门板高程的限差为 ± 5mm。

(3) 在角桩 A 点安置经纬仪，瞄准 B 点，沿视线方向在 B 点附近的龙门板上定出一点，并钉小钉(称轴线钉)标志；倒转望远镜，沿视线在 A 点附近的龙门板上定出一点，也钉小钉标志。同法将各轴线都引测到相应的龙门板上。如建筑物较小，也可用垂球对准桩点，然后沿两垂球线拉紧细线，把轴线延长并标定在龙门板上。

(4) 在龙门板上的轴线钉之间拉细线，随时可以恢复建筑物的轴线；并可以据此用悬挂垂球将轴线投影到基坑底、基础面和施工的墙基上。

2）测设轴线控制桩

由于龙门板耗用木材较多，且在施工中易被破坏，故现在施工单位多用轴线控制桩(也称引桩)代替龙门板。

如图 10-7 所示，轴线控制桩是用经纬仪延长直线的方法在轴线的延长线上设定的，距离基槽开挖边线一般在 2m 以外。如为较高大的园林建筑，间距还应再大一些。若附近有建筑物等，可用经纬仪将轴线延长，投影到原有建筑的基础顶面或墙壁上，用油漆涂上标记代替轴线控制桩，则更为完全。此外还应将 ± 0.000m 标高依前法在桩上画线标明。

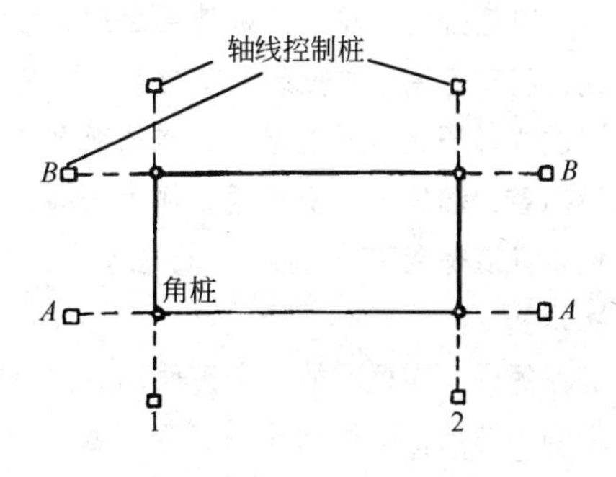

图 10-7　轴线控制桩

为了保证控制桩的测设精度，控制桩应与角桩和轴线中心桩一起测设。

10.3.3 基础施工测设

1）基槽挖土的放线与高程控制

轴线控制桩测设完成后，按照设计规定的基槽开挖宽度，在墙轴线两侧拉线撒石灰粉，标明基槽的开挖边线。待基槽挖到一定深度后，应用水准仪随时控制开挖深度。尤其是当挖土接近槽底设计标高时更应注意。切忌挖掘过深，破坏了原本坚实的底质。此时应在基槽侧壁上测设高程控制桩，称为水平桩，也称平桩。平桩距槽底设计标高为某一整数，如图 10-8 所示。以此桩来控制开挖深度。

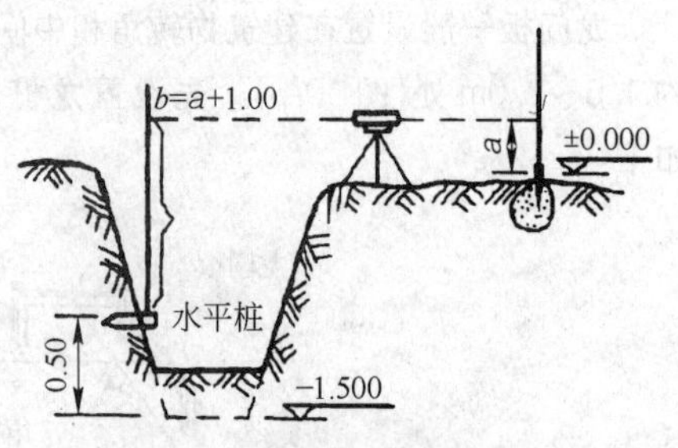

图 10-8　基槽开挖深度测设

基槽内水平桩的测设方法应利用龙门板或引桩上标定的 ±0.000m 位置。如图 10-8 所示，设槽底设计标高为 −1.500m（即槽底比 ±0 低 1.500m），现拟测设出一比槽底高出 0.5m 的水平桩。在 ±0.000m位置竖立水准尺，用水准仪测出其读数 $a=0.860$m，据此计算出水平桩上皮的应读前视读数 $b=(1.500-0.500)+0.860=1.860$m。在基槽内竖水准尺上下移动，当水准仪得到读数为 1.860m 时，沿水准尺底部钉出一水平桩，则糟底在此水平桩下 0.500m 处。为了施工的方便，一般应在基槽内每隔 5m 左右和转角处设定水平桩。必要时还可在槽壁上弹出水平桩上皮高度的墨线，以利于更好地控制槽底标高。

2）基础施工的放线和高程控制

基槽开挖到设计深度后，按龙门板上的轴线钉或轴线控制桩，用经纬仪或拉绳挂垂球的方法，把轴线投测基槽底部，用木桩标志，桩顶测设为垫层的标高，据此铺设垫层。垫层做好以后，用同样的方法投测轴线，测设基础标高，并标出基础边线，作为砌筑基础的依据。

10.3.4 园林建筑的柱子安装测量

在有些园林建筑中，设有梁柱结构。其梁柱等构件有时事先按照设计尺寸预制。因此，必须按设计要求的位置和尺寸进行安装，以保证各构件间的位置关系正确。

1）柱子吊装前的准备工作

基槽开挖完毕，打好垫层之后，应在相对的两定位桩间拉细线，将交点用垂球投影到垫层上，再弹出轴线及基础边线的墨线，以便立模浇灌基础混凝土，或吊装预制杯型基础。同时还要在杯口内壁，测设一条标高线，作为安装时控制标高所用。另外还应检查杯底是否有过高或过低的地方，以便及时处理，如图 10-9 所示。

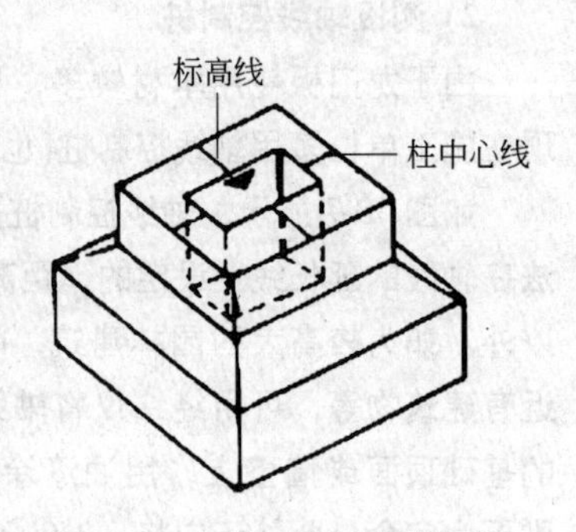

图 10-9　园林建筑杯型基础

另外，在柱子的三个侧面用墨线弹出柱中心线，每一侧面分上中下三点，并画出小三角形"▲"标志，以便安装时校正。如图 10-10（*a*）所示。

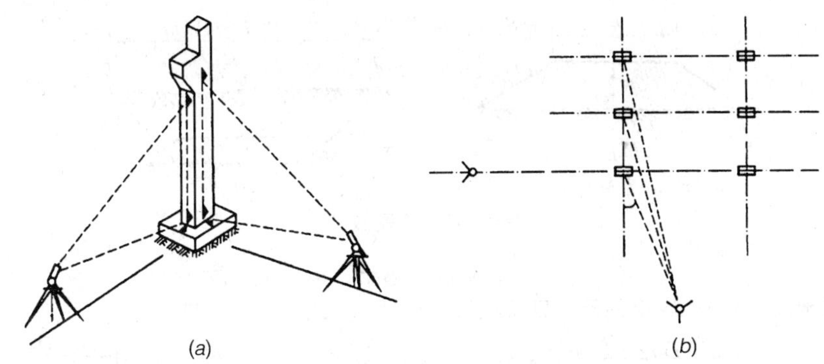

图 10-10　柱子安装时的竖直校正

2）柱子安装时的竖直校正

柱子吊起插入杯口后，应使柱子中心线与杯口顶面中心线吻合，然后用钢楔或木楔暂时固定。随后用两台经纬仪分别安置在互相垂直的两条轴线上，一般应距柱子在 1.5 倍柱高以外，如图 10-10(*a*)所示。经纬仪先瞄准柱子底部中心线，照准部固定后，再逐渐抬高望远镜，直至柱顶。若柱中心线一直在经纬仪视线上，则柱子在这个方向上就是竖直的，否则应对柱子进行校正，直至两中心线同时满足两经纬仪的要求时为止。

为提高工效，有时可将几根柱子竖起后，将经纬仪安置在一侧，一次校正若干根柱子(图 10-10*b*)。在施工中，一般是随时校正，随时浇筑混凝土固定，固定后及时用经纬仪检查纠偏。轴线的偏差应在柱高的 1/1000 以内。

此外，还应用水准仪检测柱子安放的标高位置是否准确，其最大误差一般应不超过 ±5mm。

10.4　其他园林工程施工测量

10.4.1　园路施工测量

园路的施工测量包括中线放样(亦称为中桩放样)和路基放样。

1）中线放样

园路的中线放样就是把园路中心线在实地标定出来。主要将路中心线的交叉点、转弯处和坡度变化点的位置在地面上测设出来，并打桩标定，此桩称为中桩。中桩的间距一般在 20m 左右为宜，起伏和转折变化大的道路应加密。在进行测设时，首先在实地上找到各交点桩位置，直线段上的桩号根据交点桩的位置和桩距用钢尺丈量测设出来；曲线主点桩的位置可根据交点桩的位置和切线长 T、外距 E 等曲线元素进行测设。此外还应用水准仪测设出各桩点的填挖高，并标注于木桩侧面。

2）路基放样

路基放样就是把设计路基的边坡与原地面相交的点(即路基边桩)在实地标定出来。路基边桩位置按填土高度和挖土深度、边坡设计坡度以及横断面的地形情况而定。

图 10-11(*a*)为平坦地面路基放样情况。中心桩 O，填方高为 h，路基宽为 D，边坡为 $1:m$，填方底宽为 L，则：

$$L = D + 2mh \tag{10-1}$$

图 10-11(*b*)挖土深度为 h'，路基宽为 D'，边沟宽为 K，挖方顶部宽度为 L'，则：

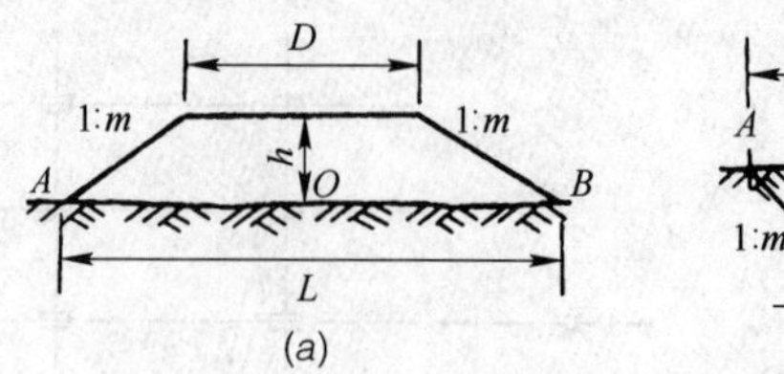

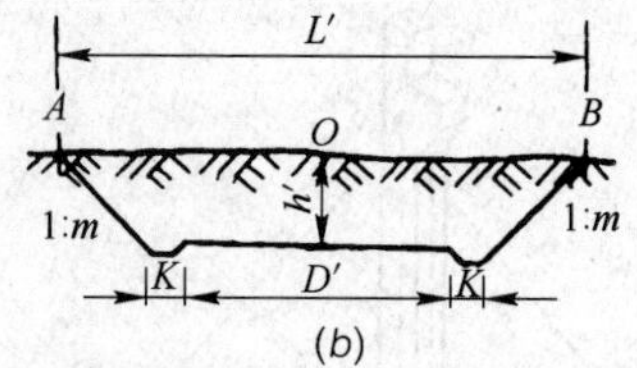

图 10-11 路基放样

$$L' = D' + 2mh' \tag{10-2}$$

若为倾斜地面，如图 10-12 所示，则有：

$$\left.\begin{aligned} L_{左} &= D/2 + 2mh'' \\ L_{右} &= D/2 + 2mh' \end{aligned}\right\} \tag{10-3}$$

应用式(10-3)，可用水准仪和尺子在地面试测 L 和相应的h，并代入公式，若两边相等，便可根据 L 值在地面上定出边坡桩。

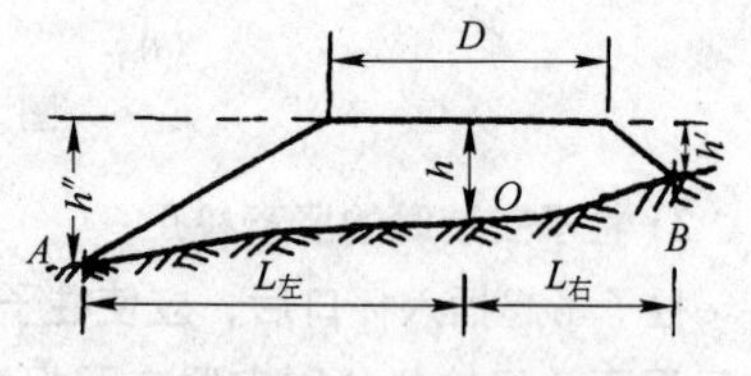

图 10-12 倾斜地面路基放样

10.4.2 堆山与挖湖放样

1）堆山的放样

堆山造景(人工堆置的土丘)常见于园林工程中。其景观效果取决于施工放样能否准确体现设计意图。堆山放样一般用极坐标法、支距法等方法。如图 10-13 所示，先测设出设计等高线的各转折点，即图中 1、2、3……9 等各点，然后将各点连接，并用白灰或绳索加以标定。再利用附近水准点测设出 1～9 各点应有的标高，若高度允许，则在各桩点插设竹杆画线标出。若山体较高，则可于桩侧标明上返高度，供施工人员使用。一般堆山的施工多采用分层堆叠，因此也可在放样中随施工进度时测设，逐层打桩。图中点 10 为山顶，其位置和标高亦应同法测出。

2）挖湖及其他水体放样

挖湖或开挖水渠等放样与堆山的放样基本相似。

首先把水体周界的转折点测设到地面上，如图 10-14 所示的 1、2、3……30 各点。然后在水体内设定若干点位，打上木桩。根据设计给定的水体基底标高在桩上进行测设，画线标明开挖深度。图

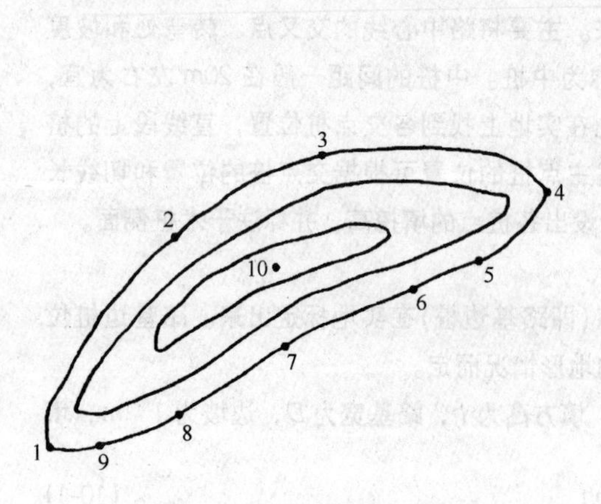

图 10-13 堆山的放样

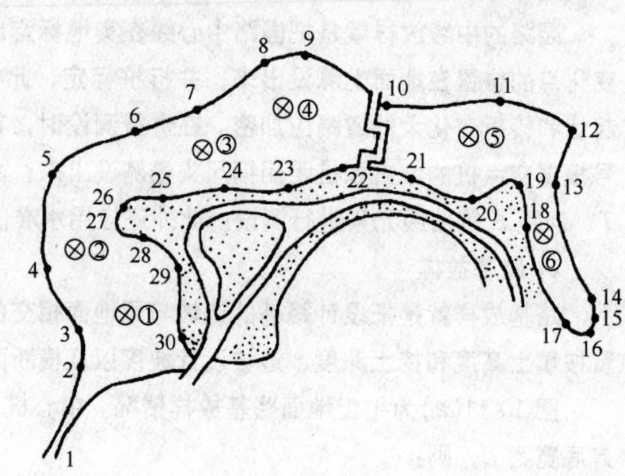

图 10-14 园林水体放样

10-14 中①②③④⑤⑥等点即为此类桩点。在施工中，各桩点不要破坏，可留出土台，待水体开挖接近完成时，再将此土台挖掉。

水体的边坡坡度，可按设计坡度制成边坡样板置于边坡各处，以控制和检查各边坡坡度。

10.4.3　园林绿化工程放样

园林绿化工程的施工放样是把图纸上的设计方案，在现场标定出苗木栽植的位置和株距。通过准确的施工放样来体现设计意图，达到绿化工程所要求的效果。根据园林绿化的形式，分别介绍放样的方法。

1）模纹图案的放样

图案整齐线条规则的小块模纹绿地，其要求图案线条要准确无误，故放样时要求极为严格，可用较粗的钢丝、铅丝按设计图案的式样编好图案轮廓模型，然后根据其和周边地物或控制点的几何关系，将其主要特征点标定在实地，并且在地面上压出清楚的线条痕迹轮廓。

对于地形较为开阔平坦、视线良好的大面积绿地，很多设计为图案复杂的模纹图案，由于面积较大一般设计图上已画好方格网，首先在地面上测设方格网，然后按照支距法测设模纹图案；图案关键点应用木桩标记，同时模纹线要用铁锹、木棍画出线痕然后再撒上灰线，因面积较大，放线一般需较长时间，因此放线时最好订好木桩或画出痕迹，撒灰踏实。

2）自然式配置的乔灌木的放样

自然式树木种植方式，不外乎有两种。一种为单株种植，即图纸中标明了每株树的种植位置；另一种为丛植，在图中标明了种植的范围、树种、株数等。

(1) 孤植型。孤植型种植就是在草坪、岛上或山坡上等地的一定范围里只种植一棵大树，其种植位置的测设方法视现场情况可用极坐标法或支距法、距离交会法等。定位后以石灰或木桩标志，并标出它的挖穴范围。

(2) 丛植型。丛植型种植就是把几株或十几株甚至几十株乔木灌木配植在一起，树种一般在两种以上。定位时，先把丛植区域的中心位置用极坐标法或支距法或距离交会法测设出来，再根据中心位置与其他植物的方向、距离关系，定出其他植物种植点的位置。同样撒上石灰标志，树种复杂时可钉上木桩并在桩上写明植物名称及其大小规格。

3）规则种植区域的放样

在苗圃的各类种植区域中一般都是采用规则式的种植方式。另外有些公园、游览区等也有采用成片的规则种植林带、片林。这类林木的种植方式主要有矩形和菱形两种定植方法。

(1) 矩形定植。如图 10-15(*a*)所示，*ABCD* 为种植区域的界线，每一植株定位放样方法如下：

① 假定种植的行距为 *a*、株距为 *b*。如图 10-15 所示，沿 *AD* 方向量取距离 $d'_{A-1}=0.5a$、$d'_{A-2}=1.5a$、$d'_{A-3}=2.5a$，定出 1、2、3、……等各点；同法在 *BC* 方向上定出相应的 1′、2′、3′、……等各点。

② 在纵向 11′、22′、33′、……等连线上按株距 *b* 定出各种植点的位置，撒上白灰标记。

(2) 菱形定植。如图 10-15(*b*)所示为一种植区域。按设计要求，拟测设出菱形种植点位。

① 与矩形种植同法，在 *AD* 和 *BC* 上分别定出 1、2、3、……和相应的 1′、2′、3′、……等点。

② 在第一纵行(单数行)上按 0.5*b*、*b*、……、*b*、0.5*b* 间距定出各种植点位置，在第二纵行

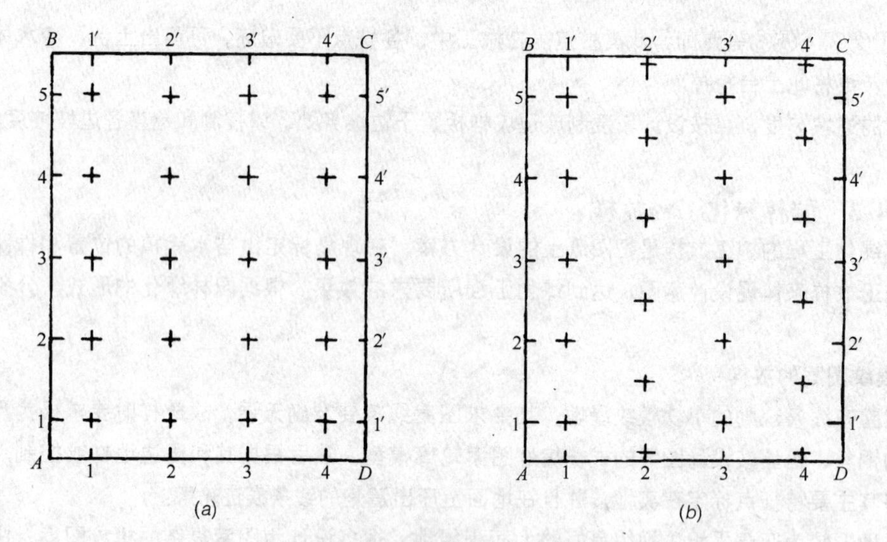

图 10-15　规则种植区域的放样

(双数行)上按 b、b、……、b 间距定出各种植点位置。

4) 行道树定植放样

道路两侧的行道树一般是按道路设计断面定点，在有道牙的道路上，一般应以道牙作为定点的依据。无道牙的道路，则以路中线为依据。为加强控制，减小误差，可隔 10 株左右加钉一木桩，且应使路两侧的木桩一一对应，单株的位置均以白灰标记。

10.5　竣工总平面图的编绘

编制竣工总平面图的目的一是为了全面反映竣工后的现状，二是为以后园林工程的管理、维修、扩建、改建及事故处理提供依据，三是为工程验收提供依据。

竣工总平面图的编绘包括竣工测量和资料编绘两方面内容。

园林工程竣工验收时进行的测量工作，称为竣工测量。竣工测量的内容主要包括：建筑物及各种建筑小品(测定各房角坐标、几何尺寸，各种管线进出口的位置和高程，室内地坪及房角标高，并附注房屋结构层数、面积和竣工时间)；地下管线(测定检修井、转折点、起终点的坐标，井盖、井底、沟槽和管顶等的高程，附注管道及检修井的编号、名称、管径、管材、间距、坡度和流向)；交通线路(测定线路起终点、转折点和交叉点的坐标，路面、人行道、绿化带界线等)；绿化工程(各种模纹图案的位置及植被种类、绿地形状及地被植物种类、孤植和丛植乔灌木的位置以及树种等)。

竣工测量的内容比地形测量的内容更丰富。竣工测量不仅测量地面的地物和地貌，还要测地下各种隐蔽工程，如上、下水及各种管线等。

竣工总平面图的编绘依据设计总平面图、施工放样成果、更改设计的图纸、数据、资料(包括设计变更通知单)。对凡按设计坐标进行定位的工程，应以测量定位资料为依据，按设计坐标 (或相对尺寸)和标高展绘；对原设计进行变更的工程，应根据设计变更资料展绘；对凡有竣工测量资料的工程，若竣工测量成果与设计值之比差，不超过所规定的定位容许误差时，按设计值展绘，否则，按竣工测量资料展绘。

参 考 文 献

［1］ 张培冀．园林测量学［M］．北京：中国建筑工业出版社，1999.

［2］ 中华人民共和国建设部．CJJ 8—99 城市测量规范［S］．北京：中国建筑工业出版社，1999.

［3］ 顾效烈，鲍峰，程效军．测量学［M］．上海：同济大学出版社，2006.

［4］ 过静珺．土木工程测量［M］．武汉：武汉理工大学出版社，2003.

［5］ 李德仁，周月琴，金为铣．摄影测量与遥感概论［M］．北京：测绘出版社，2001.

［6］ 高井祥，肖本林，付培义等．数字测图原理与方法［M］．徐州：中国矿大出版社，2001.

［7］ 刘南，刘仁义．地理信息系统［M］．北京：高等教育出版社，2002.

［8］ 袁博，邵进达．地理信息系统基础与实践［M］．北京：国防工业出版社，2006.

［9］ 武汉大学测绘学院测量平差学科组编著．误差理论与测量平差基础［M］．武汉：武汉大学出版社，2003.

［10］ 杨志强，王树元，梁明等．误差理论与数据优化处理［M］．西安：西安地图出版社，2002.

［11］ 周忠谟，易杰军．GPS 卫星测量原理与应用［M］．北京：测绘出版社，1997.

［12］ 徐绍铨，张华海，杨志强等．GPS 测量原理及应用(修订版)［M］．武汉：武汉测绘科技大学出版社，2002.

［13］ 金其坤，彭福坤．建筑测量学［M］．西安：西安交通大学出版社，1996.

［14］ 陈述彭，鲁学军等．地理信息系统导论［M］．北京：科学出版社，1999.

［15］ 田青文，刘万林等．控制测量学［M］．西安：西安地图出版社，2004.

［16］ 姜美鑫，徐庆荣等．地形图测绘［M］．北京：测绘出版社，1982.

［17］ 园林学习网 http：//bbs. ylstudy. com.